# Der Steinkohlenbergbau

## des Preussischen Staates

## in der Umgebung von Saarbrücken.

II. TEIL.

### Geschichtliche Entwickelung des Steinkohlenbergbaues im Saargebiete.

Von

**A. Haßlacher,**

Kgl. Geh. Bergrat in Bonn.

Neubearbeitung und Fortführung der von dem Verfasser im Jahre 1884 in der „Zeitschrift für das Berg-, Hütten- und Salinenwesen im Preußischen Staate" (Band 32) veröffentlichten Abhandlung.

Mit 3 lithographischen Tafeln.

Springer-Verlag Berlin Heidelberg GmbH
1904

Additional material to this book can be downloaded from http://extras.springer.com.

ISBN 978-3-662-32505-6 ISBN 978-3-662-33332-7 (eBook)
DOI 10.1007/978-3-662-33332-7

# Inhalt.

## Einleitung.

Die Steinkohle hat im Saargebiete verhältnismäßig spät besondere Beachtung gefunden. Zwar reichen die Anfänge einer Gewinnung derselben bis zum Beginn des 15. Jahrhunderts zurück, auch wurde die gewonnene Kohle bereits im 16. Jahrhundert vielfach zu Schmiedezwecken verwendet, bei dem großen Holzreichtum des Landes scheint man indessen im übrigen dem neuen Brennstoffe lange Zeit nur einen geringen Wert beigelegt zu haben. Die Ausbeutung der zahlreichen Kohlenflöze beschränkte sich die ersten Jahrhunderte hindurch auf eine regellose Gräberei am Ausgehenden. Erst in der zweiten Hälfte des 18. Jahrhunderts begann mit dem steigenden Gebrauchswerte der Kohle eine eigentlich bergmännische Gewinnung durch Tagestrecken und Röschen, welche dann nach und nach in einen mehr oder minder kunstgerechten Abbau der Flöze von tieferen Stollen aus übergeleitet wurde. Nur langsam an Ausdehnung zunehmend, hat dieser Bau noch beinahe bis in die Mitte des 19. Jahrhunderts hinein seine ursprüngliche Eigenschaft eines in engen Verhältnissen sich bewegenden Kleinbetriebes bewahrt, um dann allerdings, mit dem Entstehen der Eisenbahnen und dem durch diese herbeigeführten allgemeinen Aufschwunge aller Gewerbe, fast plötzlich zu jener Großartigkeit sich zu gestalten, welche ihn heute kennzeichnet.

Bietet hiernach der Steinkohlenbergbau des Saargebietes bezüglich seiner Entwickelungsgeschichte im allgemeinen fast das gleiche Bild wie der ihm benachbarte, aber ältere Bergbau des Ruhrbeckens, so bleibt ihm doch insofern ein eigenes, ihn nicht nur von jenem, sondern auch von allen übrigen umfangreicheren Steinkohlenbergbauen Deutschlands wesentlich unterscheidendes Gepräge, als für den Hauptteil seines Gebietes die früheren Landesherren kraft ihres Regalitätsrechtes die Steinkohle, unter Ausschließung der allgemeinen Bergbaufreiheit, sich selbst vorbehalten und auch seit der Mitte des 18. Jahrhunderts tatsächlich deren Gewinnung in eigene Hand genommen hatten. Infolgedessen befindet sich denn auch heute noch der Saarbrücker Steinkohlenbergbau der Hauptsache nach im staatlichen Besitze und demgemäß unter einheitlicher Leitung, ein Vorzug, welchem er wohl zum nicht geringsten Teile seine hervorragende Bedeutung in fachlicher, wie volkswirtschaftlicher Beziehung zu verdanken hat.

Wenn im nachstehenden versucht werden soll, die geschichtliche Entwickelung des Steinkohlenbergbaues im Saargebiete zu schildern, so scheint es erforderlich, zunächst einen kurzen Überblick über die Landesgeschichte des Gebietes und sodann eine Darlegung der Bergbauberechtigungs-Verhältnisse nebst deren Entwickelung in den einzelnen Gebietsteilen und Zeitabschnitten vorausgehen zu lassen.

Im allgemeinen mag bemerkt sein, daß es sich bei der gesamten nachfolgenden Darstellung in erster Linie um den preußischen Staats-Bergbau in der Umgebung von Saarbrücken zu handeln haben wird, daß indessen daneben auch der sich anschließende sonstige Steinkohlenbergbau auf preußischem, bayerischem und lothringischem Gebiete in den Rahmen der Besprechung hineingezogen werden soll, soweit dies zur Vervollständigung des Bildes wünschenswert erscheint. Ebenso dürfte es sachlich gerechtfertigt sein, die mit dem Steinkohlenbergbau des Saargebietes früher aufs innigste verwachsene Alaun-, Ruß- und Koks-Darstellung wenigstens bezüglich ihrer älteren Entwickelungszeit bei der Bergbaugeschichte mit zu berücksichtigen.

---

# I. Landesgeschichte.

Der Steinkohlenbergbau des Saargebietes erstreckt sich zurzeit über die den südlichsten Teil der Rheinprovinz (Regierungsbezirk Trier) bildenden preußischen Kreise Saarbrücken, Saarlouis, Ottweiler und einen kleinen Teil von St. Wendel, sowie die im Osten anstoßenden bayerischen Kantone St. Ingbert (Bezirksamt Zweibrücken) und Waldmohr (Bezirksamt Homburg), endlich die südlich vorliegenden lothringischen Kantone Forbach und St. Avold (im Kreise Forbach).

Vor der Besitznahme des linken Rheinufers durch die Franzosen (in den Jahren 1793—94) war dieses Land in eine Reihe mehr oder minder selbständiger Gebietsteile zersplittert, die meist dem oberrheinischen Kreise des Deutschen Reiches angehörten, zum Teil aber auch bereits unter die Herrschaft Frankreichs gekommen waren. Die Tafel 1 gibt eine Übersicht der in Rede stehenden landesherrlichen Verhältnisse vor 1794, unter gleichzeitiger Bezeichnung der Punkte, an welchen um jene Zeit oder vorher Steinkohlenbergbau geführt wurde, sowie sie andererseits die Grenzen des heutigen staatlichen Bergbaufeldes und der Privat-Steinkohlengruben auf preußischem Gebiete ersichtlich macht.

## a) Die einzelnen Gebietsteile vor 1794.

### 1. Die Grafschaft Saarbrücken und die Herrschaft Ottweiler.

Den Hauptteil der älteren Landesteile und zugleich auch den für den Steinkohlenbergbau wichtigsten, bildeten die Besitzungen der Fürsten von Nassau-Saarbrücken, bestehend, soweit sie hier in Betracht kommen, aus der Grafschaft Saarbrücken (Sarbruck) und der nordöstlich unmittelbar angrenzenden Herrschaft Ottweiler. Ursprünglich im Besitze besonderer Grafen von Saarbrücken, waren diese, dem ehemaligen Saar- und Bliesgau angehörigen Lande 1380 durch Heirat an die ältere (Walramsche) Linie des Hauses Nassau gelangt. Im Laufe der Jahrhunderte wurden sie wiederholt durch Erbteilung getrennt und wieder mit einander oder mit sonstigen nassauischen Besitzungen vereinigt, bis sie endlich nach dem Erlöschen der Nassau-Saarbrückenschen (1723) und der Ottweilerschen

Zweiglinie (1728) an Nassau-Usingen übergingen und dann, zufolge neuer Teilung der Gesamt-Lande (1735), dem Fürsten Wilhelm Heinrich von Nassau-Saarbrücken zufielen, für welchen zunächst noch dessen Mutter, die Fürstin Charlotte Amalie, bis 1740 die Regierung führte.

Dem tatkräftigen Fürsten Wilhelm Heinrich (1740—68) hat das Saargebiet recht eigentlich seine gewerbliche Entwickelung zu verdanken, indem er es verstand, nicht nur dem von langjährigen Kriegsdrangsalen hart mitgenommenen Lande allmählich den früheren Wohlstand wiederzugeben, sondern insbesondere auch den Grund zu legen zur Verwertung seiner reichen mineralischen Schätze. Auch unter dem nachfolgenden Fürsten Ludwig (1768—94) erfreuten sich die Saarbrücker Lande, bei weiterem Fortschreiten von Handel und Gewerbe, eines blühenden Zustandes, bis die Stürme der französischen Revolution auch über sie hereinbrachen. Vor den anrückenden französischen Truppen, welche 1793 die Stadt Saarbrücken besetzten, flüchtete der Fürst über den Rhein, wo er 1794 zu Aschaffenburg starb. Nach dem bald darauf (1797) erfolgten Tode auch seines einzigen Sohnes fielen die Nassau-Saarbrückenschen Besitzungen an das Haus Nassau-Usingen zurück, welches sie notgedrungen 1798 förmlich an Frankreich abtrat und dafür durch den Reichs-Deputations-Hauptschluß von 1803 anderweit auf dem rechten Rheinufer entschädigt wurde.

In der letzten Zeit der fürstlichen Regierung umfaßten die Saarbrücker Lande gegen 20 Quadratmeilen mit etwa 50 000 Einwohnern und waren in die drei Oberämter Saarbrücken (linkes Saarufer), St. Johann (rechte Saarseite) und Ottweiler (die alte Herrschaft gleichen Namens) eingeteilt. Gegenwärtig gehören sie der Hauptsache nach den Kreisen Saarbrücken und Ottweiler, kleinere Teile von ihnen auch den Kreisen Saarlouis und St. Wendel, einige wenige Ortschaften (Bexbach usw.) endlich der bayerischen Rheinpfalz an. —

Im Anschluß an die Grafschaft Saarbrücken mag hier noch, als für den Steinkohlenbergbau von Bedeutung, der ehemals selbständigen Herrschaft Püttlingen-Crichingen, sowie der Abtei Wadgassen besonders gedacht werden.

Die erstere, ursprünglich den Grafen von Crichingen gehörig, erwarb Fürst Ludwig von Nassau-Saarbrücken 1778 durch Kauf von dem Grafen Wied-Runkel, dem Erben der genannten Grafen von Crichingen, nachdem bereits durch Vertrag vom 15. Februar 1766 die Oberherrlichkeit über dieselbe von Frankreich an den Fürsten Wilhelm Heinrich abgetreten worden war. Zufolge Beschlusses des französischen Konventes vom 14. Februar 1793 wurde indessen Püttlingen auf Betreiben seiner Bewohner mit Frankreich „reünirt“ und dem Mosel-Departement zugeschlagen.

Die Abtei Wadgassen stand seit alten Zeiten unter Nassau-Saarbrückenscher Landeshoheit. In dem vorerwähnten Vertrage von 1766 trat Fürst Wilhelm Heinrich sie bezüglich des auf dem linken Saarufer gelegenen Gebietes an Frankreich ab. Die Abtei selbst wurde 1790 durch Beschluß der französischen National-Versammlung aufgehoben und ihr Gebiet in das neu gebildete Departement von Metz (Mosel-Departement) einverleibt.

## 2. Die Herrschaft Illingen.

Zwischen der Grafschaft Saarbrücken und der Herrschaft Ottweiler eingeschlossen und heute einen Teil des Kreises Ottweiler bildend, war die Herrschaft Illingen ein Lehn der Grafen von Saarbrücken und nach deren Erlöschen der Grafen von Nassau-Saarbrücken. Belehnt mit ihr war seit dem 14. Jahrhundert das adlige Geschlecht von Kerpen; im übrigen gehörte die Herrschaft zur freien Reichsritterschaft.

## 3. Die lothringischen bezw. französischen Landesteile.

Das Herzogtum Lothringen, welches die Saarbrücker Lande im Süden, Westen und Nordwesten umgab, stand seit der Mitte des 11. Jahrhunderts unter selbständigen Herzögen aus dem Hause Elsaß. Bereits 1697 hatten diese im Ryswicker Frieden, nach 27jähriger Besetzung ihres Landes durch Frankreich, dem letzteren die im Jahre 1680 von Ludwig XIV. auf lothringischem Boden erbaute Festung Saarlouis nebst halbmeiligem Umkreise (Liesdorf, Ensdorf, Fraulautern usw.) abtreten müssen. Bald darauf, im Wiener Frieden von 1735, welcher einen Krieg zwischen Frankreich und Österreich beendete, fiel ganz Lothringen an Frankreich. Ludwig XV. überließ es dem vormaligen Könige von Polen, Stanislaus Lesczynsky, nach dessen Tode es dann 1766 in Frankreich einverleibt wurde.

Bis zum Jahre 1751 bestand Lothringen aus den drei Oberämtern: Nancy (Französisch-Lothringen), Vogesen und Deutsch-Lothringen; zu ersterem gehörten die Unter-Ämter Saarlouis und Saargemünd, zu letzterem die sonstigen hier in Betracht kommenden Gebietsteile. An die Stelle dieser Einteilung trat in dem gedachten Jahre eine solche in Ämter (baillages), endlich 1790 die Bildung von Departements mit Arrondissements und Kantonen. Die hier in Rede stehenden Gebietsteile gehörten zum Mosel-Departement (Metz), welchem auch zufolge Beschlusses des französischen Konventes vom 14. Februar 1793 der 1786 an den Herzog von Pfalz-Zweibrücken abgetretene niedere Teil der lothringischen Herrschaft Schaumburg (Tholey), sowie die bereits erwähnte Herrschaft Püttlingen zugeteilt wurden. Neben dem heutigen Reichslande Lothringen besteht der Kreis Saarlouis hauptsächlich aus ehemals lothringischen Gebietsteilen;

einzelne derselben sind außerdem den Kreisen Ottweiler, Merzig und Saarburg zugefallen.

## 4. Die von der Leyensche Herrschaft Blieskastel.

Die östlich an die Grafschaft Saarbrücken anstoßende Herrschaft Blieskastel, ursprünglich im Besitze der Grafen von Castel, wurde 1660 vom Erzstifte Trier dem der rheinischen Reichritterschaft angehörigen freiherrlichen (später gräflichen, heute fürstlichen) Hause von der Leyen lehnsweise übertragen. Mit ihr waren einige kleinere lothringische Lehen verbunden, welche 1781 der Graf von der Leyen gegen Kleinbittersdorf und Auersmacher an Frankreich austauschte. Die letzteren bilden gegenwärtig die südlichste Spitze des Kreises Saarbrücken, während die eigentliche Herrschaft Blieskastel 1815 an Bayern gekommen ist.

## 5. Sonstige Gebietsteile.

Außer den vorstehend angeführten erübrigt es noch, einer Anzahl selbständiger kleinerer Gebietsteile zu gedenken, welche auf Tafel 1 im Nordwesten der Grafschaft Saarbrücken zwischen diese und die lothringischen Besitzungen eingeschoben oder von letzteren rings umschlossen erscheinen. Es sind dies folgende:

a) Die Herrschaft Labach und Schwarzenholz, von Nassau-Saarbrücken seit 1664 dem adligen Frauenkloster zu Fraulautern überlassen;

b) die Herrschaft Saarwellingen, seit 1659 im Besitze der Grafen von Crichingen und nach deren Aussterben der Grafen von Wied-Runkel;

c) die Herrschaft Nalbach, unter der gemeinsamen Landeshoheit des Erzstiftes Trier und der Freiherren von Hagen zu Motten;

d) das Hochgericht Hüttersdorf, im gemeinschaftlichen Besitze der Freiherren von Hagen und des Grafen von Hunolstein;

e) die Vierherrschaft Lebach, zu je $^{2}/_{7}$ dem Erzstifte Trier, dem Herzoge von Lothringen (seit 1786 dem Herzoge von Pfalz-Zweibrücken) und dem Freiherrn von Hagen, sowie zu $^{1}/_{7}$ dem Kloster Fraulautern gehörend;

f) die Herrschaft Theley, früher im gemeinschaftlichen Besitze von Lothringen und dem Erzstifte Trier, seit 1778 im alleinigen Besitze des letzteren.

Mit Ausnahme der Herrschaft Theley, welche dem Kreise Ottweiler zugeteilt ist, gehören diese sämtlichen Gebietsteile gegenwärtig dem Kreise Saarlouis an. Für den Steinkohlenbergbau haben sie nur untergeordnete Bedeutung.

Als nördlich und östlich an die Herrschaft Ottweiler angrenzend, dürften endlich noch zu erwähnen sein:

g) Das Kurtriersche Amt St. Wendel, heute einen Teil des Kreises gleichen Namens bildend;

h) die Grafschaft Zweibrücken (Herzogtum Pfalz-Zweibrücken), im alten Wasgau gelegen. Sie gehörte ursprünglich zu den Besitzungen der Grafen von Saarbrücken, von welchen sich die Zweibrückenschen Grafen 1180 abgezweigt hatten; 1393 an den Pfalzgrafen Ruprecht übergegangen, ist sie (mit der kurzen Unterbrechung von 1793 bis 1814) im Besitze von dessen Hause geblieben, aus welchem die heutige königliche Linie von Bayern entstammt.

Auch die letztgenannten beiden Landesteile sind nur untergeordnet beim Steinkohlenbergbau des Saargebietes beteiligt.

### b) Die französische Herrschaft von 1793 bis 1815.

Das Einrücken der französischen Heere im Jahre 1793 vernichtete die Selbständigkeit der sämtlichen bis dahin noch nicht im Besitze Frankreichs befindlichen Teile des Saargebietes. Zunächst noch meistens durch die bisherigen Beamten unter französischen Volksvertretern, Agenten, Kommissaren weiter verwaltet, wurden sie 1798 dem durch Regierungs-Beschluß vom *4 Pluviose an VI* (23. Januar 1798)*) errichteten Saar-Departement — aus den eroberten Landen des linken Rheinufers wurden im ganzen vier Departements gebildet: Donnersberg, Saar, Roer und Rhein-Mosel — zugeteilt, während die früher lothringischen Gebietsteile, einschließlich der 1793 „reünierten" Herrschaften Püttlingen und Schaumburg, bei dem Mosel-Departement verblieben. Nachdem im Frieden zu Lunéville vom 9. Februar 1801 das ganze linke Rheinufer an Frankreich abgetreten worden war, erfolgte durch Gesetz vom *18 Ventose an IX* (9. März 1801) die Vereinigung der vier neuen Departements mit der Französischen Republik.

Das Saar-Departement (Hauptort Trier) bestand aus vier Arrondissements mit zusammen 34 Kantonen, von denen das Arrondissement Saarbrücken mit den 8 Kantonen St. Arnual, Blieskastel, Lebach, Merzig,

*) Die durch Dekret des Konvents vom 5. Oktober 1793 eingeführte neue Zeitrechnung beginnt mit dem Tage der Errichtung der Republik, dem 22. September 1793, und umfaßt die je 30 Tage zählenden 12 Monate Vendemiaire, Brumaire, Frimaire; Nivose, Pluviose, Ventose; Germinal, Floreal, Prairial; Messidor, Thermidor und Fructidor, welchen 360 Tagen sich dann noch 5 und in einem Schaltjahre 6 Ergänzungstage anschließen.

Ottweiler, St. Wendel, Saarbrücken und Waldmohr das eigentliche Gebiet des Steinkohlenbergbaues umfaßte. Von dem Mosel-Departement (Hauptort Metz) kommen für letzteren noch in Betracht: die Kantone Rehlingen, Saarlouis (Sarre-libre) und Tholey im Arrondissement Diedenhofen (Thionville), sowie der Kanton Forbach im Arrondissement Saargemünd.

Bis 1814 teilte das Saargebiet die Schicksale des französischen Reiches. Das Einrücken der Blücherschen Truppen machte tatsächlich zwar bereits am 6. Januar 1814 der französischen Herrschaft daselbst ein Ende, indessen für einen Teil der Saarbrücker Lande nur vorübergehend. Der erste Pariser Friede (vom 30. Mai 1814) beließ das Mosel-Departement, mit Ausnahme des Kantones Tholey, welcher abgetreten wurde, vollständig, außerdem vom Saar-Departement noch die beiden Kantone Saarbrücken und St. Arnual nebst einem Teile des Kantones Lebach bei Frankreich. Es war dies der beste Teil der ehemaligen Grafschaft Saarbrücken, mit 20 000 Einwohnern und den bedeutendsten Steinkohlengruben; aus ihm wurden zwei neue, durch die Saar geschiedene Kantone gebildet und diese dem Mosel-Departement (Arrondissement Saargemünd) zugeschlagen. Erst der zweite Pariser Friede (vom 20. November 1815) brachte auch diesem Landstriche infolge der eifrigen Bemühungen seiner Bewohner die endliche Befreiung von der Fremdherrschaft; außerdem mußte Frankreich vom Mosel-Departement noch den größten Teil der Kantone Saarlouis und Rehlingen abtreten.

### c) Die neueren landesherrlichen Verhältnisse.

Die von Frankreich im ersten Pariser Frieden an die verbündeten Mächte zurückgegebenen Landesteile wurden, soweit sie rechts der Mosel gelegen waren, vorläufig einer österreichisch-bayerischen Landesadministrations-Kommission zu Kreuznach unterstellt, welche am 16. Juni 1814 zusammentrat und zum Teil noch bis in die zweite Hälfte des Jahres 1816 in Tätigkeit blieb. Die weiteren Abtretungen im zweiten Pariser Frieden waren unmittelbar an die Krone Preußen erfolgt, und fand die förmliche Besitznahme der neu erworbenen Gebietsteile durch letztere zu Saarbrücken am 30. November, zu Saarlouis am 2. Dezember 1815 statt.

Bei der endgültigen Neuregelung der landesherrlichen Verhältnisse durch den Wiener Kongreß erhielt Preußen nahezu die gesamten Nassau-Saarbrückenschen Lande, die abgetretenen lothringischen Gebietsteile und die zwischenliegenden kleineren Herrschaften; aus ihnen wurden die Kreise Saarbrücken, Ottweiler und Saarlouis des Regierungsbezirkes Trier gebildet*). Bayern erwarb für seinen Bezirk Rheinpfalz die Kantone Blieskastel (von

*) Die Königliche Regierung zu Trier trat am 22. April 1816 in Wirksamkeit.

der Leyensche Besitzungen) und Waldmohr (Pfalz-Zweibrücken) nebst dem vormals Nassau-Saarbrückenschen Bexbach usw. Ein Teil der Kantone Ottweiler und St. Wendel mit Teilen anderer (nördlicher) Kantone wurde als „Fürstentum Lichtenberg" dem Herzoge von Sachsen-Coburg überwiesen, welcher letzteres indessen später durch Staatsvertrag vom 31. Mai 1834 an Preußen abtrat (heutiger Kreis St. Wendel). Bei Frankreich verblieb nur das durch die Abtretungen erheblich verkleinerte Mosel-Departement; neuerdings sind dann 1870—71 auch diese lothringischen Lande dem Deutschen Reiche zurückerobert worden.

## II. Bergbauberechtigungs-Verhältnisse.

Wie bereits zu Eingang dieser Abhandlung erwähnt, befindet sich der Saarbrücker Steinkohlenbergbau, wenn auch nicht ausschließlich, so doch der Hauptsache nach in staatlichem Besitze, und zwar, entsprechend den Landesverhältnissen, zum bei weitem größten Teile im staatlichen Besitze Preußens, zu einem kleinen Teile in demjenigen Bayerns. Auf der ursprünglichen „Regalität" der Steinkohle und dem Vorbehalte des Steinkohlenbergbaues seitens der früheren Landesherren beruhend, ist dieser staatliche Besitz, trotz der die alten Verhältnisse völlig umwälzenden Gesetzgebung Frankreichs am Ende des 18. und zu Anfang des 19. Jahrhunderts, nicht nur im wesentlichen ungeschmälert bis in die heutige Zeit erhalten geblieben, sondern hat unter der Herrschaft Preußens und Bayerns teilweise sogar noch, bei gleichzeitiger Neuregelung auf grund der inzwischen ergangenen Gesetze, eine weitere Ausdehnung erfahren.

Die neben dem staatlichen Bergbau im Saargebiete bestehenden Privat-Berechtigungen zur Steinkohlengewinnung sind neueren Ursprunges. Nur einige wenige derselben stammen aus der Zeit der französischen Herrschaft, während die überwiegende Mehrzahl erst nach 1815 auf grund des in Gültigkeit verbliebenen französischen Bergwerksgesetzes vom 21. April 1810 verliehen ist. Größere Bedeutung haben indessen von ihnen nur die 1804 verliehene gewerkschaftliche Grube Hostenbach auf preußischem und in neuerer Zeit die Privatgruben auf lothringischem und bayrischem Gebiete gewonnen.

Die nachfolgende Übersicht über die Entwickelung der Bergbauberechtigungs-Verhältnisse im einzelnen schließt sich an die Hauptabschnitte der Landesgeschichte an. Neben der eigentlichen Bergbauberechtigung sollen dabei in einem besonderen Abschnitte auch noch die dem Saarbrücker Bergbau eigentümlichen Kohlenberechtigungen der Gemeinden und einzelner Gewerbezweige ihre Stelle finden.

### a) Bergrechtliche Verhältnisse und Bergbauberechtigung auf Steinkohle in den älteren Gebietsteilen vor 1794.

Mit Ausnahme der ursprünglich lothringischen Landesteile galt in sämtlichen Teilen des Saargebietes gemeines deutsches Bergrecht. Entsprechend der Entwickelung des letzteren im übrigen Deutschland, war auch hier das Bergregal nebst den sonstigen Regalien anfänglich nur einzelnen Landesherren durch den Kaiser besonders verliehen worden, und mußte für diese Verleihung beim jedesmaligen Regierungswechsel eine neue Bestätigung erwirkt werden*); allgemein hat bekanntlich zuerst die goldene Bulle Kaiser Karls IV. von 1356 den Kurfürsten, dann die Wahlkapitulation Karls V. von 1519 und endlich der Westfälische Friede von 1648 allen Reichsständen in ihrer Eigenschaft als Landesherren das Bergregal zuerkannt. In Lothringen und Frankreich führte der Entwickelungsgang des Bergrechtes umgekehrt dahin, daß das Bergregal sich ausschließlich zu einem Rechte der Krone ausbildete, welche es ihrerseits durch Erteilung von Monopolen oder Verpachtung ausübte, bis das Berggwerksgesetz vom 26. Juli 1791 das Regal vollständig beseitigte.

Die Steinkohle, nach gemeinem deutschen Rechte eigentlich nicht zum Regal gehörig, galt gleichwohl im Saargebiete — abgesehen von den lothringischen Landesteilen — schon früh als dem Verfügungsrechte des Landesherrn unterworfen. Bereits ein Schöffen-Weistum von Neumünster (bei Ottweiler) aus dem Jahre 1429 stellt in dieser Beziehung die Steinkohle mit den Metallen auf gleiche Linie:

> „Item hait der scheffen gewiset, daz alle fondt in der graffeschafft von Ottwillre, is sy uff dem lehen oder anderswo, vnder der erden oder vber der erden, is sy von golde, silber, kupfer, bly, isen, steynekohlen oder anders, wie oder was man fondt nennen mag, das der eyner herrschafft von Sarbrucken sy vnd mit rechte zugehorent **).“

---

*) So erhielt Fürst Johann von Nassau-Weilburg 1371 vom Kaiser Karl IV. für die Grafschaft Saarbrücken die Reichslehen mit allen Freiheiten, Herrlichkeiten, Geleit-, Wasserfluß-, Wildbahn-, Bergwerks-, Münz- und sonstigen Rechten. Von den späteren Erneuerungen des Lehenbriefes ist diejenige Kaiser Karl V. vom 21. März 1546 für den Grafen Philipp zu Nassau-Saarbrücken in der Zeitschr. für Berg-, Hütten- und Salinenwesen Band 32. B. Seite 406—407 abgedruckt.

**) Das betreffende Weistum findet sich vollständig abgedruckt in Jakob Grimms Weistümern, II. Teil (Göttingen, 1840), S. 33. Wo es herstammt, ist in dieser Quelle nicht angegeben. Ein nach seinem übrigen Inhalte ganz verschiedenes Neumünsterer Weistum, welches aber gleichfalls obigen, auf die Steinkohlen bezüglichen Rechtssatz wörtlich enthält, ist gegeben vom „Jaerdingk“ zu Neumünster auf „Dinstag neste nach dem 20. Dage anno 1529“; es wurde vor etwa 40 Jahren

Immerhin ist aus älterer Zeit für keines der hier in Betracht kommenden Gebiete irgend eine allgemeine landesherrliche Willenserklärung bezüglich der Steinkohle ergangen, namentlich aber auch in keinerlei Weise eine „Freierklärung" des Steinkohlenbergbaues erfolgt. Ganz abweichend von den übrigen Landesteilen der linken Rheinseite, für welche fast durchgängig von den Landesherren ausführliche Bergordnungen erlassen wurden, hat überhaupt das Saargebiet keine einzige solche Ordnung aufzuweisen; die Pfalz-Zweibrückensche Bergordnung von 1590, auf grund deren im 18. Jahrhundert allerdings mehrfache Verleihungen von Steinkohlenbergwerken am Glan usw. erfolgt sind, fällt nicht in den Bereich des engeren Saarbrücker Steinkohlenbergbaues.

Tatsächlich scheint die vom 16. Jahrhundert ab an verschiedenen Punkten des Saargebiets durch vereinzelte Landeseinwohner beginnende regelmäßigere Kohlengräberei stets nur mit ausdrücklicher landesherrlicher Erlaubnis betrieben worden zu sein, wie denn auch für sie entweder ein fester jährlicher Zins (die „Grubengült") oder ein gewisser Teil der Förderung (der sechste bis neunte Wagen) an die Herrschaft entrichtet werden mußte. Wo die Gewinnung einen größeren Umfang annahm, wie namentlich bei den Orten Sulzbach-Dudweiler, wurde den Kohlengräbern zur Regelung ihres gegenseitigen Verhältnisses vom Landesherrn eine zunftmäßige Ordnung gegeben und der Zins dann von der Zunftgemeinde erhoben. Während die Erlaubnis zum Kohlengraben in der Regel auf unbestimmte Zeit galt und eine widerrufliche war, fehlte es vom Anfang des 18. Jahrhunderts ab auch nicht an Verleihungen bezw. Verpachtungen auf eine bestimmte Reihe von Jahren („in Temporalbestand").

Dieser Zustand währte bis in die Mitte des 18. Jahrhunderts, wo die inzwischen gestiegene Bedeutung der Steinkohle und die Erwägung, aus deren Verwertung einen größeren Nutzen zu ziehen, zunächst den Fürsten von Nassau-Saarbrücken und nach seinem Vorgange dann auch die benachbarten Landesherren dahin führte, die Steinkohlengewinnung in eigene Hand zu nehmen. Die bestehenden Gräbereien wurden, zum Teil gegen Entschädigung ihrer seitherigen Inhaber, eingezogen und fernerhin auf landesherrliche Rechnung betrieben, zugleich aber für die Folge bei schwerer Strafe jedermann die Eröffnung einer Steinkohlengrube untersagt. Mit

---

von dem verstorbenen kath. Pfarrer Hansen zu Ottweiler in einer alten Abschrift entdeckt.

Wie übrigens aus mehrfachen Urkunden hervorgeht, scheinen die Aussprüche der Schöffen auf den Jahrgedingen zu Neumünster in jener Zeit die hauptsächlich maßgebenden für die ganze Herrschaft Ottweiler gewesen zu sein; beispielsweise bezieht sich ein Vertrag von 1435 zwischen der Gräfin-Witwe Elisabeth von Nassau-Saarbrücken und Ritter Friedrich Greiffenclau von Vollradts ausdrücklich für die Zukunft auf diese Schöffen-Aussprüche: „als von alter herkommen ist vnnd die scheffen in dem jardinge zu Neumünster weisent."

diesem, zwar nur im Fürstentum Nassau-Saarbrücken wirklich veröffentlichten, tatsächlich aber auch in den übrigen nicht-lothringischen Landesteilen durchgeführten Verbote war für den Hauptteil des Saargebiets bergrechtlich die „Reservation der Steinkohle“ für den Landesherrn erfolgt und somit dessen ausschließliche Bergbauberechtigung auf Steinkohle kraft des Bergregals festgestellt.

Bezüglich der besonderen Berechtigungsverhältnisse in den einzelnen Gebietsteilen bleibt das folgende zu bemerken.

## 1. Nassau-Saarbrückensche Lande.

Wie nach dem oben gedachten Schöffen-Weistum von 1429 für die Herrschaft Ottweiler, so hatten die Grafen von Nassau-Saarbrücken unbestritten auch in der Grafschaft Saarbrücken das ausschließliche Anrecht auf die Steinkohle. Die Nachweisung der landesherrlichen Rechte, welche die Gräfin-Witwe Eleonore am 1. Mai 1683 der französischen „Reunions-Kammer“ zu Metz vorlegte*), führt daher auch an: *„Item le droit tant ancien que nouveau qui en est deu droit de Mines dans les montagnes dans tout le Comté de Sarbruck.“*

Den Grundbesitzern oder Gemeinden hat in den gesamten Saarbrückenschen Landen zu keiner Zeit ein rechtlicher Anspruch auf die Steinkohlengewinnung zugestanden. Wohl gab es früher in beiden Herrschaften eine Anzahl von Lehensleuten (Burgmannen von Saarbrücken oder Ottweiler), die auch zum Teil — beispielsweise im Sinnertale, bei Sulzbach usw. — für ihre Lehen das Recht auf die Kohle ausübten, indessen waren diese Lehen schon im Laufe des 16. Jahrhunderts fast ausnahmslos durch Kauf, Tausch, Heimfall usw. in den unmittelbaren Besitz der Grafen zurückgelangt, so daß tatsächlich die letzteren seit dieser Zeit auch die alleinigen Grundeigentümer waren. Den leibeigenen Bauern und den nach dem 30jährigen, sowie nach den „Reunions-Kriegen“ zahlreich in das verwüstete Land eingewanderten Fremden wurden von der Landesherrschaft Güter zugewiesen, die aber erst nach und nach in freies Eigentum übergingen. Auch die von der Gemeinde Dudweiler**), unter Berufung auf ihr altes Recht und Herkommen, sowie auf ihren Kohlengräber-Zunftbrief im Jahre 1730 geltend gemachte Forderung der uneingeschränkten Kohlen-

*) *„Estats des fiefs situés dans le Comté de Sarbruck qui sont mouvants de l'Evesché de Metz.“* Die Gräfin war genötigt worden, wegen der alten Lehensabhängigkeit Saarbrückens vom Bistum Metz als Vasallin dem König von Frankreich zu huldigen, und mußte ein Verzeichnis ihrer Rechte und Regalien einreichen. Von diesem „Dénombrement“ befindet sich die Urschrift im Staatsarchive zu Coblenz; es führt im einzelnen auch den Zins von den Steinkohlen („quelques cens sur les fossez charbons“) auf.

**) Bis in die 1870er Jahre auch Duttweiler geschrieben.

gewinnung mußte der Tatsache weichen, „daß das Steinkohlengraben von der Landesherrschaft herrührt“.

Hatte die Verwertung des Bergregals bezüglich der Steinkohle bis zum Beginn des 18. Jahrhunderts sich lediglich darauf beschränkt, die Gewinnung der Kohle den Untertanen gegen Entrichtung eines festen Zinses oder eines gewissen Teiles der Förderung (an Stelle des bergrechtlichen Zehntens) zu gestatten, so wird die eigene Gewinnung auf landesherrliche Rechnung zuerst 1730 angeregt. In einem Berichte des Land-Kammer-Meisters Spah zu Saarbrücken vom 1. September 1730 betreffend die Vermehrung der herrschaftlichen Einkünfte aus den Kohlengruben, macht dieser der fürstlichen Hofkammer den Vorschlag, die Gruben bei Dudweiler durch die Herrschaft selbst zu übernehmen*). Wenn auch zunächst dem Vorschlage noch keine Folge gegeben wurde, so war er doch Veranlassung, daß fortan bei Erteilung der Erlaubnis zur Eröffnung neuer Kohlengruben deren Wiederabtretung an die Herrschaft von vornherein ausdrücklich vorgesehen blieb.**)

Die mehr und mehr zunehmende Bedeutung der Steinkohle, wie auch die Rücksicht auf eine wirtschaftlichere und zweckmäßigere Gewinnung derselben reifte bei dem Fürsten Wilhelm Heinrich endlich den Entschluß, „die Steinkohlengruben einzuziehen und bergmännisch administriren zu lassen“. Eine zu dem Ende erfolgte Vernehmung sämtlicher Kohlengräber in den Verhandlungen vom 15., 16. und 18. Januar 1751 ergab, daß erstere „weder Erb-, noch Temporalleyhen“, überhaupt keine andere Berechtigung zur Kohlengewinnung nachzuweisen vermochten, als die widerrufliche Erlaubnis des Fürsten, und daß selbst diese von vielen nicht beigebracht werden konnte. Die weiteren Verhandlungen führten denn auch ohne Einsprüche der Kohlengräber in kurzem dahin, daß den letzteren „ihre beweißlich angewande Kösten nach der Billigkeit ersetzt“ und die sämtlichen Steinkohlengruben — mit Ausnahme der den Glashütten-Beständern zu Friedrichsthal, sowie den Eisenhütten-Beständern zu Neunkirchen durch die „Temporal-Bestände“ zu eröffnen gestatteten besonderen Gruben — für landesherrliche Rechnung in Betrieb genommen wurden.

*) Von einer richtigen Erkenntnis der Verhältnisse zeugt nachstehende Begründung des Vorschlages: „Anfänglich ist zwar nicht so viel, inmassen auch aufs Holz gesehen und anderwärts verführt worden, nachdem aber das Holz überall beginnt rar zu werden, so ist auch dieser der Steinkohlen Bruch umsomehr in acht zu nehmen, als solcher heut oder morgen ebenso angenehm werden dürfte“ (wie die Holzgewinnung).

**) Ein „Accord“ mit zwei Klarenthaler Kohlengräbern vom 1. März 1731 enthält bereits den Vorbehalt: „Uebrigens wird reservirt, dass gnädigste Herrschaft nach Zeit und Umständen entweder diesen Accord ändern und aufheben, oder auch die Gruben ohne weitere Erstattung der Kosten Selbsten an Sich ziehn könne und möge.“

Dieser tatsächlichen Übernahme des zurzeit bestehenden Steinkohlenbergbaues folgte unterm 27. November 1754 die allgemeine landesherrliche „Reservation“ der Steinkohle überhaupt für den ganzen Umfang der Nassau-Saarbrückenschen Lande. Die in allen Oberämtern bekannt gemachte (gedruckte) Verordnung lautet:

„Von Gottes Gnaden, Wir Wilhelm Heinrich, Fürst zu Nassau, Graff zu Saarbrücken und Saarwerden pp.

Befehlen und verordnen hierdurch, dass alle diejenige, so in Unsern gesambten Landen Stein-, Kalk-, Gips-, Ertz- und andere dergleichen Brüche, sie mögen Nahmen haben wie sie wollen, entdeckt, angelegt und bishero genossen, wann dergleichen Brüche sich unter der Tamm-Erden, worunter der Rasen und das zerschüttete Gestein, bis auf die Gäntze, oder feste Gestein verstanden wird, befinden, oder hinkünfftig entdeckt und eröffnet werden wollten, sich dessfalls ohne Anstand bey Unserer Kammer, bey 50 Reichs-Thaler Straff, melden, und führohin von dergleichen gemeldeten Brüchen den Zehnden, entweder in natura, oder nach einem proportionirten Geld-Anschlag, wie solches von Unserer Kammer gut befunden werden wird, zu entrichten haben sollen.

Desgleichen auch von Niemand in Zukunfft eine Stein-Kohlen-Grube eröffnet, noch vielweniger aber daraus Stein-Kohlen, bey 100 Reichs-Thaler Straff, verkauffet, dahingegen mit den Eisen-Ertz-Gruben*) es ferner-

*) Eigentliche bergrechtliche Verleihungen auf Eisenerze gab es im Nassau-Saarbrückenschen nicht, vielmehr war das Recht, Eisenerze zu graben, ausschließlich den Pächtern („Beständern“) der Eisenschmelzen eingeräumt, deren Bestandsbriefe stets über die Gewinnung der Eisenerze ausführliche Bestimmungen enthalten. Die ältesten Belehnungsurkunden über die Geislauterner Eisenhütte vom 29. Dezember 1572 und vom 26. Dezember 1585 geben den Beständern das Recht, sowohl Eisenerz, als auch „Miltherung und Leuterung“ (Zuschläge) in der ganzen Grafschaft Saarbrücken aufzusuchen und zu gewinnen. Ebenso heißt es in dem Admodiations-Kontrakt über die Neunkirchener Eisenhütte vom 6. Februar 1700: „Wird es ihnen (den Beständern) verstattet, in hiesigem Ambt (d. i. Herrschaft Ottweiler) ahn orten und enden, da es ihnen beliebig, Ertz zusuchen und einzuschlagen.“ Erst von der Mitte des 18. Jahrhunderts ab werden die einzelnen Schmelzen auf bestimmte kleinere Striche begrenzt, so z. B. erhält der „Entrepreneur“ des Hallberger Werkes im Vertrage vom 7. August 1758 die Befugnis, „die benöthigte Ertz und Fluss zu suchen und zu graben in denen hier folgenden und gesetzten limiten, als in der Burbach . . .“. Im einzelnen war die Gräberei gestattet „sowohl in hohen Waldungen, als auch im Feldlande“, in allen Fällen aber unter dem ausdrücklichen Vorbehalte vollständigen — nach der oben angeführten Belehnungsurkunde vom 26. Dezember 1585 sogar vorherigen — Ersatzes des dem Grundeigentümer durch den Betrieb der Gruben erwachsenden Schadens, sowie unter der Bedingung, die Erze „nach Bergwerks-Manier nach einander und nicht auf den Raub graben zu lassen“, mitunter selbst (Neunkirchener Temporal-

hin, wie bishero, gehalten werden solle. Wornach sich also jedermänniglich zu achten, und für Straffe zu hüten hat.

Geben Saarbrück, den 27[ten] Nov[is] 1754."

Für die Abtei Wadgassen erhielt die Verordnung noch den besonderen nachfolgenden Zusatz vom 12. Dezember 1754:

„Da aber das Kloster Wadgassen bishero sich der Stein-Kohlen-Gruben und Eisen-Ertz-Brüche, ohne weitere Anfrage angemasst, und damit nach Gefallen gehandelt, Alss wird dem ermeldeten Kloster hiermit aufgegeben, sich von nun an und künftighin dergleichen Ertz-Brüchen, als einem ohnstrittigen landesherrlichen Regal-Stückes, unter oben angesetzter Straff gäntzlich zu enthalten und vorstehender gedruckten Verordnung in allem zu fügen*)."

Hiermit war grundsätzlich in den Nassau-Saarbrückenschen Landen das ausschließliche Recht des Fürsten auf die Steinkohle für alle Zeiten festgestellt. Zum allgemeinen Besten des Landes und insbesondere zur Förderung des Ackerbaues, der sich bei Düngung der Felder in umfangreichem Maße des gebrannten Kalkes bediente, gestattete indessen schon

---

Bestand vom 18. August 1748), „einen besondern Aufseher oder Bergsteiger zu halten".

Was Verleihungen auf sonstige Erze anlangt, so bot hierzu die geognostische Beschaffenheit des Landes kaum Anlaß. Bergrechtlich erwähnenswert ist gleichwohl ein in den Nassau-Saarbrückenschen Akten (Staatsarchiv zu Coblenz) sich findender „Erbbestandsbrief" vom 18. Januar 1746, worin dem Kaiserlichen Posthalter Imich zu Saarbrücken und Mitgewerken das von ihnen „neu erfundene" Erzbergwerk bei der Alaunhütte zu Dudweiler „mit allen zugehörigen Gängen, Quergängen, unter und obermas, und so weit sich der Gang nur erstrecken mag, wie auch alle der Orthen befindliche und annoch unbekandte frische anbrüche und fundgruben", gegen Erstattung des Zehnten von den zutage kommenden Erzen und Gewährung von 2 Freibau-Kuxen, „in Erbbestand verliehen und übergeben" wird. — In einer Urkunde vom 18. April 1749 erlaubt der Fürst dem Hüttenbeständer von Geislautern, Ratsherrn Olry zu Metz, in der ganzen Ausdehnung seiner Staaten alle Sorten von Erz (außer Eisenerz) zu suchen und zu graben, auch zu deren Verschmelzung alle erforderlichen Hütten zu bauen, wogegen Olry den Zehnten von sämtlichen Erzeugnissen abzuliefern hat. — Ein „Schürfschein" und nachfolgender Vertrag vom 14. Juni 1765 ermächtigt den Johannes Mehrent von Oberlinxweiler, im Amte Ottweiler Agat, Jaspis und andere zum Schleifen dienliche Steine zu graben; die Hälfte des aus den gefundenen Steinen erlösten Geldes soll in die herrschaftliche Kasse fließen.

*) Es mag hier gleich bemerkt sein, daß ein Vertrag vom 10. Januar 1759, durch welchen langjährige Rechtsstreitigkeiten zwischen dem Fürsten von Nassau-Saarbrücken und dem Kloster Wadgassen endgültig verglichen werden, dem Kloster ausdrücklich wieder gestattet, Steinkohlen nach Willkür zu graben und außer Landes, jedoch nicht die Saar hinauf, zu vertreiben. Dieses Recht hat denn auch die Abtei Wadgassen seitdem bis zu ihrer Aufhebung durch die französische National-Versammlung im Jahre 1790 ununterbrochen auf eigene Rechnung ausgeübt.

1758 Fürst Wilhelm Heinrich „aus bloßer Gnade" einzelnen Gemeinden, sich die Kohlen zum Brennen des für die Felddüngung erforderlichen Kalkes „gratis herauszuholen und desfalls einige Gruben zu eröffnen". Diese Vergünstigung wurde nach und nach — allerdings mit der Einschränkung, daß die Kohle nicht mehr durch die Einwohner selbst gewonnen, sondern von den herrschaftlichen Gruben zu einem ermäßigten Taxpreise bezogen werden konnten — den sämtlichen Gemeinden zuteil und ist sehr bald (zuerst 1766) auch auf den gewöhnlichen Hausbrand der Untertanen ausgedehnt worden*).

## 2. Die sonstigen nicht-lothringischen Landesteile.

Auch in den kleineren, neben Nassau-Saarbrücken noch in Betracht kommenden Gebieten, soweit sie nicht zu Lothringen gehörten, ist die Regalität der Steinkohle nie bestritten worden. Wie eine Reihe von Weistümern — beispielsweise auch das Jahrgeding zu Spiesen vom 2. September 1538 — zeigt, war es allgemeine Rechtsüberzeugung, daß jeder „Fundt über und unter der Erden" von der „Herrschaft" zu nutzen sei.

Abgesehen von Pfalz-Zweibrücken, wo die Pfälzische Bergordnung von 1590 galt und auf Grund derselben von 1769 ab — allerdings außerhalb des hier in Rede stehenden Gebietes des eigentlichen Saarbrücker Bergbaues — mehrere Steinkohlengruben bei Wolfstein, Odenbach und Roth an Private verliehen, daneben aber auch einzelne Gruben auf Rechnung des Landesherrn (des Herzogs von Zweibrücken) selbst eröffnet und betrieben wurden, ist in keinem dieser Gebiete eine Freierklärung des Bergbaues erfolgt.

In der Herrschaft Illingen betrieb der regierende Freiherr v. Kerpen seit 1754 eine landesherrliche Grube bei Illingen, gestattete aber daneben dem Beständer der zu Merchweiler 1765 neuerrichteten Glashütte, die erforderlichen Steinkohlen für diese Hütte im ganzen Bezirke der Herrschaft auf eigene Kosten aufzusuchen und zu graben.

Innerhalb der Grafschaft Blieskastel waren bei St. Ingbert im Jahre 1730 die ersten Steinkohlengräbereien von Bauern eröffnet worden, wie es scheint, ohne Erlaubnis des Landesherrn, des Grafen von der Leyen, welcher sie daher, dem Beispiele des Fürsten von Nassau-Saarbrücken folgend, um die Mitte des 18. Jahrhunderts ohne Entschädigung einzog und sie fernerhin verpachtete. Gegen Ende des Jahrhunderts wurden

*) Das nähere über Entstehung und fernere Gestaltung des Vorrechtes der sogenannten „Gemeinde-Berechtigungskohlen" ist im nachfolgenden Abschnitte d zusammengefaßt.

außerdem bei Steinbach zwei Gruben auf grund von Erlaubnisscheinen der von der Leyenschen Rentkammer betrieben.

In der ehemaligen Herrschaft Crichingen-Püttlingen hatte der Graf von Wied-Runkel um 1742 Steinkohlengruben im Großwalde und im Püttlinger Bauernwalde begonnen, aber schon vor 1766 wieder liegen lassen. Wiederholten Versuchen der Bauern, diese Gruben ihrerseits zu betreiben, wurde stets durch „Pfändung" ein Ende gemacht. Vorübergehend scheint die Kohlengewinnung pachtweise einem gewissen Bailly von Saarlouis übertragen gewesen zu sein. Nach der Erwerbung Püttlingens durch den Fürsten von Nassau-Saarbrücken im Jahre 1766 nahm dieser die Gruben für landesherrliche Rechnung wieder auf.

## 3. Die lothringischen Landesteile.

Abweichend von den sämtlichen vorbesprochenen Gebieten, war in Lothringen und Frankreich die Regalität der Steinkohle seit langer Zeit streitig zwischen der Krone einerseits und den Feudalherren sowie Grundbesitzern andererseits.

Für Frankreich hatte eine königliche Verordnung vom 14. Januar 1744 schließlich einseitig den Streit dahin entschieden, daß niemand eine Steinkohlengrube eröffnen durfte, ohne vorher dazu von dem *„contrôleur général des finances"* eine *„permission"* erlangt zu haben. Gesetzlich waren hiermit zugunsten der Krone sowohl die Feudalherren *(Seigneurs)*, wie die eigentlichen Grundbesitzer *(propriétaires du sol)* ihres Anrechtes auf die Kohle verlustig gegangen, wenn sie auch tatsächlich der Verordnung von 1744 den lebhaftesten Widerstand entgegensetzten und, vielfach selbst von den Gerichten unterstützt, sich meist im Besitze der Steinkohlengruben ohne besondere Permission erhielten.

Ähnlich lagen die Verhältnisse in Lothringen, wo die Verordnung des Königs Stanislaus vom 8. Oktober 1746 jedermann bei 3000 Livres Strafe die Eröffnung von Gruben irgend einer Art verbot, bevor *„on n'en ait préalablement obtenu la permission que Sa Majesté se réserve d'accorder dans les cas où Elle le juge convenable"*. Eine Verordnung Ludwigs XVI. vom 19. März 1783 wiederholte dieses Verbot ganz besonders bezüglich der Steinkohlengruben für die Grundbesitzer und Feudalherren*). Ob die

---

*) *„Art. 1. Il ne sera permis à aucune personne, d'ouvrir et mettre en exploitation des mines de houille ou charbon de terre dans les fonds à eux appartenans; non plus qu'aux Seigneurs, dans l'étendue de leurs fiefs ou justices, sans en avoir préalablement obtenu la permission de Sa Majesté."*

Sowohl diese Verordnung, wie die vorangeführte von 1746 sind abgedruckt in J. M. Sittels Sammlung der Provinzial- und Partikular-Gesetze, II. Band Trier 1843.

bereits um die Mitte des 18. Jahrhunderts auf lothringischem Gebiete, unmittelbar an der Nassau-Saarbrückenschen Grenze bei Schwalbach, begonnene Kohlengewinnung zu Griesborn auf grund einer Permission erfolgte, ist aus den Nachrichten über dieselbe nicht zu ersehen. Dagegen waren 1725 auf ein Steinkohlenvorkommen im Keuper bei Piblingen an der Nied und 1737 auf ein solches bei Waldmeister (beide unweit Boulay) Konzessionen erteilt worden.

Eine neue, durchgreifende Ordnung der Berechtigungsverhältnisse brachte das französische Bergwerksgesetz vom 28. Juli 1791. Es ging dieses Gesetz davon aus, daß die Mineralschätze der Verfügung des Staates *(à la disposition de la nation)* unterworfen sein sollen, in dem Sinne, daß ihre Gewinnung nur auf grund einer staatlichen Konzession erfolgen dürfe. War hiermit an Stelle des Bergregals grundsätzlich das Hoheitsrecht des Staates zur Geltung gebracht, so blieb andererseits die vollständige Durchführung dieses Grundsatzes noch insofern unerreicht, als das Gesetz dem Grundeigentümer noch die Berechtigung zur Mineralgewinnung bis zu einer Tiefe von 100 Fuß unter der Oberfläche beließ und ihm außerdem auch ein Vorzugsrecht auf Erteilung der Konzession für den Bergbau in größerer Tiefe einräumte.

Auf den Steinkohlenbergbau des Saargebietes hat das Gesetz von 1791 zunächst — wenigstens bis zum Anfange des 19. Jahrhunderts — noch keinerlei Einwirkung ausgeübt.

### b) Berechtigungsverhältnisse während der französischen Herrschaft.

Die französische Republik hob bei der Besetzung des Saargebietes in den Jahren 1793—94 alle Sonderrechte der seitherigen Landesherren auf und zog deren Besitzungen als Staatsgut ein. Sämtliche Steinkohlengruben der Fürsten von Nassau-Saarbrücken, Freiherren v. Kerpen und Grafen von der Leyen wurden vorerst auf Rechnung der Republik durch die seitherigen Beamten weiter betrieben, dann zufolge Vertrages vom *5 Germinal an* V (25. März 1797) an die *Compagnie Equer* in Paris verpachtet. Die eigentlichen landesherrlichen Berechtigungsverhältnisse bezüglich der Steinkohle blieben unberührt. Einer Reihe von Gemeinden, welche, veranlaßt durch die Mißachtung ihres seitherigen Rechtes auf Kalk- und Hausbrandkohle seitens der genannten Gesellschaft, im Laufe des Jahres 1798 eigene Gräbereien eröffnet hatten, wurde dieser Betrieb eingestellt und vom Zivil-Tribunale des Saar-Departements durch Urteil vom *28 Frimaire an VIII* (19. Dezember 1799) endgültig Schadenersatz auferlegt.

Ganz eigentümlich gestalteten sich die Verhältnisse bezüglich der früher zur Herrschaft Crichingen-Püttlingen gehörig gewesenen Steinkohlengruben im Bauernwalde. Diese waren bis 1787 von der Nassau-Saarbrückenschen Verwaltung betrieben, dann aber eingestellt worden, weil die benachbarten Gruben im Großwalde dem Absatze genügten; die Gemeinde Püttlingen stand zu ihnen in keiner anderen Beziehung, als daß die Gruben in ihrem Gemeindewalde lagen, und daß der Gemeinde seit 1775 die Kohlen zum Kalkbrande gegen Zahlung der Förderkosten zugesichert waren. Als Püttlingen zufolge Beschlusses des französischen Konvents 1793 mit Frankreich „reüniert“ wurde, bemächtigte sich die Gemeinde ohne weiteres der Bauernwalder Gruben und verpachtete sie, nach kurzem Selbstbetriebe, durch Vertrag vom *6 Vendemiaire an IV* (27. September 1795) an die Bürger Koevenig und Beaumont von Saarlouis. Ein Beschluß des Präfekten des Mosel-Departements vom *17 Germinal an XI* (6. April 1803), bestätigt durch den Minister des Innern, erklärte zwar die Gemeinde nicht zur Verpachtung berechtigt, gestattete aber den Pächtern die einstweilige Fortsetzung des Betriebes gegen Abführung des seither an die Gemeinde gezahlten Pachtzinses an die Staatskasse. Gemäß späterer Bestimmung des Finanzministers vom 2. Oktober 1806 sollten die Gruben der *Compagnie de l'Est,* als Pächterin der Salinen zu Dieuze, überwiesen werden. Es ist dies aber nicht geschehen, und so blieben Koevenig und Beaumont weiter im Besitze der Gruben. Erst unter preußischer Herrschaft (am 20. März 1816) erfolgte endlich die Wiedereinziehung durch den Staat; die dagegen von Koevenig und Beaumont erhobenen Einsprüche wurden durch die Gerichte zurückgewiesen.

Nachdem im Frieden von Lunéville 1801 das linke Rheinufer in aller Form an Frankreich abgetreten war, brachte ein Beschluß vom *5 Floreal an IX* (26. April 1801) das französische Berggesetz vom 28. Juli 1791 nebst seinen Ergänzungen im Saargebiete zur Einführung. Auf die bestehende staatliche Bergbauberechtigung hat dieses Gesetz indessen nur insofern Einfluß gehabt, als nunmehr neben jener auch Privat-Bergwerke beim Saarbrücker Steinkohlenbergbau ins Leben traten. Die erste derartige, zugleich allerdings die einzige auf grund des Gesetzes von 1791 im engeren Saarbecken*) ergangene Steinkohlen-Konzession ist diejenige von Hostenbach im Gebiete der ehemaligen Abtei Wadgassen.

Wie bereits erwähnt, hatte die letzere Abtei seit 1759 eine Kohlengrube bei Hostenbach auf eigene Rechnung betrieben. Nach Aufhebung der Abtei im Jahre 1790 wurde die Grube durch die Zentralverwaltung des Mosel-Departements zunächst verpachtet, dann durch Zuschlag (nach

*) Auf den hangenden Flözchen in der jetzigen bayerischen Rheinpfalz wurde eine größere Anzahl zum Teil heute noch betriebener Steinkohlengruben nach dem Gesetze von 1791 verliehen, z. B. Woosheck bei Breitenbach durch kais. Dekret vom 20. Juni 1807, Carlsglück und Theodorsglück bei Obermoschel 19. August 1808, Jacobsgrube bei Odenbach 24. November 1809 usw.

öffentlicher Versteigerung) vom *11 Pluviose an VI* (1798) an den Fabrikbesitzer Nic. Villeroy von Wallerfangen zum Preise von 330 000 Fr. verkauft. Etwa gleichzeitig eröffneten in der Umgebung von Hostenbach mehrere Gesellschaften von Grundbesitzern neue Gruben. Um den hierdurch erwachsenen Schwierigkeiten und der zunehmenden Unordnung ein Ende zu machen, wurde schließlich durch kaiserliches Dekret vom *25 Thermidor an XII* (12. August 1804) dem genannten Villeroy allein die Steinkohlen-Konzession Hostenbach für das Gebiet der vormaligen Abtei Wadgassen auf 50 Jahre verliehen. —

Nach Ablauf der mit der *Compagnie Equer* vereinbarten Pacht übernahm die französische Regierung vom 1. Januar 1808 ab den Betrieb der „Domanial-Gruben" wieder für eigene Rechnung. Inzwischen hatte bereits 1806 bei Aufstellung eines Planes für den künftigen Betrieb der *Ingénieur en chef des mines* Duhamel zu Saarbrücken zum Zwecke einer besseren Ausnutzung der Gruben den Vorschlag gemacht, das ganze staatliche Kohlenfeld in 15 Konzessionsfelder zu teilen, von denen 1 für die *Salines de l'Est* und 2 für die Bergschule von Geislautern zurückgestellt, die übrigen 12 aber an Private, unter Vorbehalt des halben Reinertrages für die Staatskasse, abgegeben werden sollten. Auf wiederholte anderweitige, namentlich auch vom „Département" nach dieser Richtung hin ausgesprochene Wünsche scheint der Minister des Innern dem Vorschlage näher getreten zu sein. Ein kaiserliches Dekret vom 13. September 1808 ordnete an,

> *„que le territoire des houllières de l'arrondissement de Sarrebruck serait divisé en soixante portions distinctes, données en concession à autant d'individus séparés, dont chacun vendrait la houille à un taux arbitraire".*

Die Arbeiten zur Ausführung des Dekretes waren bis zum öffentlichen Ausgebot der einzelnen Konzessionen gediehen, als der russische Krieg den ganzen Plan für immer beseitigte. Abgesehen von der Grube Großwald, welche 1807 an die *Régie des salines de l'Est* überlassen worden war, und den Glashütten-Gruben, deren Pacht den Glashüttenbesitzern verlängert bezw. neu bewilligt wurde, blieben die sämtlichen Gruben für die fernere Dauer der französischen Herrschaft unter der kaiserlichen *Administration des domaines et de l'enregistrement.*

Das neue französische Bergwerksgesetz vom 21. April 1810, welches die den Grundeigentümern bezüglich der Mineralgewinnung durch das Gesetz von 1791 gewährten Vorrechte zugunsten eines unbeschränkten staatlichen Hoheitsrechtes aufhob, änderte nichts an den staatlichen Berechtigungsverhältnissen der Saarbrücker Gruben. Für die bestehende Privat-Konzession von Hostenbach hatte es zur Folge, daß die nach dem Gesetze von 1791 auf 50 Jahre beschränkte Bergbauberechtigung nunmehr in ein dauerndes Bergwerkseigentum überging. Neue Steinkohlen-Konzessionen auf grund des Gesetzes von 1810 sind im Bereiche des engeren Saarbrücker Steinkohlenbergbaues bis zum Jahre 1815 durch die französische Regierung nicht erteilt worden.

### c) Berechtigungsverhältnisse nach 1815.

Die allgemeinen bergrechtlichen Verhältnisse erfuhren in den von Frankreich abgetretenen Landesteilen nach 1815 zunächst keinerlei Änderung, vielmehr blieb das französische Bergwerksgesetz vom 21. April 1810 im gesamten Saargebiete auch ferner in Kraft. Daneben wurde indessen sowohl von der preußischen, wie der bayerischen Regierung die überkommene landesherrliche Bergbauberechtigung auf Steinkohle für die ehemals Nassau-Saarbrückenschen, Kerpenschen und von der Leyenschen Landesteile noch im vollen Umfange aufrecht erhalten, später dann aber in soweit eingeschränkt, als beide Regierungen nach Neu-Regelung und fester Begrenzung des staatlichen Bergbaufeldes den Rest des Gebietes dem Privat-Bergbau freigaben. Nur die Coburgische Regierung verzichtete bereits durch Erlaß vom 1. März 1818 innerhalb des ihr zugefallenen Fürstentums Lichtenberg gänzlich auf eine fernere „Reservation" der Steinkohle und erteilte von 1822 ab eine Anzahl Steinkohlen-Konzessionen an Private; diese Konzessionen sind von Preußen bei Übernahme des Fürstentums Lichtenberg im Jahre 1834 ausdrücklich anerkannt worden.

Innerhalb des preußischen Anteiles am Saargebiete waren 1816 und 1817 sowohl die von den *Salines de l'Est* und von Koevenig betriebenen Gruben Großwald und Bauernwald, wie die Glashütten-Gruben von der Regierung eingezogen worden, sodaß hier sämtliche Steinkohlengruben mit einziger Ausnahme der Privatgrube Hostenbach in der Hand des Staates sich befanden. Die von der Familie v. Kerpen schon zu französischer Zeit erhobenen und später wieder geltend gemachten Ansprüche auf die (angeblich im Privatbesitze der Familie gewesenen) Gruben der vormaligen Herrschaft Illingen fanden 1821 im Wege des Vergleiches durch Zahlung einer Abfindungssumme von 65 333 Fr. ihre endgültige Erledigung.

Das dem preußischen Staate zustehende Saarbrücker Berechtigungsfeld umfaßte, entsprechend den in Betracht kommenden Teilen der Nassau-Saarbrücker Lande nebst der Herrschaft Illingen, eine Fläche von 154 502 967 Q.-Lachtern. Da es sich im Laufe der Jahre für den Grubenbetrieb als immer wünschenswerter herausstellte, dieses Feld nach Westen und Norden über die ehemals Nassau-Saarbrückenschen Grenzen hinaus zu vergrößern, leitete die Regierung nach Maßgabe des Bergwerks-Gesetzes von 1810 die Verleihung eines Erweiterungsfeldes ein. Auf grund Allerhöchster Ermächtigung vom 16. Januar 1860 wurde infolgedessen dem preußischen Fiskus unterm 25. Januar 1860 eine Konzession*) erteilt, welche neben dem ursprünglichen Felde noch ein Erweiterungsfeld von 253 364 326 Q.-Lachtern gewährte.

Das Gesamt-Steinkohlenfeld des Staates von 178 564 ha**) begreift den ganzen Kreis Saarbrücken, den Hauptteil der Kreise Ottweiler und Saarlouis, sowie außerdem noch Teile der Kreise St. Wendel und Merzig. Gegen Norden (vergl. Tafel 1) wird es begrenzt durch die Straße vom Langenfelder Hof an der bayerischen Grenze über St. Wendel, Wintersbach, Alsweiler bis nach Tholey und von hier durch eine gerade Linie über Beckingen bis zur lothringischen Grenze. Andererseits schließt es sich nach Westen, Süden und Osten an die Landesgrenzen gegen Lothringen und Bayern an.

Neben dem staatlichen Bergbaufelde, und größtenteils von ihm in seiner jetzigen Ausdehnung vollständig umschlossen, sind noch die nachbezeichneten Privat-Steinkohlenkonzessionen vorhanden (vergl. Tafel 1):

1. „Hostenbach" im Kreise Saarlouis, verliehen am 12. August 1804, erweitert durch Urkunde vom 22. Oktober 1859 auf ein Gesamtfeld von 2 442 718 Q.-Lachtern;
2. „Ernst" und „Louise" bei Urexweiler im Kreise St. Wendel, verliehen am 12. Februar 1822, dann unterm 3. September 1838 erweitert auf im ganzen 1 qkm 27 ha 71,67 a;
3. „Haus Sachsen" und „Ernestine" bei Dörrenbach und Breitenbach im Kreise St. Wendel, vom 12. März 1822, mit zusammen 1 qkm 89 ha 18,80 a;
4. „Johann Philipp" bei Mainzweiler im Kreise St. Wendel, vom 14. März 1828, mit 14 ha 60 a;
5. „Marpingen" im Kreise St. Wendel, vom 9. April 1834, mit 106 ha 50 a;
6. „Aschbach" im Kreise Ottweiler, vom 23. September 1858, mit 144 057 Q.-Lachtern, jedoch nur auf ein hangendes Flözchen und auch auf diesem nur bis zu 50 m Tiefe unter der Theelbach-Brücke im Orte Aschbach.
7. „Labach" im Kreise Saarlouis, vom 24. September 1861, mit 8 436 571 Q.-Lachtern, jedoch nur auf die Flöze im Hangenden des Schwalbacher Flözes. (Durch Deklaration vom 24. Oktober 1861 zur Konzessionsurkunde für das staatliche Bergbaufeld vom 25. Januar 1860 ist letzteres nachträglich entsprechend beschränkt.)

Auf die im Steinkohlengebirge vorkommenden Eisenerze sind den umliegenden Hütten Konzessionen erteilt, welche den größten Teil des

*) Veröffentlicht im Amtsblatte der Königlichen Regierung zu Trier vom 15. April 1860.

**) In Bau genommen sind davon bis jetzt (1903) nur erst 24110 ha.

staatlichen Bergbaufeldes überdecken. Die beim Steinkohlenbergbau mitgewonnenen Eisenerze wurden, so lange sie überhaupt noch auf den Hütten zur Verschmelzung kamen, gegen Erstattung der Förderkosten an diese abgeliefert.

Nach dem Allgemeinen Preußischen Berggesetze vom 24. Juni 1865, welches seit dem 1. Oktober 1865 an die Stelle des Gesetzes von 1810 getreten ist, hat im preußischen Teile des Saargebietes keine weitere Verleihung auf Steinkohle stattgefunden.

Auf bayerischem Gebiete überkam das bayerische Ärar 1816 die Gruben „St. Ingbert" und „Mittelbexbach". Da beide Gruben auf kein bestimmtes Feld angewiesen waren, so wurden für St. Ingbert die Feldesgrenzen durch königlichen Erlaß vom 16. Oktober 1825 endgültig geregelt und der Flächeninhalt des Feldes auf 461 ha festgesetzt. Zum Betriebe der Grube Mittelbexbach erwarb das Ärar ein Grubenfeld von 383 ha, dessen Grenzen durch königlichen Erlaß vom 15. Oktober 1825 näher bestimmt sind; eine im Jahre 1846 herbeigeführte sehr bedeutende Erweiterung wurde 1856 und 1867 auf Andrängen verschiedener Privatgesellschaften größtenteils wieder freigegeben, sodaß sich das heutige Feld von 1930 ha nur mehr auf die Gemarkungen Mittel- und Nieder-Bexbach, sowie einen Teil von Oberbexbach erstreckt. Der von den Grafen (Fürsten) von der Leyen auf die Grube St. Ingbert erhobene Anspruch ist nach jahrzehntelang geführten Prozessen schließlich zugunsten des bayerischen Staates zurückgewiesen worden. Neuerlich hat der letztere durch die beiden Verleihungen vom 4. Dezember 1886 auf grund des bayerischen Berggesetzes vom 20. März 1869 noch die zwei Steinkohlenfelder St. Ingbert II und III von je 800 ha für sich erworben.

Anschließend an die staatliche Grube Mittelbexbach wurde von der bayerischen Regierung unterm 25. Juli 1845 eine Privat-Steinkohlenkonzession „Frankenholz" mit 547 ha auf den Bännen von Oberbexbach und Höchen erteilt; diese Konzession hat dann später durch Verleihungsurkunde vom 21. Juli 1870 gemäß dem vorgenannten bayerischen Berggesetze eine Erweiterung um 253 ha erfahren. Von den nach dem letzteren Gesetze neuerdings erfolgten Verleihungen kommt hier endlich noch in Betracht das Steinkohlenbergwerk „Nordfeld", verliehen mit 376 ha am 29. Juni 1889 und konsolidiert mit „Weißengrube" unter dem Namen „Kons. Nordfeld" am 26. November 1889 in einer Gesamtfeldesgröße von 442,78 ha.*)

*) Außer den unmittelbar an den Steinkohlenbergbau des engeren Saargebietes sich anschließenden, obengenannten Bergwerken ist auf den hangenden Flözchen der bayerischen Rheinpfalz nach 1815 eine sehr große Zahl von Steinkohlengruben sowohl nach Maßgabe des französischen Gesetzes von 1810, als auch in neuester Zeit nach dem bayerischen Berggesetze von 1869 verliehen worden. Eine irgend erhebliche Bedeutung hat indessen keine von ihnen erlangt.

In dem 1815 bei Frankreich verbliebenen Teile Lothringens waren bis zum Jahre 1870 auf der südwestlichen Fortsetzung des Saarkohlenbeckens im ganzen 11 Steinkohlen-Konzessionen erteilt worden, darunter „Schönecken" bereits am 20. September 1820 mit einer Flächenausdehnung von 2679 ha unmittelbar an der preußischen Grenze, die übrigen erst in den Jahren 1855 bis 1863. Von ihnen ist die 2468 ha umfassende Konzession „Forbach" sehr bald in den Besitz der Eigentümer von „Schönecken" übergegangen, während 8 der anderen durch Urkunde vom 30. November 1873 unter dem Namen „Saar und Mosel" mit einem Gesamtfelde von 15 269 ha konsolidiert wurden, und nur die Konzession „La Houve" in einer Flächenausdehnung von 1732 ha als Einzelbergwerk bestehen geblieben ist. Auf grund des elsaß-lothringischen Berggesetzes vom 16. Dezember 1873, welches inzwischen an Stelle des französischen Gesetzes von 1810 getreten ist, sind bisher 7 neue Verleihungen auf Steinkohle in Lothringen erfolgt; die Erteilung einer größeren Anzahl weiterer Verleihungen steht für die nächste Zeit bevor.

## d) Besondere Berechtigungen der Gemeinden und einzelner Werke.

### 1. Die Gemeinde-Berechtigungskohlen.

Um den Köllertaler Dörfern „aufzuhelfen", hatte Fürst Wilhelm Heinrich von Nassau-Saarbrücken durch Dekret vom 8. März 1757 jenen Dörfern das eigene Kalkbrennen behufs Düngung der Felder mit Kalk bewilligt, derart, daß ihnen Steinkohlengruben angewiesen werden sollten, wo sie die zum Brennen des Kalkes erforderlichen Kohlen gegen Bezahlung abholen könnten. Ein weiteres Dekret vom 9. März 1758 überließ den betreffenden Gemeinden 3 Steinkohlengruben (bei Rittenhofen, Walpershofen und Lummerschied) „gratis und ohnendgeldlich" auf 6 Jahre, „um die Kohlen daraus zur Brennung des Kalkes zu brechen und zu gebrauchen . . . . . . . ., keineswegs aber weder mit Steinkohle oder Kalk einen Handel zu treiben und zu verkaufen, noch auch keine Steinkohlen in denen Oefen zu brennen." Wiederholte Mißbräuche seitens der Gemeinden veranlaßten den Fürsten, die „aus blosser hohen Gnade gegebene Erlaubniss" am 13. Juli 1761 zurückzuziehen. Indessen schon nach 8 Monaten wurde sie von neuem gewährt, dann aber unterm 29. Oktober 1764 dahin abgeändert, daß die Gemeinden fernerhin für den Zentner Kohlen zum Kalkbrennen 2 Kreuzer bezahlen sollten; statt dessen wurde endlich vom 1. Januar 1765 ab den Gemeinden ein „Akkord" auf 6 Jahre bewilligt, wonach sie gegen eine jährliche Abgabe von 6 Louisdor (66 Gulden) eine Grube zu Lummerschied und eine solche in der Burbach (später noch eine dritte bei Walpershofen) zum Kalkbrennen aufmachen und betreiben durften.

Ähnliche Bewilligungen ergingen von 1761 ab auch an verschiedene Gemeinden in der Herrschaft Ottweiler, so 1761 an Ober-, Mittel-, Niederbexbach und Wellesweiler, 1765 an Urexweiler, Schiffweiler und Wiebelskirchen. Die Kohle wurde auch diesen Gemeinden anfangs unentgeltlich, später gegen einen ermäßigten Preis gewährt, welcher etwa den Förderkosten entsprach; auch kam nach der Absicht des Fürsten dabei stets nur die geringwertige Kohle („Steinkohlengegrütz", „Gruß", „weiße Kohle" usw.) in Betracht. Eine eigenhändige Order Wilhelm Heinrichs vom 25. August 1765 setzte für die Herrschaft Ottweiler den Preis der Kalk-Kohlen aus der Grube Kohlwald auf 4 Kreuzer für den Zentner fest (bei 6 Kreuzer gewöhnlichem Taxpreise) und bestimmte zugleich allgemein: „Sollten auf andern Bännen schlechte Kohlengruben, so zum Verkauf nicht tüchtig wären, angetroffen werden, so sollen dergleichen Gruben gegen den Graberlohn denen Untertanen bloss zum Kalkbrennen und nicht zum Handel angewiesen sein."

Hatte es sich in allen diesen Fällen ausschließlich nur um Steinkohlen zum Kalkbrennen für die Felddüngung, „aber nicht an Schmidt noch in Stuben-Oefen zu verkaufen, oder vor sich zu employiren", gehandelt, so erfolgte die erste Bewilligung von Kohlen auch zum Hausbrande durch ein fürstliches Dekret vom 19. Juli 1766. Dieses, auf verschiedene Beschwerden von Gemeinden der Grafschaft Saarbrücken (in betreff ihrer Berechtigungen innerhalb der herrschaftlichen Wälder usw.) für die genannte Grafschaft erlassene Dekret lautet in Art. 12:

> „Wir wollen auch . . . . . ., um denen Unterthanen den Feldbau zu erleichtern, Unseren Berg-Inspector den Bedacht dahin nehmen lassen, damit denen selben geringhaltige Steinkohle, jedoch nach bergmännischem Bau unter des Berg-Inspectors Aufsicht gegen blosse Erstattung der Kosten und ganz allein zum Kalk- und Hausbrand, bei nachdrücklicher Strafe aber nicht zum Verkauf angewiesen werden."

Die Bewilligung scheint indessen von vornherein dahin begrenzt worden zu sein, daß den Gemeinden nicht das eigene Graben der Kohle überlassen blieb, sondern ihnen die Kohlen aus den landesherrlichen Gruben zugewiesen wurden. Wenigstens spricht eine Bekanntmachung der fürstlichen Kammer zu Saarbrücken vom 30. September 1767 nur davon, daß „denen Unterthanen das nöthige Steinkohlen-Grus zum Kalkbrennen von den ihnen am nächsten gelegenen Gruben in ganz geringem Anschlage verabfolgt werden solle", und setzt zugleich bestimmte Preise des Gruses für 9 verschiedene Gruben fest (zwischen 2 und 3 Kreuzer für den Zentner), wie denn auch ein Bericht des Berginspektors Engelcke vom 3. Mai 1773 ausdrücklich das Nichtmehrvorhandensein von „Bauerngruben" feststellt.

Gesuche der Gemeinden Stennweiler, Landsweiler und anderer, auf ihren Bännen eigene Kohlengruben anlegen zu dürfen, wurden abgeschlagen.

Vielfache Unterschleife mit den Gemeinde-Bedarfskohlen, deren Menge für den einzelnen Untertan sich lediglich durch eine Bescheinigung des Meyers (Ortsvorstehers) bestimmte, gaben der fürstlichen Regierung Anlaß, die Preise derselben nach und nach zu erhöhen, vereinzelt und vorübergehend auch die zum Ofenbrand zu bewilligenden Kohlen auf jährlich $1^1/_2$ Fuder (45 Ztr.) zu begrenzen. Erst vom Jahre 1788 ab, nachdem eine Untersuchung der Ottweilerschen Waldungen die Notwendigkeit ergeben hatte, mit allen Mitteln auf eine Holzersparnis hinzuwirken, entschloß man sich, in erster Linie den Preis der Hausbrandkohle wieder herabzusetzen. Diese Preisermäßigung beschränkte sich zwar zunächst nur auf die Ottweilerschen Gruben Kohlwald und Wellesweiler, fand aber schon innerhalb der beiden folgenden Jahre nach und nach Anwendung auf das ganze Land, indem die seit 1789 (Rückwirkung der französischen Revolution) dem Fürsten Ludwig fast von allen Gemeinden vorgetragenen allgemeinen Beschwerden zugleich zu einer grundsätzlichen Anerkennung des Vorrechtes auf Gemeinde-Berechtigungskohlen überhaupt führten.

Von den zahlreichen in diesem Sinne ergangenen Einzel-Erlassen des Fürsten mögen hier nur derjenige zugunsten der Städte Saarbrücken und St. Johann vom 9. November 1789 sowie das Privilegium für die Stadt und Grafschaft Ottweiler vom 27. Januar 1790 angeführt sein. Der erstere lautet:

> „Wollen wir zum Beweis Unserer Landesväterlichen Liebe den Bürgern beider Städte die zu ihrem Hausbrand benöthigte Steinkohlen von den nächstgelegenen Gruben in dem sehr geringen Preis von vier Kreuzer per Centner gnädigst in solange hiemit zusichern, als die Förderungskosten nicht steigen werden, wogegen den Bierbrauern, Feuerarbeitern und übrigen Handwerkern die zu ihrer Handthierung benöthigte Steinkohlen in keinem geringern Preis verwilligt werden können, sondern denselben überlassen bleibt, solche in dem jedesmahl laufenden Preis zu erkaufen."

Ähnlich heißt es in dem Dekrete vom 27. Januar 1790 für sämtliche Gemeinden der Herrschaft Ottweiler:

> „Verwilligen Wir aus bloser Gnade, dass die Steinkohlen zum eigenen Hausbrand und nicht zu eigenem Gewerbe in so lange, als die Förderungskosten nicht höher steigen, für vier Kreuzer der Centner abgegeben werden sollen."

Der allgemein auf 4 Kreuzer = 1 Batzen festgesetzte Preis der Gemeinde-Berechtigungskohlen verschaffte letzteren den Namen „Batzenkohlen", welche Bezeichnung sich noch weit in das 19. Jahrhundert hinein erhalten hat.

Auch in der Herrschaft Illingen bezogen nach dem Vorgange von Nassau-Saarbrücken seit Anfang der 1790er Jahre die Gemeinden ihren Kohlenbedarf aus der landesherrlichen Grube zu ermäßigten Preisen, anfänglich zu 3, später zu 4 Kreuzern den Zentner; ebenso in der Grafschaft Blieskastel zum Preise von $4^1/_2$ Kreuzern. Dagegen hatten die Bewohner des Abteigebietes Wadgassen und der sonstigen lothringischen Landesteile, wie auch diejenigen der vormaligen Herrschaft Crichingen-Püttlingen keine Berechtigung auf Batzenkohlen; der Gemeinde Püttlingen standen nur gemäß einer Übereinkunft vom 29. April 1775 die zum Kalkbrande benötigten Kohlen gegen die Förderungskosten mit 1 Gld. 6 Albus das Fuder zu. —

Unter der französischen Regierung wurde zunächst wenig Rücksicht auf die Berechtigungen der Gemeinden genommen, vielmehr der Preis der Batzenkohlen zum Teil sehr wesentlich (im Ottweilerschen auf 8 bis 9 Kreuzer) erhöht. Bei Verpachtung der Gruben an die *Compagnie Equer* war der letzteren zwar in Art. 13 des Pachtvertrages eine Verpflichtung bezüglich der Gemeindekohlen ausdrücklich auferlegt worden, nichts desto weniger weigerte sie sich längere Zeit, die alten Preise (4 bzw. $4^1/_2$ Kreuzer) zu bewilligen, und mußte 1798 wiederholt durch Verfügungen der Zentral-Verwaltung des Saar-Departements dazu angehalten werden. Mit Rücksicht auf die gestiegenen Selbstkosten erhöhte jedoch die Regierung bereits durch Beschluß vom *28 Frimaire an IX* (19. Dezember 1800) den Preis der Gemeindekohlen auf 6 Kreuzer für den Zentner; die zugeschlagenen 2 Kreuzer flossen nach dem ferneren Beschlusse vom *7 Messidor an X* (26. Juni 1802) in die Staatskasse.

Bei dem immerhin erheblichen Unterschiede zwischen dem Berechtigungs- und dem laufenden Kohlen-Verkaufspreise, sowie bei der andererseits völlig uneingeschränkten Menge der Berechtigungskohlen konnte es nicht fehlen, daß das Vorrecht der Gemeinden in steigendem Maße mißbraucht wurde. Beispielsweise bezogen einzelne Haushaltungen in Saarbrücken je 600 bis 900 Ztr. jährlich zum Berechtigungspreise. Entgegen den ausdrücklichen ursprünglichen Bestimmungen hinsichtlich der Gemeindekohlen wurden die über das eigene Bedürfnis hinaus verlangten und erhaltenen Kohlen nicht nur zu gewerblichen Zwecken verwendet, sondern auch mit ihnen ein förmlicher Handel getrieben. Um derartigen Mißbräuchen ein Ziel zu setzen, erging daher unter dem *2 Nivose an XII* (22. December 1803) ein Beschluß des Präfekten des Saar-Departements, welcher für die Folge die Berechtigung allgemein auf jährlich 1 Fuder (30 Ztr.) für jede Familie zum Hausbrand und auf $^1/_2$ Ztr. für jeden Morgen Ackerland zum Kalkbrennen feststellte. Diese feste Begrenzung der Menge der Gemeinde-Berechtigungskohlen ist bis auf die Gegenwart maßgebend geblieben*).

Nach Wiederübernahme der Gruben durch die Staatsverwaltung am 1. Januar 1808 ließ letztere die Gemeindekohlen zwar in bisheriger Weise weiter verabfolgen, ohne indessen ein eigentliches Recht der Gemeinden auf die Kohlen anzuerkennen. Bezeichnend für die Anschauung der französischen Regierung in dieser Frage ist die Bestimmung in Art. 2 des oben angeführten kaiserlichen Dekretes vom 13. September 1808, wonach die Berechtigungskohlen in Fortfall kommen sollten, sobald die beabsichtigte Konzessionierung des Steinkohlenbergbaues an Private erfolgt sein würde**). Mit dem Erlasse des französischen Bergwerks-Gesetzes von 1810 nahm die Abgabe der Kohlen an die Gemeinden gewissermaßen die Bedeutung einer andern Form der nach diesem Gesetze (Art. 6 und 42) dem Grundeigentümer zu gewährenden sogenannten Grundrente an***). —

Die preußische Regierung hat das Vorrecht der Gemeinden in seinem vollen Umfange aufrecht erhalten. Eine königliche Kabinetsorder vom 29. April 1819 bestimmte, daß den Gemeinden des ehemaligen Fürstentum Nassau-Saarbrücken ihr Bedarf an Steinkohlen von denjenigen landesherrlichen Gruben, bei welchen die Selbstkosten nicht über 4 Kreuzer für den Zentner betragen, zu diesem Preise, von den anderen aber gegen Entrichtung der Selbstkosten überlassen werden soll, wobei gleichzeitig die im Begünstigungspreise zu verabfolgende Kohlenmenge zum Hausbrande

---

*) Nach einer Verordnung des Regierungs-Kommissars Rudler zu Trier sollte der Kohlenbedarf jährlich durch besondere Kohlen-Etats der *Maires* festgesetzt werden. Die ersten derartigen „Etats" wurden für den Kanton Ottweiler am *29 Thermidor an VIII* (17. August 1800) aufgestellt und verlangten allein für diesen Kanton eine Kohlenmenge von 151 862 Ztrn. Während in den letzten Jahren vor 1794 im ganzen gegen 80 000 Ztr. jährlich verabreicht worden waren, wurden für 1804 überhaupt 638 288 Ztr., d. i. über die Hälfte der Gesamt-Förderung der Domanial-Gruben, angefordert, die dann allerdings auf Grund des Präfekturbeschlusses vom *2 Nivose* sich auf 249 026 Ztr. ermäßigten. Bei Ablauf der Equerschen Pacht (1807) betrug die bewilligte Menge 301 438 Ztr. und 1814 für das ganze Land 372 000 Ztr.

**) Sehr scharf äußert sich der kaiserliche Bergingenieur A. H. de Bonnard im *„Journal des Mines"* (No. 149, Mai 1809) am Schlusse seiner Abhandlung: *„Sur les mines de houille du pays de Sarrebruck"* über das Vorrecht der Gemeinden: *„D'ailleurs, ces affouayes. ne sont fondés sur aucun droit . . . . . Les habitans de Sarrebruck sont maintenant Français comme leurs voisins et il existe aucun motif pour leur accorder un privilége onéreux à leur concitoyens . . . . . Il me semble donc . . . . . qu'il ne devrait peutêtre leur en être accordés que pour les établissements publics et les pauvres."* Was den letzteren Punkt anlangt, so mag beiläufig bemerkt sein, daß die preußischen Staatsgruben bei Saarbrücken alljährlich neben den Gemeinde-Kohlen noch an Wohltätigkeitsanstalten, Schulen usw. gewisse Kohlenmengen unentgeltlich verabfolgen, deren Gesamtbetrag im Rechnungsjahre 1902 bereits 1877 t (37 540 Ztr.) erreicht hat.

***) H. Achenbach, Das französische Bergrecht, Bonn 1869, S. 133.

auf 30 Ztr.*) jährlich für jede Haushaltung und zum landwirtschaftlichen Gebrauche auf $^1/_2$ Ztr. für jeden Morgen Land festgesetzt blieb. Auch den ehemals Nassau-Saarbrückenschen und von der Leyenschen Gemeinden des jetzigen Kreises St. Wendel, welche bei ihrer Einverleibung in das Fürstentum Lichtenberg die Berechtigungskohlen verloren hatten, wurde durch Kabinetsorder vom 7. Februar 1836 die gleiche Begünstigung wie den sofort an Preußen gekommenen Gemeinden gewährt.

Welchen Umfang inzwischen mit der Entwickelung des Landes und dem Wachsen der Bevölkerung das Vorrecht der Gemeinde-Berechtigungskohlen angenommen hat, ergibt sich daraus, daß, während für 1842 noch erst 423 570 Ztr. zum Hausbrand und 65 240 Ztr. zum Kalkbrennen, zusammen also 488 810 alte Ztr. verabfolgt wurden, diese für das Rechnungsjahr 1902 die Höhe von 93 159 t (1 863 180 Zoll-Ztr.) erreichten und für 1903 zu 106 982 t (2 139 640 Zoll-Ztr.), d. i. etwa 1 v. H. der Förderung, veranschlagt sind. Die Selbstkosten werden nach dem Durchschnitte sämtlicher Gruben in Zeitabschnitten von 6 zu 6 Jahren festgestellt, die Kohlenmengen selbst alljährlich den einzelnen Gemeinden auf bestimmte benachbarte Gruben angewiesen.**)

## 2. Kohlen-Berechtigungen einzelner Eisenwerke und Glashütten.

Die älteste vorhandene Belehnungsurkunde für das Geislauterner Eisenhüttenwerk vom 29. Dezember 1572 bewilligt den Beständern, „damit dass schmidtwerk befördert und der wälter desto mehr geschont werde", in der Grafschaft Saarbrücken „vf den Steinkolen den vorkauf oder solche kohlen selbst zu ihrer gelegenheit ohn einigen zinss oder hindernuss suchen und graben zu lassen". Von dieser Ermächtigung scheint indessen kein Gebrauch gemacht worden zu sein, wenigstens tun die sämtlichen späteren „Bestandsbriefe" ihrer keinerlei Erwähnung mehr, im Gegenteile setzen die von 1750 ab geschlossenen Pachtverträge ausdrücklich fest, daß die zu gebrauchenden Steinkohlen auf den Gruben zum landesüblichen Preis entnommen werden müssen.

Von den übrigen Nassau-Saarbrückenschen Eisenhütten war nur noch dem Neunkirchener Werke die Berechtigung zur eigenen Kohlengewinnung erteilt worden. Nach dem mit Thomas von Stockum vereinbarten Temporalbestand vom 18. Dezember 1748 sollte nämlich den

*) Seit Einführung des neuen Gewichtes (1858) statt dieser 30 alten Zentner nunmehr 31 Zentner Zollgewicht.

**) Ganz unabhängig von den „Gemeinde-Kohlen" werden den ständigen Bergleuten der Saarbrücker Gruben seit alter Zeit noch „Bergmanns-Deputatkohlen" gegen Erstattung des Haugeldes (von 1863 ab $1^1/_2$ Sgr. der Zentner, entsprechend 3,00 M. die Tonne) verabfolgt. Die Menge dieser Bergmannskohlen betrug im Rechnungsjahre 1902 rund 72 525 t.

Beständeren „zu dem Kleineisen ausschmitten der ohnweit Neunkirchen aufgesucht vorhandenen Steinkohlengruben sich zu bedienen, in so fern frey überlassen werden, dass Sie zwar daraus nichts verkauffen, die Kohlen aber, so Sie auf Ihre Kosten brechen und beyführen zu lassen (haben), zu Ihrem Gebrauch employiren mögen". Unterm 24. November 1749 wurde die Berechtigung dahin ausgedehnt, „dass Sie (Beständer) zu des ganzen Hüttenwerks eigenem Behuff und Gebrauch eine Stein Kohlen Grube nechst an dem Werk eröffnen und anlegen lassen, mithin deren gratis Sich bedienen"; ein neuer Pachtvertrag vom 1. Juli 1768 endlich gestattete den Beständern, die Kohlen nicht nur zu dem Kleineisen-Ausschmieden zu benutzen, sondern auch davon ihren Arbeitern zu deren notwendigem Brand zu verabfolgen. Die hiernach um das Jahr 1750 im Weilerbach-Tale bei Neunkirchen angelegte Steinkohlengrube ist bis zu Ende der von Stockumschen Pacht (1780) für Rechnung des Neunkirchener Werkes betrieben worden. Bei weiterer Verpachtung des Werkes an eine französische Gesellschaft blieb die Berechtigung zur Steinkohlengewinnung fernerhin ausgeschlossen. —

In größerem Umfange wurde den Glashütten das Recht eingeräumt, die für ihre Öfen erforderlichen Steinkohlen auf eigene Kosten zu gewinnen.

Durch den letzten Grafen von Ottweiler war 1723 eine Glashütte zu Friedrichsthal errichtet, indessen „zur Menagirung des Holzes" bereits 1728 wieder aufgegeben und den Beständern die neu angelegte „Kohl-Glashütte" im Fischbachtale (bei Malstatt bezw. Rußhütte) überwiesen worden, zu deren Betrieb ihnen bewilligt wurde, „Steinkohlen graben zu lassen, wo sie mögen und können, ohne was weiter zu geben". Eine eigene Kohlengrube scheinen die Beständer jedoch nicht eröffnet, vielmehr die Kohlen von den Malstatter Bauern aus deren Gruben bezogen zu haben. Bei Zurückverlegung der Hütte nach Friedrichsthal im Jahre 1747 ermächtigte der Erbbestandsbrief vom 1. Juli 1747 die Beständer, „der in dem sogenannten Altwald erfundenen Steinkohlengrube auf Ihre Kosten sich zu dieser Ihrer Glass Hütte, ohne jemand Eintrag oder Hindrung, zu bedienen"; für den Fall, daß die Kohlen dieser „Ihrer würcklich innehabenden" Grube nicht ausreichen sollten, verwilligte ihnen dann der erneuerte Bestandsbrief vom 16. Juni 1750 außerdem „die an Tag stoßenden Kohlen zu Spiessen", ein weiteres Dekret vom 16. Januar 1753 auch noch die Eröffnung einer Steinkohlengrube oberhalb des herrschaftlichen Weihers am Drehborner Berg und endlich ein solches vom 28. Oktober 1782 die Wiederaufmachung des alten Stollens am Sauwasen. Nach ausdrücklicher Bestimmung der betreffenden Verträge war jedoch die Verwendung der Steinkohle lediglich auf den Betrieb der Glasöfen beschränkt, jeder Verkauf derselben, sowie auch ihre Benutzung zum Hausbrande der Beständer oder deren Arbeiter ausdrücklich verboten. Der letzte, noch zu fürstlicher Zeit ausgestellte Bestandsbrief von 1785 (mit 18jähriger Dauer) setzte für die Bewilligung der eigenen Steinkohlengewinnung eine jährliche Pacht von 600 Gld. fest.

Auf gleiche Weise wurde 1779 bei Verpachtung der neu errichteten Glashütte zu Quierschied den Pächtern die Eröffnung und Betreibung einer Steinkohlengrube daselbst gegen eine Pacht von 275 Gld. gestattet.

Auch in der Herrschaft Illingen und der Grafschaft Blieskastel waren ähnliche Berechtigungen erteilt. Der Freiherr von Kerpen hatte 1776 dem Beständer der Glashütte zu Merchweiler erlaubt, „zu Treibung dieses Hüttenwerkes diejenigen Steinkohlen, welche für die Schmitte nicht tauglich, in dem ganzen Bezirke der Herrschaft auf seine Kosten aufzusuchen und, jedoch nicht mehr, noch zu einem andern Gebrauch als zu dieser Hütte und wie weit davon erforderlich, zu graben". Ebenso gaben die Verpachtungsbedingungen für die von der Gräfin von der Leyen 1784 unweit des St. Ingberter Steinkohlenwerkes angelegte Mariannenthaler Glashütte den Beständern das Recht, zwei Gruben in der Nähe aufzumachen und die daraus geförderten Kohlen zum Glashüttenwerke und zum Hausbrande der Arbeitsleute zu benutzen.

Die französische Regierung beließ die Glashütten nicht nur in dem Betriebe der betreffenden Gruben, sondern verlängerte auch hinsichtlich derselben die ablaufenden Pachtverträge, sogar noch, nachdem die Hütten in den Jahren 1805 bis 1808 nach und nach durch Kauf in das Eigentum der seitherigen Pächter übergegangen waren. Der Mariannenthaler (St. Ingberter), sowie der 1809 neu errichteten Sulzbacher (Schnappbacher) Glashütte wurden außerdem 1813 durch besondere, vom Finanzminister bestätigte Erlaubnis Gruben im Ruhbachtale (Altenwald) auf unbestimmte Zeit überwiesen. Auch hatte man bei der mehrerwähnten, durch das kaiserliche Dekret vom 13. September 1808 angeordneten Bearbeitung des Planes einer Vergebung des ganzen Steinkohlengebietes an Private besondere Konzessionen für die Glashüttengruben vorgesehen.

Nach dem endgültigen Übergange des Landes an Preußen und Bayern wurden sämtliche Glashüttengruben auf preußischem Gebiete (Altenwald, Friedrichsthal, Quierschied und Merchweiler) in den Jahren 1816 und 1817 mit Ablauf der betreffenden Pachtzeiten für landesherrliche Rechnung eingezogen, welchem Beispiele 1821 auch der bayerische Staat bezüglich der von der Mariannenthaler Hütte noch auf bayerischem Gebiete betriebenen Grube folgte. Als Ersatz für die entzogene Selbstförderung der Kohle erhielten die berechtigt gewesenen 5 „alten" preußischen Hütten (3 Öfen zu Friedrichsthal, 1 zu Quierschied und 1 zu Merchweiler) durch Kabinettsorder vom 22. Dezember 1817 das Recht zugebilligt, fernerhin die zum Betriebe der Öfen erforderlichen Steinkohlen zum Selbstkostenpreise von den benachbarten staatlichen Gruben zu beziehen. Dieses Vorrecht ist erst in neuerer Zeit (1867 bis 1879) auf dem Wege vertragsmäßiger Abfindung der einzelnen Glashüttenbesitzer durch einmalige Lieferung bestimmter, dem zeitigen Kapitalwerte der Berechtigung entsprechenden Kohlenmengen (für die 5 Hütten im ganzen 1 169 000 Ztr.) abgelöst worden. *)

## III. Entwicklung des Steinkohlenbergbaues.

### a) Die Steinkohlengewinnung bis zur französischen Besetzung des Saargebietes in den Jahren 1793—94. **)

#### 1. Die älteren Kohlengräbereien.

Anfänge der Kohlengräberei im 15. und 16. Jahrhundert. — Urkundlich wird der Steinkohle im Saargebiete überhaupt zum erstenmal Erwähnung getan in dem Neumünsterer Schöffenweistum von 1429 (vergl.

*) Wesentlich verschieden von den erörterten Berechtigungen der alten Glashütten waren die sogenannten „Begünstigungskohlen", welche eine große Anzahl gewerblicher Werke aller Art noch bis in die 1860er Jahre hinein von den preußischen Staatsgruben bei Saarbrücken bezogen hat. Die Gewährung solcher Begünstigungskohlen ist auf den Fürsten Wilhelm Heinrich von Nassau-Saarbrücken zurückzuführen, welcher, teils zur Förderung der von ihm ins Leben gerufenen verschiedenen Industriezweige, teils behufs allgemeinerer Verwendung der Steinkohle an Stelle des Holzes, einzelnen Hütten und sonstigen Werken ermäßigte Preise für die Kohlen bewilligte. Diese Begünstigung hat unter preußischer Regierung durch die Kabinettsorder vom 29. April 1819 eine weitere Ausdehnung dahin gefunden, „dass den bestehenden Fabrik- und Manufactur-Anstalten fernerweit für die zu ihrem Bedarf aus den landesherrlichen Niederlagen zu entnehmenden Steinkohlen, wie zeither, ein möglichst mässiger Preis gesetzt, und namentlich ein Rabatt von 5 bis 25 v. H. bewilligt werden kann".

Im Laufe der Jahre wuchs der Umfang der Vergünstigung derart an, daß zu Ende 1858 an ihr gegen 90 Werke mit einer Begünstigungsmenge von reichlich $2^1/_2$ Millionen Ztr. und im folgenden Jahre 1859, nachdem die Vergünstigung auf den gesamten Kohlenbedarf dieser Werke ausgedehnt worden war, sogar mit einer Gesamtmenge von mehr als 4 Millionen Ztr. teilnahmen; der den Werken zugute kommende Rabatt betrug für die Eisenhütten, Ziegeleien, Fabriken usw. 15 v. H., für die Glashütten 25 v. H. des laufenden Taxpreises der Kohlen. Unmittelbaren Anlaß zur Beseitigung der ganzen Vergünstigung gaben die Verhandlungen mit Frankreich über den Bau des Saarkohlenkanals, infolge deren eine Allerhöchste Order vom 1. Dezember 1860 den bisherigen Kohlenrabatt vom Jahre 1861 ab ermäßigte und zugleich die allmähliche Aufhebung der Vergünstigung überhaupt anordnete. Mit Schluß des Jahres 1863 wurden demgemäß die „Begünstigungskohlen" vollständig beseitigt.

**) Die Urkunden und Akten über den Steinkohlenbergbau der Nassau-Saarbrückenschen Lande sind bedauerlicherweise bei dem Einfalle der Franzosen in den Jahren 1793—94 zum größten Teile verloren gegangen. Der gerettete Rest befindet sich gegenwärtig der Hauptsache nach im Königl. Staatsarchive zu Coblenz. Eine Anzahl verschleppt gewesener einzelner Urkunden und Aktenstücke, welche im Laufe der Jahre durch Friedr. Köllner und Ad. Köllner zu Malstatt, sowie durch den Pfarrer Hansen zu Ottweiler gesammelt wurden, ist im Besitze des „Historischen Vereins für die Saargegend" zu Saarbrücken. Von den nicht zu Nassau-Saarbrücken

oben II. a), welches alle Steinkohlenfunde innerhalb der Herrschaft Ottweiler dem Landesherrn zuweist. Hiernach muß also die Verwertbarkeit der Steinkohle bereits zu Anfang des 15. Jahrhunderts im Saarbrücker Lande bekannt gewesen sein und ihre Gewinnung durch vereinzelte Gräbereien schon um diese Zeit begonnen gehabt haben. In der Tat spricht denn auch ein am Donnerstag nach Dreikönigstag (Anfangs Januar) 1430 zwischen der Gräfin-Witwe Elisabeth zu Nassau-Saarbrücken und ihrem Lehnsmann Friedrich Greiffenclau von Volradt abgeschlossener „Rachtungsbrieff und Vertrag" von Eisenschmieden und Kohlengruben im Sinnertal (bei Neunkirchen), welche schon die Eltern des Friedrich Greiffenclau innegehabt hatten; der letztere verzichtet in dem Vertrage zugunsten der Lehnsherrschaft fernerhin auf alle Eisenschmieden und Kohlengruben im Sinnertale und zu Schiffweiler, behält sich jedoch andererseits seine Einwilligung vor, wenn die erstere auf seinem „Erbe" solche neu anlegen wolle*).

---

gehörigen sonstigen Teilen des Saargebietes enthalten die Archive und Akten nur spärliche den Bergbau betreffende Nachrichten.

Wertvolle Beiträge zur älteren Saarbrücker Bergbaugeschichte geben nachstehende handschriftliche Zusammenstellungen und Aktenauszüge:

Ad. Köllner, Miscellaneen zur Saarbrückschen Geschichte. 2 Bände, Malstatt 1839 und 1842—43. (Historischer Verein zu Saarbrücken.)

Ad. Achenbach, Relation über die Berechtigungs-Verhältnisse des landesherrlichen Steinkohlen-Bergbaues im Bergamts-Bezirk Saarbrücken. Bonn 1858. (Königl. Oberbergamt zu Bonn.)

Duisberg, Der Steinkohlenbergbau bei Saarbrücken zur Zeit der Nassau-Saarbrückenschen Herrschaft, hauptsächlich in Bezug auf Förderung, Absatz und Verwaltung. Bonn 1865. (Königl. Oberbergamt zu Bonn.)

J. A. J. Hansen, Beitrag zur Geschichte des Berg- und Hüttenwesens im Ottweilerschen. Ottweiler 1868. (Kath. Pfarrei zu Ottweiler, Abschrift bei der Königl. Bergwerksdirektion zu Saarbrücken.)

*) Die im Königl. Staatsarchive zu Coblenz (Kopial-Protokolle der Dokumente über das Amt Ottweiler) vorhandene Urkunde lautet vollständig, wie folgt:

Ich Friderich Greiffencloe von Volradt, ritter, thun khundt allermenniglich in dissem brieff. Als ich von meiner, meiner bruder unnd ganerben wegen zu gezeiten forderungen unnd ansprachen an den edlen graven Philips graven zu Nassaw unnd zu Sarbrucken seligen gedechtnus unnd nach seim todt an die wolgeborne fraw Elisabeth von Lottringen, grevinne witwe zu Nassaw unnd zu Sarbrucken, meine gnedige liebe fraw, als von irer sune, meiner junckhern, und der graffschafften von Nassaw unnd von Sarbrucken wegen gethan han umb schaden, die mein vatter seligen und seinen armen leuten mit branndt, raube, namen, gefengknuss, schatzungen unnd in andern weg von dem vorgenanten graff Philips seligen, seinen amptleuten, dhienern und helffern gethan, zugefugt und gescheen seint in den kriegen und gezeitten, da der ehegenant graff Philips seliger mit dem hochgebornen fursten, meinem gnedigen hern vonn Lottringen, unnd auch in den kriegen unnd gezeitten, da er mit hern Heinrichen Eckebrechten von Durckheim seligen gekrieget hat, und von andern schaden und verluste wegen, wo oder wie meinen altern, meim vorgenannten vatter seligen oder mir die gescheen mogen sein bis auff dissen heuttigen tag, datum dis brieffs, und ich yn darnach zugesprochen han von gelts wegen, das meinen armen leuten, in dem Sinderthale unnd zu Schiffwiller

Auch bei Quierschied scheint die Steinkohle schon im 15. Jahrhundert entdeckt gewesen zu sein, wenigstens dürfte die Bezeichnung „kollwald" in einem Quierschieder Jahrgedinge von 1466 wohl darauf hindeuten.

Den verhältnismäßig größten Umfang erreichte in älterer Zeit die Kohlengräberei zu Sulzbach, wie denn auch die dortige Kohlengewinnung nach der Überlieferung die früheste im Saarbrücker Lande gewesen sein soll. Urkundliche Nachrichten über sie liegen indessen erst aus dem 16. Jahrhunderte vor, wo die Grafen von Nassau-Saarbrücken sich bemühten, den vielzersplitterten Besitz des genannten Dorfes durch Kauf und Tausch nach und nach in ihrer Hand zu vereinigen. Ein Vertrag von

---

gesessen, zu gezeitten, da der ehegenant graff Philips seliger schatzung in der graffschafft von Sarbrucken hat thun heben, abgeschetzet ist, und darnach von hengsten und pferden wegen, die mein obgenant vatter seligen in des obgenanten graff Philipsen seligen diensten abgeriedten und verlorn hatt, und die er meim vorgenanten vatter seligen auch sunst schuldig mochte gewest sein, unnd als ich auch an sie gefordert han, die Seyges lehen zu Sarbrucken mir zu lösen zu geben nach laut eines brieffs, davon sagende, unnd das sie mir vier pfund gelts, die alle jar zu Ottweiler fallende weren unnd zu meim burghauss zu Sarbruckenn gehörten, auch alle jar geben solten, und auch mein meynung war, das meine altern isenschmitten und kolengruben in dem Sinderdal und daumb gehapt hetten, und das ich die auch da haben und machen solte, und als ich auch damit forderte schaden, die mir mit hinderungen an den zehenden zu Dirmingen, zu Remersweiler unnd Exweiler und daumb gelegen, die eins apts von Sanct Nabor seint, und auch von hinderungen, die zu gezeitten mein vatter seligen an einer pfandtschafft, die er zu Furth gethan hatte, gescheen sein mochten bis uff dissen heuttigen tag: bekennen ich Friderich Greiffencloe obgenant, das ich vor mich, meine vorgenanten bruder, unser erben unnd ganerben, der ich mich auch in dissenn sachen gentzlich gemechtiget han und mechtigen, umb alle vorgeschrieben schaden, ansprachen und forderungen, die vorgenant vier pfundt gelts, das vorgenant Seygeslehen zu Sarbrucken unnd auch umb die ehegenanten isenschmidten und kolengruben, unnd was davon entstanden mag sein, und umb alle obgerurte und ander puncten und artickel mit meiner obgenanten gnedigen frawen, iren sunen unnd iren erben gentzlich, grundlich und zu ewigen tagen gesunet, geracht, vereiniget und geschlichtet bin, unnd das ich auch vor mich, meine erben, meine vorgenant bruder, ire erben unnd unser ganerben unnd die is uff unser seitt angan mochte, lautterlich, gentzlich unnd zumal zu ewigen tagen daruff verziehen han und verzeigent daruff in crafft diss brieffs also, das ich, meine bruder, unser erben unnd ganerben, noch niemandts von unsern wegen darumb nimmer ansprachen noch forderungen an meine obgenante gnedige fraw, ire vorgenante sune, ire erben, noch ire graffschafften von Nassaw unnd von Sarbrucken, ire herschafften, noch die iren gethun noch gehaben, und auch vort mehr zu ewigen tagen nimmer kein eisenschmitten noch kolengruben in dem Sinderdale oder zu Schiffweiler, noch in den bennen, gerichten und begriffen, darzu gehorig, nit haben noch machen sollen in kheine weiss. Als ich Friderich Greiffencloe obgenant auch forderung und ansprach an den obgenanten graff Philips seligen und darnach an meine obgenante gnedige fraw von irer sune wegen gethan han von zinse wegen, die ich in dem Dirminger thale und auch einstheils zu Weischusen, die man nennet Lenxwilre zinse, fallende han, das mir die lange zeit versessen und nit worden waren, be-

1536, in welchem Mathias Degen von Gersheim, Schultheis zu Saarbrücken, und seine Hausfrau alle ihre „gilten an gelt und korn“ dem Grafen Johann Ludwig zu Nassau-Saarbrücken übertragen, führt unter anderen auf: „Item zu Sultzbach von der Koll Gruben druzehn Wispfennig“ (13 Albus). In dem Verzeichnis der Gefälle und Gerechtigkeiten zu Sulzbach, welche Ludwig von Sötern 1546 dem Grafen von Nassau-Saarbrücken verkauft, wird der Ertrag eines Dritteils der Kohlengrube mit 12 Pfennigen angegeben: „Fern hat die Kollgrub diss Jar zu mein gnedig Herrn Drittheil 12 Pfennig,“ Durch Urkunde vom Samstag nach trium Regum 1548 überlassen Hans von Bitsch, Caspar von Cronenburg, Alexander von Brawbach und Jorg Reuß zu Saarbrucken ihre Zinsgefälle zu Sulzbach an Korn, Hafer

---

kennen ich, das ich auch in vorgeschriebner massen von meinen, meiner vorgenanten bruder, unser erben und ganerben wegen uff solliche versessen unnd ustande gult und zinss gentzlich, lauterlich, zu ewigen tagenn verziehen han, unnd das vort beredt ist, das ich unnd meine erben uns nu vort me der vorgenanten zynse gebrauchen, geniessen und die fordern sollen an den enden, da sie uns dan fallende seint. Und wer es sach, das die leut, die hinder der grafschafft von Sarbrucken gesessen, unnd an sollichen zinsen schuldig seint, und der bekentlich weren, und die zinss nit bezalenn wolten, so sollen ich oder meine erben oder unser bott, der solche zinss von unsern wegen heben wurdet, das an einen burggraven vonn Ottweiler brengen, der soll dan mir oder meinen erben oder unserm vorgenanten knechte ander knechte und helffen leihen, und die vorgenante leut thun pfenden, unnd die pfende gehn Ottweiler thun furen, unnd die nit von dannen lassen kommen biss uff die zeit, das mir, meinen erben oder unserm vorgenanten knecht von unsern wegen ein volle bezalung gescheen ist von den zinsen, die sie dan schuldig weren, an geverde. Und thet der obgenant burggrave die leut also nit pfenden, so mogen ich oder meine erben sie dan darvor pfenden und angriffen, auch an geverde. Geschee es aber, das die leut, die hinder der vorgenanten graffschafft gesessen und ir bezwenglich seint, und zu sollichen zinsen gelten sollen, und derselben zinse unbekentlich weren, so sollen mein obgenante gnedige fraw, ire sun, ire erben oder ire amptleut von iren wegen mir und meinen erben dieselben armen leut, die also unbekentlich und hinder in gesessen weren, zu recht thun halten an den gerichten, da innen sie dann gesessen seint, als dick das not gepurt, als das von alter herkommen ist, an geverde. Unnd sollen auch ich und meine erben dem also nachgan und sie nit furt darumb pfenden oder bethedingenn. Vort ist beredt, wolten die obgenant fraw Elisabeth, ire kind, die dan die graffschafft von Sarbrucken inhetten, oder ire erben einich eisenschmitten oder kolengruben machen in dem Sinderthal oder zu Schiffwiller, das sie die uff mein erb one meinen willen und verhengknuss nit machen sollen, ausgescheiden alle argelist und geverde. Alle und igliche vorgeschriebene sachen, stuck, punct unnd artickel samentlich unnd sonderlich han ich Friderich Greiffencloe obgenant vor mich, meine vorgenanten bruder, unser erben und ganerben geredt, gelobt und versprochen mit gutten trewen in eins rechten eidstatt gantz, wahr, stet, vest und onverbruchlich zu haltenn unnd ewiglich dabei zu pleibenn, one geverde. Des zu urkhundt han ich Friderich Greiffencloe dick genant mein ingesigel an dissen brieff gehangen, mich, mein vorgenante bruder, unser erben und ganerben aller vorgeschrieben sachen zu besagen. Gegeben uff Donnerstag nechst nach der heiligen dreier konig tag des jars tausent vierhundert und dreissig jar nach gewonheit des stifts zu Metz.

und Geld „vnnd dan vngefarlich alle Jar von der Kollgruben daselbs 3 Albus" dem Grafen Philipp zu Nassau-Saarbrücken gegen gleiche Gefälle an Korn, Hafer und Geld zu Fechingen. Endlich tauscht Pfalzgraf Wolfgang zu Zweibrücken unterm 12. Januar 1549 seinen Anteil am Dorfe Sulzbach mit dem Grafen Philipp zu Nassau-Saarbrücken gegen das halbe Dorf Höchen und Zubehör aus, unter dem gleichzeitigen Vorbehalt auch des ferneren Kohlenkaufes zu Sulzbach für die pfalzgräfliche Hofhaltung.

Der letztere Tausch ist insofern besonders bemerkenwert, als die vertragsmäßigen Einzelheiten desselben nicht nur einen näheren Einblick in die damaligen Verhältnisse der Kohlengräberei zu Sulzbach gestatten, sondern auch noch bis in die zweite Hälfte des 18. Jahrhunderts hinein den Gegenstand fast ununterbrochener Verhandlungen gebildet haben. Während der Tauschbrief des Pfalzgrafen Wolfgang den vorbehaltenen Kohlenkauf garnicht erwähnt, aber noch auf den besonderen, von Graf Philipp ausgestellten Brief bezug nimmt, lautet dieser in seiner ersten Fassung vom 11. Januar 1549 (Staats-Archiv zu Coblenz, Nassau-Saarbrückensche Spezialakten), wie folgt:

> Wir Philipps . . . . . (Übergabe des halben Dorfes Höchen usw. gegen den Anteil des Pfalzgrafen am Dorfe Sulzbach mit allen Zubehörungen) . . . . . Doch habenn Sine gnaden (der Pfalzgraf) Iro daselbst zu Sultzbach vorbehalten, vnd wir also bewilliget vnd angenommen, auch Iro für vns vnd vnsere erben vnd nachkommen, zu halten zugesagt, wann hinfuro vber kurtz oder lange zeit der Salzbrunn*), so zu Sultzbach ist, aufgethan vnd gebraucht, also

*) Die Salzquellen, welchen das Dorf Sulzbach seinen Namen verdankt, scheinen niemals besonders reichhaltig gewesen zu sein, haben aber gleichwohl im Laufe der Jahrhunderte mehrfach zur Salzgewinnung Veranlassung gegeben. Nachdem bereits im Jahre 1560 Gewerken vorstellig geworden waren, ihnen den Salzbrunnen gegen ein Sechstel des zu gewinnenden Salzes zu überlassen, wurde in den Jahren 1562—63 auf herrschaftliche Kosten die erste Salzpfanne errichtet. Unterm 3. Juli 1574 schreibt Graf Johann zu Nassau-Saarbrücken an einen Beamten des Landgrafen Wilhelm von Hessen (vielleicht an den bekannten, salinenkundigen Pfarrer Joh. Rhenanus zu Allendorf a. d. Werra?), um ihn zu bitten, daß er mit noch etlichen Salzknechten im Sommer erscheinen möge, „unsern Salzbrunnen in gang und nutzbarkeit zu ziehen". Es wurde damals ein Pumprad angelegt und auch 1595 erneuert, indessen hatte das ganze Werk es bis 1611 noch „zu keiner würklichen Nutzbarkeit gebracht", war vielmehr um diese Zeit gänzlich verlassen, der Brunnen selbst verfallen. Wiederholte Versuche der Wiederaufrichtnng durch herangezogene Fremde blieben ohne Erfolg, zumal bald die Greuel des 30jährigen Krieges über das Land hinzogen und 1635 ganz Sulzbach völlig eingeäschert wurde. 1668 verhandelt Graf Gustav Adolph mit Joh. Reinhard Krug von Nidda und Jakob Gambs von Gießen wegen erblicher Belehnung mit den Salzquellen. 1678 wurden 3 Brunnen 16 bis 18 Fuß tief hergestellt, mit Pumpen versehen und eine neue eiserne Pfanne (24 Fuß breit, 26 Fuß lang und 1 Fuß tief) hergerichtet, jedoch das gewonnene Salz zeigte sich „sehr grau und von schlechtem Geschmack", zudem konnte aus 1 Ztr. Sole noch nicht voll 1 Pfd.

dass salz allda gesotten vnd gemacht wurde, dass Iro gnaden, deren erben vnd nachkommen . . . . . (ihr Anteil an dem Brunnen wie bisher verbleiben soll.) . . . . . Dergleich auch soviel die steinkolen belangt, so inn Sultzbacher bezirk vnd gemark fallen vnd gegraben werden, sollen Seine gnaden, deren erben vnd nachkommen hinnfuro wie bissher dieselben zu ihrem gebrauch vnd inn dem gelt wie sie die ietzunder behaben, zu forderen vnd zu begeren haben, Inen auch dieselben kolen, soviel sie daran zu ihrem selbs geprauch bedörffen, ieder zeitt im bestimpten ietzigem kauffgelte aller massen als ob diesser tausch vnd wechsel nitt beschehen were, vngeweigert gevolgt werden, alles nach lautt diesses, vnd dann auch eines sonderen brieffs, so hochgenannter vnser gnädiger Herr vns des gegenwechsels halben, vbergeben hatt. . . . .

Da diese Fassung die Gegenseite nicht völlig befriedigte, so wurde statt ihrer der nachstehende Brief vom 12. Januar 1549 ausgefertigt:

Wir Philips Graue zu Nassau vnd zu Sarbrucken, Herr zu Lahr etc. Bekennen hiemit offenbar für vnss, alle vnsere erben vnd nachkommen, Alss wir mit dem Hochgebornen Fürsten vnd Herrn, Herrn Wolffgangen Pfalzgrauen bei Rhein, Hertzogen in Bayern, vnd Grauen zu Veldentz, vnserm gnedig Herrn vnd gevattern, eines tausches vnd erbwechsels halben verglichen, also das S. Gn. vnss

Salz ausgebracht werden. Durch Vertrag vom 25. September 1698 erhielten 3 Bürger von Saarlouis das Werk auf 9 Jahre in Pacht, traten aber schon im April 1700 wieder davon zurück, weil angeblich die Salzwasser sich verloren hatten, übrigens auch der Herzog Leopold von Lothringen auf Grund früherer Verträge gegen eine Salzgewinnung in der Grafschaft Saarbrücken Einspruch erhob. 1719 wurden die verlassenen Brunnen und Gebäude abermals instand gesetzt, Joh. Barthel Pfeffer aus Schmalkalden als Salzsieder angestellt und 1721 das erste Salz gemacht, auch 1722 ein Gradierwerk errichtet. Nach wenigen Jahren jedoch schon mußte der Betrieb wieder eingestellt werden. Neue Hoffnungen erweckte ein Gutachten des 1730 zur Besichtigung des Werkes entsandten vormals hanauischen Salzmeisters zu Nauheim, dann fürstlich Nassau-Usingenschen Salzdirektors Joseph Todesco, unter dessen Leitung 1731 die Brunnen tiefer gegraben, das Gradierwerk und Sudhaus nach dem benachbarten Dudweiler (die heutige „Sud“ daselbst“) verlegt wurden und 1734 das Sieden nochmals begann; eine Anweisung des fürstlichen Ober-Consistorii zu Usingen vom 21. März 1731 hatte für sämtliche Kirchen der Grafschaft Saarbrücken und Herrschaft Ottweiler eine „Danksagung zu Gott über den an hiesigem Saltzwerk verliehenen Segen und dessen Anrufung um fernere Continuation“ beim gewöhnlichen Kirchengebete angeordnet. Aber auch der „erfahrene“ Salzdirektor und eine unterm 7. Januar 1734 erlassene „Saltz- und Soder-Odnung“ vermochten nicht, günstigere Ergebnisse wie früher zu erzielen. Todesco nahm 1735 seinen Abschied, das Werk selbst wurde am 11. August 1736 endgültig eingestellt, die Gebäude in den folgenden Jahren auf den Abbruch versteigert.

Ihren theil an dem dorff Sultzbach, nahe bei Sarbrucken gelegen, mit seiner zugehörde, vnd wir hinwiederumb Ihren Gn. dass halb dorff Höchen mit seiner zugehörde, auch etlichen andern gütern daselbst, alles laut vnd vermöge beyderseits uffgerichter verschreibung vbergeben vnd zugestelt haben, Und aber hochgenanter vnser gnediger Herr in der Handlung vnd abrede solches tausches vnd erbwechsels sich beschwerd hat, dass Sein Gnad, so sie vnss Ihren theil an Sulzbach zustellen thete, nun hinnfuro der Steinkolen, so in Sulzbacher bann, beriss vnd marcken gegraben werden, oder erfallen, zu Ihrem selbst gebrauch des Hoffstats mangle, oder dass sie an dem kauff derselben gesteygt werden sollte, Dass wir derohalben Seiner Gnaden, deren erben vnd nachkommen freiwilliglich für vnss, alle vnsere erben vnd nachkommen zugelassen, geredt, versprochen vnd zugesagt haben, lassen zu, gereden vnd versprechen auch Denen bey vnser gräuelichen wahren worte, vnd guter treue hiemit vnd in krafft diess brieffs, dass sie solche kolen, so viel sie deren zu Ihrem selbst gebrauch des Hoffstates jeder zeit vber kurz oder lang bedörffen werden, kauffsweiss in dem gelt, wie sie die jetzo haben, das ist nemblich einen wagen voll, wie ihne Seiner Gn. eygene fuhr zu Zweybrucken vnd Kirckel oder des Closters Werssweiler vnd dergleichen fuhren zu fahren pflegen, für vnd vmb fünff weisspfenning, oder vf höchst fünfr derselben wagen voll für ein gulden zu 26 albus hohlen vnd hinfaren lassen solle vnd möge, mit dem weitern erpieten, so Ihnen zu Sulzbach an kolen abgehen würde, dass wir, auch vnsere erben vnd nachkommen an andern orten vnserer Graueschaft Sarbrucken, da solche oder dergleichen steinkolen erfallen, Ihren Gnaden, Dero erben vnd nachkommen die auch also vnd in dem gelt wie jetzt bestimbt zu Ihrem gebrauch volgen lassen sollen vnd wollen, vnd dass sie an denselben nit verhindert, auch an gelt nit gesteygt werden sollen, gar in keiner weis mit vorzeihung, alles des so herwieder sein vnd fürgewendt werden mögt, nichts vberal aussgenommen, doch soll den kolern hiermit auch vorbehalten sein, wass man denselben bisshero, so offt mann alss von von Sr. Gn. wegen kolen geladen, an wein vnd brod gegeben hat*), dass S. Gn., deren erben vnd nachkommen, ihnen dasselbig hinnfurter auch also geben lassen vnd

*) Nach einem Aktenvermerk erhielten die Kohlengräber von jeder Zweibrücker Fuhre für das Aufladen der Kohlen 4 oder 5 Maß Wein und 25 „Hoffmutschel“ (Semmel?).

ihnen an dem nichts abbrechen sollen, alles erbahrlich vnd vngefehrlich. Dess zu wahrem Urkundt haben wir vnser Insigel an diessen brieff thun hencken, der geben ist Sambstag nach trium Regum den 12ten January nach der geburt Jesu Christi vnsers lieben Herrn vnd seeligmachers gezahlt 1549.

(Nach einer Abschrift vom Jahr 1619 im Königl. Staatsarchive zu Coblenz.)

Schon 1551 (Samstags den 3. Juli) führt Pfalzgraf Wolfgang Klage, daß die Kohlengrube zu Sulzbach eingefallen sei, von den anderen Gruben aber seinen Leuten der Kohlenbezug zu dem vertragsmäßigen Preise verweigert werde, und ersucht demgemäß um Anweisung der „Koler" jener anderen Gruben, ihm die Kohlen zu verabfolgen, „biss vorgemelte Sultzbacher kolengrub widervmb geraumbt vnnd ingericht wirde". Eine eigenhändige Antwort des Grafen Philipp vom 8. Juli 1551 verheißt Abhilfe und gibt die Versicherung, daß „zweiffelsone Ew. Gn. mit kolen zu Sultzbach noch woll zu helffen sey". Unterm 13. Juli 1558 beschwert sich von neuem der „Landschreyberey Verwalter" zu Zweibrücken, daß die Sulzbacher Kohlengräber den Fuhrleuten der pfalzgräflichen Hofhaltung die Kohlen nicht mehr zu dem Preise von 5 Albus für den Wagen geben, sondern 6 Albus haben wollten. Auch hier scheint rasch Wandel geschaffen worden zu sein. Die Zweibrücker Hofhaltung bezog seitdem ununterbrochen bis zum Jahre 1595 Steinkohlen von Sulzbach, wandte sich aber dann den näher gelegenen Gruben bei Wellesweiler zu.

Wann in der Umgebung von Wellesweiler die Kohlengräberei begonnen hat, ist nicht mit Bestimmtheit zu ermitteln. Die erste Erwähnung einer dortigen Kohlengrube findet sich in einem Tauschvertrage vom 14. April 1575, wodurch Samuel von St. Ingbrecht seinen Anteil am Dorfe Wellesweiler dem Grafen Albrecht zu Nassau-Saarbrücken gegen den Hof zu Kirchheim an der Blies übergibt. Unter den dabei besonders verzeichneten Gülten, Renten und Gefällen erscheint das „Köllgrubengeld" mit dem Zusatze aufgeführt: „geht vf vnnd ab" (also wechselnd im Geldertrage).

Die Kohlengräberei zu Sulzbach-Dudweiler als zünftiges Gewerbe. — Anfangs wohl nur gelegentlich von den Bauern betrieben, hatte sich die Kohlengräberei mit der zunehmenden Verwendung der Steinkohle bereits im 16. Jahrhundert an den Haupt-Gewinnungspunkten mehr und mehr zu einem regelmäßigen Gewerbe ausgebildet. Als Kohlengräber („Koler", „Kohler", „Köhler") erscheinen fast ausschließlich die angesessenen Bauern, denen durch besondere landesherrliche Erlaubnisscheine die „entdeckten Gruben" gegen Entrichtung eines Zinses in Geld oder Abgabe eines bestimmten Teiles der Förderung überlassen blieben. Die Kohlengewinnung beschränkte sich dabei allerdings lediglich auf eine regellose Wühlerei am Ausgehenden der Flöze; man holte die Kohlen heraus, soweit man ihrer habhaft werden konnte, bis endlich das Zusammenstürzen der Grube oder angetroffene Wasser weiterem Vordringen Einhalt geboten.

Vielfache Streitigkeiten der Kohlengräber unter einander, sowohl bei der eigentlichen Gewinnung, wie auch beim Kohlenvertrieb, welchen meist die Gräber selbst mit eigenen Fuhren besorgten, gaben dem Grafen Philipp von Nassau-Saarbrücken Anlaß, für die Kohlengräber von Sulzbach-Dudweiler eine gewisse zunftmäßige Regelung der Verhältnisse herbeizuführen. Die erste diesbezügliche „Ordnung" scheint ihrem Zwecke nicht vollständig entsprochen zu haben und wurde daher durch die nachstehende, ausführlichere Ordnung vom 12. November 1586 ersetzt:

Actum Sarbrucken den 12ten 9bris Ao. 1586.

Heutiges tages ist beyden gemeinden der dörffer Duttweiller und Sultzbach auff Ihr gegen einander angebrachte klagen und gethane antworten, der kohlgruben halber nachfolgende ordnung gegeben, und derselben in allen Ihren punkten zu geleben, mit Ernst eingebunden worden.

Wir des Wohlgebornen Graffen und Herrn, Herrn Philipsen, Graffen zu Nassau Saarbrücken und zu Saarwerden, Herrn zu Lahr etc., Unsers gnädigsten Herrn, Ober-Ambtmann und Räthe zu Saarbrücken thun kundt und bekennen hiermit:

Demnach sich zwischen beyden gemeinden zu Duttweiler und Sultzbach, der kohlgruben halber, nun etliche Jahr her, und jetzo abermahls allerhandt Spänn- und Missel erwachsen, alss seyndt heutiges tages beyde Partheyen vorbeschieden, Ihre klage, gegenklage und antwort angehöhrt, und nach allerhand erwogenen umbständen nachfolgende ordnung mit beyderseits Verwilligung begriffen und auffgericht, und derselben in allen Ihren punkten nachfolgendmassen zu geleben anbefohlen worden.

1. Die fuhren. — Nemblich und zum ersten, so viel die fuhren belanget, ist geordnet, dass die fuhren von einem zum andern herumbgehen, und sich keiner vor dem andern der Ladung anmassen, auch der zunfftmeister zu Duttweiller, wenn es daselbsten umbgangen, solches dem zunfftmeister zu Sultzbach anmelden, alss hergegen widerum der von Sultzbach dem von Duttweiller dessen zu berichten schuldig sein solle.

2. Gantze und halbe fuhren. — Zum andern ist denjenigen, so gantze fuhren haben, vergönt und zugelassen, den Huffschmiedten zu Saarbrücken und St. Johann kohlen zuzufuhren, aber den Nagel-, Messerschmiedten und schlossern soll es unter der ganzen kohlenzunfft herumbgehen, und der nicht fahren wollte, seiner Ladung verlustig seyn.

3. Die kohlen betreffend. — Drittens dieweil sich auch befunden, dass die kohlen zu Duttweiller höheres werths, auch durch die kauffleuthe eher abgeführt werden, alss deren von Sultzbach, also dass die von

Sultzbach Ihre kohlen zu Ihrem grössten Schaden nicht vertreiben können, so ist verordert, wo ein kauffmann zu schiff oder wagen zu Sultzbach ankommen und daselbst die kohlen umb 12 batzen*), wie solche angeschlagen, nicht laden, sondern bessere zu Duttweiller im angeschlagenen werth der 24 batzen abhohlen wolte, soll derjenige, an dem die ladung, seine kohlen anderwärts zu verfuhren und zu verkauffen, fug und macht haben, jedoch uff der gruben geringer nicht alss 12 batzen verkauffen, kann Er sie aber uff und auserhalb der gruben alssdann höher bringen, soll es Ihme erlaubt seyn.

4. Die ladung anzuzeigen. — Zum Vierten soll derjenige, an welchem die ladung, schuldig seyn, solches des andern tags zuvor seinem zunfftmeister anzuzeigen, damit, wo Ihme etwa der Meyer zu frohn oder andern Herrn diensten eingebotten, Unser gnädigster Herr deren nicht verhindert werde.

5. Das Maass. — Zum 5ten soll hinforder das jetzige maass für eine ladung geachtet und daffür dem Meyer zu Duttweiller ein batzen Zoll**), wie vor alterss, neben dem grabgeldt erlegt, da auch einer ein halb oder zwey maass darüber laden würde, soll derselb batzen gleichfalss davon abgenommen und entrichtet werden, darauf dann der Zunfftmeister fleisig achtung geben soll.

6. Wie sie sich im graben der kohlen sollen verhalten. — Zum 6ten wirdt sämbtlichen köhlern hiermit bey straff 10 Goldgulden, so ein jeder Unserm gnädigsten Herrn verfallen seyn soll, ernstlich verbotten, dass keiner, wer Er auch wäre, da Er kohlen suchen würdt, höher denn 9 werckschuh, auch nicht nebenseits, seinem nächsten zu nahe, sondern stracks für sich fort, graben, und in der mitten eine bank ohngefehr von 12 schuhen stehen lassen, da auch jemandts hierüber begriffen und sein verbrechen nicht gestehen wolte, soll der schade durch den zunfftmeister, auch 2 oder 3 ehrbare männern besichtigt und darüber erkannt werden.

---

*) 1 Gulden hatte 26 Albus (zu je 8 Pfennigen) oder 15 Batzen oder 60 Kreuzer. Bezüglich des damaligen Geldwertes im allgemeinen mag angeführt sein, daß nach der Rechnung über das 1562—63 zu Sulzbach errichtete Sudhaus der Tagelohn für einen Steinmetzen 5 Albus 2 Pf., einen Maurer 5 Albus, einen Zimmermann 5 und 6 Albus (oder 2 Batzen mit Kost), einen Gehilfen oder Knecht 4 Albus und einen Holzschneider ebenfalls 4 Albus betrug. Nach Ad. Köllner (Geschichte der Städte Saarbrücken und St. Johann, I. S. 208) erhielt ein Steinmetz 1315 beim Bau der Kirche zu St. Arnual 1 Kreuzer täglich, 1548 beim Bau der steinernen Brücke über die Saar 4 Kreuzer, 1588 ein Steinmetz oder Zimmermann 3 Albus 4 Pf. (= $8^3/_4$ Kreuzer) mit Kost und 5 Albus ($12^1/_2$ Kreuzer) ohne Kost.

**) Der gedachte Kohlenzoll hat sich in Nassau-Saarbrücken fast bis zu Ende der fürstlichen Herrschaft erhalten. In dem „Dénombrement“ von 1683 wird er bei Dudweiler und Sulzbach aufgeführt, wie folgt: „Item la rente dite Batzengeld qui se paye du charbon de terre, savoir 3 alb. pour un char que l'on emmène.“

Dieweil auch zu zeiten ein köhler dem andern seine kohlen freventlicher weiss entwendet, so ist zum

7. Siebendten versehen, dass, wo einer darüber ergriffen, derselbe Unserm gnädigsten Herrn in 4 güldten buss und fürters der zunfft zu 4 maassen wein verfallen seyn soll, Damit auch Unserm gnädigsten Herrn sein frohn und dienst gehandthabet werde, so lässt manns

8. Zum 8ten bey voriger ordnung*) der zeit halber, in welcher die köhler zu fuhren macht haben sollen, nemblich von Martiny biss auff Lichtmess, verbleiben.

9. Zum 9ten so sollen auch aus beweglichen ursachen, zeichen auff das gantze und halbe maass geordnet und in beiden dörffern einer vertrauten person zugestellt werden, dass wo jemandt zu Duttweiller oder Sultzbach laden würde, Er daselbsten ein zeichen abhohlen, und an gehöhrige orth zu lieffern wisse, da auch jemandt in statt und strassen ohne solche zeichen betretten würde, sollen pferdt, wagen und kohlen Unserm gnädigsten Herren verfallen, und der so die kohlen geladen, auch der so darumb wissenschafft hat, und nicht anzeigen thut, zu gebührender straff angehalten werden.

10. Letztlich und zum 10ten damit dem allen wie obgesetzt mit fleiss nachgesetzt und gelebt werde, so ist vor rathsam gehalten worden, dass jedes Jahr auf Martiny zu Duttweiller und Sultzbach ein zunfftmeister erwehlet, welcher der kohlen und gruben halber ein gebott und verbott anlege und fleisig achtung gebe, damit dieser ordnung nicht zuwieder gehandelt, die übertretter obbeschriebener massen, oder sonst nach verwürckung, doch Unserm gnädigsten Herrn der hohe frevel vorbehalten, gestrafft werden, da sich aber jemandt wieder seines zunfftmeisters gebott sperren, und demselben nicht nachkommen würde, erstlich umb 1 orth, darnach 2 orth, dann 3 orth, fürter 1 gulden der zunfft zum guten und letztlich von Unserm gnädigsten Herrn nach verwürckung gestrafft werden, haben darauff alssbald die gemeinden, in Thielen Hanssen von Duttweiller und Jung Wolffen von Sultzbach bewilliget, welche auch zu den zunfftmeistern diesses Jahr verordnet, und ihrem ambt mit treuem fleiss abzuwarten angelobet, Endlich damit die zunfftmeister beyder dörffer ihrer müh und arbeit ergetzung spüren mögten, haben beyde gemeinden eingewilliget, dass deme von Duttweiller, weil selbige gemeind etwas grösser, jährlich $2^1/_2$ fl. und deme von Sultzbach $1^1/_2$ auss gemeinen seckel gereichet werden soll.

Diese jetzt beschriebene Unsere ordnung haben beyde gemeinde Duttweiller und Sultzbach im nahmen obwohlgedachten Unsers gnädigsten Herrn angenommen, allen obbemelten punkten zugeleben und darwieder

*) Über diese, schon oben erwähnte, ältere (erste) Ordnung ist nichts Näheres bekannt.

nicht zu thun versprochen und zugesagt, auch desswegen mit handtgebenden treuen, und mit dem eyd darmit sie Unserm gnädigsten Herrn zugethan, was hierinnen unverbrüchlich zu halten, angelobet, ohne alle gefährde. In urkundt mehr wohlgedachten Unsers gnädigsten Herrn hierunter getruckten Cantzlei Secrets. Geben zu Saarbrücken den 12ten 9bris 1586.

(Nach zwei Abschriften aus den Jahren 1730 und 1731 im Königl. Staatsarchiv zu Coblenz.)

Hiernach war also die Steinkohlengewinnung bei Sulzbach-Dudweiler gegen Ende des 16. Jahrhunderts bereits ziemlich umfangreich, die Steinkohle selbst aber schon eine Handelsware geworden, welche sogar zu Wasser verfrachtet wurde. Als Verschiffungsplatz diente der bei St. Johann an der Saar errichtete „Kohlrech" (später „Kohlwaage"), dessen urkundlich zuerst 1608 Erwähnung geschieht*).

Weitere Nachrichten über die Kohlengräberei zu Sulzbach-Dudweiler finden sich bis zum Beginn des 18. Jahrhunderts nur wenige. Das Sulzbacher Kirchen-Visitationsprotokoll von 1610 führt unter den Bestrafungen auf: „Jung Wolfen Hansen Hans zu Sulzbach hat auf einen Feiertag, Pauli Bekehrung, sammt fünfen ihrer Gesellen Kohlen gegraben, soll Jeder geben 6 Albus 4 Pfennig." Aus den Saarbrücker Stadtprotokollen von 1626 ist zu ersehen, daß in diesem Jahre drei Bauern von Sulzbach in Strafe genommen wurden, weil sie 3 Wagen Steinkohlen zu Malstatt durch die Saar und über die Wiesen gefahren hatten, um das Brücken- und Wegegeld zu umgehen. Von 1635 ab, wo die ganze Gegend durch Kriegszüge verwüstet und entvölkert wurde — das Dorf Sulzbach selbst lag von 1635 bis 1727 in Trümmern —, dürfte die Kohlengewinnung daselbst wohl für längere Zeit geruht haben und erst nach Beendigung des 30jährigen Krieges allmählich wieder aufgenommen worden sein. Unterm 12. April 1684 wurde den „Zunfftgenossen Duttweiler und Sultzbacher kohlgruben" eine neue, unveränderte Ausfertigung ihres „Zunfftbrieffs" vom 12. November 1586 zugestellt, „weil das versiegelt original ihnen auss handen kommen". Das mehrgenannte „Dénombrement" von 1683 gibt den Zins von den Kohlengruben bei Dudweiler auf „12 à 18 Flor." an.

---

*) Als allgemein bemerkenswert darf hier erwähnt werden, daß bereits um das Jahr 1570 Pfalzgraf Georg Johann I. den Plan faßte, die obere Saar schiffbar zu machen und durch einen Kanal mit der Zorn, also mittelbar mit dem Rheine, zu verbinden. Dieser letztere, später mehrfach wieder aufgegriffene Plan ist bekanntlich erst im 19. Jahrhundert durch den Rhein-Marne- und den Saar-Kanal verwirklicht worden. Dagegen schlossen die Grafen von Nassau-Saarbrücken 1581 und 1623 mit den Herzögen von Lothringen Verträge über die Schiffbarmachung der Saar oberhalb Saarbrückens. (Vergl. Pfannenschmid, Über das Alter der Flößerei im Gebiete des oberen Rheins mit besonderer Beziehung auf die Saar und ihre Nebenflüsse, Colmar 1881.)

Kohlengräbereien zu Wellesweiler, Wiebelskirchen, Schiffweiler, Neunkirchen. — Innerhalb der Herrschaft (Oberamt) Ottweiler scheint sich die Kohlengewinnung in älterer Zeit auf den flözreichen Waldstreifen zwischen Schiffweiler im Westen und Wellesweiler im Osten (Kohlwald, Ziehwald, Wellesweiler Kohlengrubenwald) beschränkt zu haben. Aus einer Reihe von Aktenstücken geht hervor, daß schon zu Ende des 16. Jahrhunderts von Wellesweiler und Wiebelskirchener Gemeinde-Eingesessenen eine umfangreiche Kohlengräberei betrieben wurde, namentlich seitdem die pfalzgräfliche Hofhaltung zu Zweibrücken etwa um das Jahr 1595 mit ihrem Kohlenbezuge von Sulzbach nach Wellesweiler übergegangen war. Die Kohlengräber beider Gemeinden hatten die Gruben gemeinsam „in Bestand", entrichteten beiderseits zu gleichen Teilen die „Grubengült" und teilten sich gleichmäßig in das Laden der Wagen, also in die Einnahmen. Von jedem Wagen Kohlen wurde — gleichwie zu Sulzbach-Dudweiler — seitens der Landesherrschaft 1 Batzen Zoll erhoben, zu welchem Ende auf den Kohlengruben Zollstätten errichtet waren.

Der Kohlenabsatz erstreckte sich um diese Zeit bereits bis tief in die heutige Rheinpfalz hinein; beispielsweise geht aus dem „Abschiede" d. d. Limbach 18. März 1616 zwischen Pfalzgraf Johann und Graf Ludwig zu Nassau-Saarbrücken hervor, daß pfalzgräflicherseits für durchfahrende Nassau-Saarbrückische Steinkohlenwagen zu Novelden, Wolfersweiler, Lichtenberg, Niederkirchen, Annweiler (im Amte New-Castel), Limbach, Odweiler, Niederbexbach und Rohrbach das sogenannte „Geleydtgeld" erhoben wurde. Einen wesentlichen Teil des Absatzes bildete der Bedarf der pfalzgräflichen Hofschmiede zu Zweibrücken. In einem Vertrage des Pfalzgrafen Johann mit den Söhnen des verstorbenen Grafen Albrecht zu Nassau-Saarbrücken vom 9. November 1600 behält sich ersterer vor, wenn Steinkohlen im Mittelbexbacher Banne gegraben würden, von diesen „für den wagen voll nit mehr den 10 Albus zu bezalen". Ein ähnlicher Preis scheint durch einen Vertrag vom Jahre 1603 für die Kohlen von Wellesweiler vereinbart worden zu sein; im übrigen bezahlten daselbst die Zweibrücker Untertanen für den Wagen 13 Albus, hatten aber dann kein „Wein und Brod" (wie in Sulzbach) zu geben.

Das von Pfalz-Zweibrücken erhobene „Geleydtgeld" scheint den Kohlenabsatz stark geschädigt und die Kohlengräber zu Gegenmaßregeln verschiedener Art veranlaßt zu haben. Unterm 8. Februar 1619 beschwert sich nämlich die pfalzgräfliche Regierung, daß die Kohlengrubenbeständer zu Wellesweiler für die Zweibrückensche Hofschmiede keine Kohlen mehr verabfolgen wollten, „es were dann, dass mann sie des zolls zu Limpach von denjenigen Kolen, so sie den Schmidten vnnd Schlossern in der Statt allhier verkauffen, befreite". Die Kohlengräber, hierüber vernommen, rechtfertigten ihr Verfahren als eine notgedrungene Selbsthilfe, „dieweill wider das alte Herkommen vnd nun in das sechst oder siebent Iar, nit allein von denjenigen Kolen, so sie nacher Zweybrücker Schmieden vnd Schlossern zuführen, sondern auch ufs Gau vnd anderer öhrter hinaus zu verkaufen verführen, von jedem wagen 3 Albus ihnen abgenommen würden"; außerdem überlüden die Zweibrücker Fuhrleute zum Nachteile der „Kohler" die Wagen derart, daß sie das Doppelte und Dreifache auf einen Wagen brächten, obwohl sie nur einen halben Gulden (13 Albus) zahlten.

Allem Anschein nach hat diese Art von Betriebseinstellung sehr bald durch den Wettbewerb der Kohlengräber untereinander ihr Ende gefunden. Wenigstens beklagen sich diejenigen von Wiebelskirchen in einer Eingabe vom 10. März 1619 darüber, daß ihre „gemeiner von Wellisweiler" die herzoglichen (Zweibrückenschen) Wagen allein laden wollten, „wie denn am dienstag unserer 15 vff die gruben gangen, allda 8 Wagen helfen zu laden, sind aber abgewiesen worden"; gleichzeitig bitten sie, ihnen selbst, wie auch denen zu Schiffweiler eine „Ordnung" zu geben, „damit wir die beschwernuss vff vnser gruben nit allein tragen dörffen, vnd irgend die fuhrleut von vns zu ihnen sich schlagen mögten". Der Amtmann Peter Scharf von Ottweiler bestätigt unterm 11. März, dass auch „Neunkircher und Schifweiler Köler" durch wohlfeilen Verkauf der Kohlen die Ladung an sich zu ziehen suchten, und beantragt, „eine eigentliche Kohl-Ordnung uffzurichten", wie sie bereits für Sulzbach-Dudweiler bestehe. In gesonderten Bittschriften vom 12. März 1619 wenden sich auch noch „sembtliche Kohlengräber zu Wellissweiler" und „sembtliche Wiebelskircher Kohlengrubenbestender" ihrerseits mit der dringenden Bitte um eine Kohl-Ordnung an den Grafen Ludwig zu Nassau-Saarbrücken. Ob eine solche Ordnung daraufhin wirklich erlassen worden ist, geht aus den alten Akten nicht hervor. Im übrigen dürften die beginnenden Wirren des 30jährigen Krieges wohl auch hier die Kohlengräberei auf längere Zeit völlig unterbrochen haben.

Wann diese später wieder aufgenommen wurde, ist nicht bekannt. In der Ottweilerer Oberamts-Rechnung von 1688 wird die landesherrliche Einnahme aus den Kohlengruben mit nur 6 Gulden vorgetragen.

Gräberei in der Umgegend von Geislautern. — Obwohl bereits die älteste Belehnungs-Urkunde über das Geislauterner Eisenhüttenwerk vom 29. Dezember 1572 den Beständern dieses Werkes die Ermächtigung erteilt hatte, Steinkohlen suchen und graben zu lassen, scheint in der unmittelbaren Umgebung von Geislautern vor dem 17. Jahrhundert eine Kohlengewinnung nicht stattgefunden zu haben. Um Pfingsten 1621 zeigen Johann Sorg und 5 Genossen von Geislautern dem Grafen Ludwig an, daß auf ihrem schafftgültigen Gute durch Erzknappen Steinkohlen gefunden worden, und bitten, ihnen selbst das Graben derselben gegen einen jährlichen billigen Zins zu gestatten, sowie schriftlichen Schein darüber auszustellen *). Den Bittstellern wurde zwar der Bescheid erteilt, daß sie „alss Inhaber des Aigenthumbs“ vor anderen bedacht werden sollten, indessen hatte schon im nächsten Jahre ein Förster Schyra die Grube „unterthänigst aussgebracht“, Welchen Erfolg weitere wiederholte Gesuche von Johann Sorg und Genossen, sowie auch eine „Supplik“ des Bergknappen Simon Mußler um Verleihung der von ihm bei Geislautern neu entdeckten Kohlengrube gehabt, ist aus den vorhandenen Schriftstücken nicht zu ersehen.

## 2. Kohlengewinnung in der ersten Hälfte des 18. Jahrhunderts.

Über den Stand des Saarbrücker Kohlenbergbaues um das Jahr 1730 gibt eine Anzahl von Berichten Auskunft, welche auf Veranlassung der in Usingen wohnenden Fürstin-Vormünderin Charlotte Amalia durch verschiedene Beauftragte erstattet wurden. Aus dem Berichte der Kammerräte Schmoll und Heintz vom 4. August 1730 geht hervor, daß um jene Zeit innerhalb der Grafschaft Saarbrücken an Kohlengruben betrieben wurden:

1. Bei Dudweiler 16 Gruben, davon 8 auf dem Banne von Dudweiler und ebenfalls 8 auf dem Sulzbacher Banne, mit 49 und 27, zusammen 76 Kohlengräbern; die Gemeinde entrichtet einen jährlichen Zins von 12 Gld. und hat außerdem für die Herrschaft zu Saarbrücken die nötigen Steinkohlen zur Hofschmiede, beziehent-

*) Die betreffende „Vnderthänige Supplikation vnd dömuthige Bitt“ zeigt aufs klarste, daß auch die Grundbesitzer auf ihrem eigenen Grund und Boden die Steinkohlen nur mit besonderer landesherrlicher Erlaubnis gewinnen durften. Sie lautet, wie folgt:

Hochwolgeborner Grave, E. Gn. seyen Vnsser vnderthänig, Vor Pflicht, Schuldtwillige dienst, Jederzeit nach Eisserstem Vermögen gehorsamlichen Zuvor, gnediger Grave und Herr.

Dero Gnaden Endtssbenannte Arme Vnderthanen, Köhnnen wir In Vnderthänigkeit Klagent vnangezeigt nicht lassen, wie dass die Ertz Knappen Michael gabriel vnd sein Mitgesell In vnserm Schäfftgültigem Gut Zu Geysslautern oben ahn der Eyssenhütten In einem Rodtbösch ahm Klopf genannt, Eissen Ertz zu graben gesucht, aber Keines, Sondern Steynkolen gefundten, derselbigen Etliche wagenvoll gegraben vnd Ver Kaufft, vnd wann vff Bevelch dess Herrn Oberamptmanns Ihnen Knappen von vnserm Schäfftgültigem Guth abzulassen gebothen worden wehre, Sie nicht von den Kohlen abgelassen hetten.

Dieweill wir dann von vnserm Schäfftgültigem Guth Näher als ein frembter, die Kohlen zu graben, vnd Ew. Gn. einen daruff gesetzten billigen Zinss Järlichen darvon zu geben vnderthänig gehorsam willig seind,

Also gelangt ahn Ew. Gn. vnser vnderthänig Hochflehenlich vmb Gotteswillen bitten, Die wollen unss Arme vnderthanen die Kohlen Zu graben, vnd einen Järlichen billigen Zinss daruff schlagen, vor andern frembten gnedig göhnnen, Vnd auch Schrifftliche Schein darüber Mitzutheilen auss Gnade Verordnen, Hirmit Ew. Gn. vnss zu Gnädiger willfahrung vnderthänig Empfhelendt, vnd auch einer Gnädigen tröstlichen Antworth Erwarthendt pp.

lich, so lange erstere nicht in Saarbrücken wohnt, statt dessen 20 Gld. in die Renthei zu zahlen; sodann wird von jedem verkauften Wagen Kohlen das „Batzengeld" (1 Batzen = 2 Albus*) erhoben, dessen Ertrag nach 3 jährigem Durchschnitt sich jährlich auf 18 Gld. stellt, so daß die gesamte landesherrliche Einnahme von den Dudweiler Gruben jährlich 50 Gld. beträgt.

2. In der Meyerei Köllerthal 9 Gruben (4 bei Rittenhofen, 2 bei Lummerschied, 2 zu Schwalbach und 1 bei Engelfangen) mit zusammen 18 Kohlengräbern, welche teils den 7ten, teils den 8ten Wagen, „wie er gegolten" (also in Geld) an die Herrschaft abliefern, sich aber erbieten, künftighin 5 Gld. jährlich von jeder Grube zu zahlen.

3. Bei Geislautern 2 Gruben, im Besitze von 4 Untertanen; dieselben geben den 9ten Wagen an die Herrschaft.

4. Bei der Pfenn (Fenn) 1 Grube, von 2 Untertanen angefangen, welche den 7ten Wagen abliefern, aber statt dessen $22^1/_2$ Gld. jährlich geben wollen, wenn ihnen „ohnschädliches Holz zum Bauen in der Grube verabfolgt werden möchte".

5. Bei Malstatt 1 Grube, von 2 Untertanen betrieben, welche jährlich $7^1/_2$ Gld. geben; „sie brechen aber nunmehr Steinkohlen vor die Glashütte auf der Fischbach, welcher kraft der erteilten Konzession erlaubt ist, Steinkohlen graben zu lassen, wo die Glasmeister mögen und können, ohne was weiter zu geben."

6. „sind noch andere Unterthanen, so Steinkohlen graben wollen, welchen aber nicht verstattet werden soll, solches zu thun, bevor sie deshalb gnädigste Konzession erhalten."

Abgesehen von den Renten der Dudweiler Gruben, waren im Jahre 1729 von den Steinkohlengruben der Grafschaft Saarbrücken im ganzen 85 Gld. 9 Albus $6^4/_7$ Pf. eingegangen. Eine weitere Einnahme ergab dann noch der von jedem Wagen Kohlen erhobene Zoll von 4 Batzen.

Hinsichtlich des Betriebes der Gruben stellen die verschiedenen Berichte fest, daß „bishero nur auf den Raub geschafft worden". Besonders von Dudweiler wird bemerkt, daß die Kohlengräber „jeder vor sich und niemandem zum Vorteil . . . . . den Berg sehr umbwielet und sich vergraben". Aus einzelnen der dortigen Gruben wurden 3 bis 4 Fuder (90 bis 120 Ztr.) Kohlen und mehr täglich gefördert, das Fuder zu 2 Gld. auf der Halde verkauft. Das nötige Holz zum Verbauen erhielten die Gruben umsonst aus den herrschaftlichen Waldungen, so beispielsweise die Gruben von Dudweiler jährlich mehr als 100 Stück Eichen. Während

*) Der Gulden (Florin) hatte um diese Zeit 30 Albus (zu je 8 Pf.) oder 15 Batzen oder 60 Kreuzer.

die Köllerthaler Bauern die Kohlengewinnung neben dem Ackerbau nur einige Wochen oder Monate im Jahre betrieben, wird bezüglich der Dudweiler Kohlengräber beklagt, daß sie sich „vom Acker- und Feldbau sehr abgehalten", und nicht 3 in der Gemeinde seien, „so ihr Brod ziehen"; sie werden als „zum Trunk heftig gewöhnet", als „lauter liederliche Leute, die den Verdienst sogleich den Wirten wieder zu lösen geben", und in ähnlicher, nicht sehr schmeichelhafter Weise geschildert.

Übereinstimmend empfehlen alle Berichte eine erhebliche Steigerung der von den Kohlengräbern zu entrichtenden Gefälle. Der Land-Kammer-Meister Spah zu Saarbrücken (Bericht vom 1. September 1730) geht noch einen Schritt weiter und schlägt in zweiter Linie vor, die Gruben von seiten der Herrschaft selbst zu übernehmen, dabei aber den seitherigen Betreibern die Arbeit des „Brechens" und des „Verfahrens" der Kohlen zu belassen, welchem Vorschlage sich der Hütten-Direktor Koch zu Neunkirchen (Bericht vom 24. März 1731) anschließt.

Wenn auch der letztere Vorschlag zunächst noch keine Billigung fand, so scheint doch schon vom Jahre 1731 an die Abgabe der Kohlengräber durchgängig auf den 7ten, für Dudweiler sogar auf den 6ten Wagen der Förderung erhöht worden zu sein. Die Kohlen-Zunftordnung der Gemeinde Dudweiler wurde von der Fürstin Charlotte Amalie auf neue bestätigt, jedoch mit den Bedingungen, daß: 1. statt des bisherigen Zinses und der zur Hofschmiede gelieferten Kohlen nunmehr von 1731 ab der 6te Wagen in Natur oder nach dem Werte des Verkaufes an die Land-Kammer abzuführen sei; 2. ferner keine neue Grube ohne Erlaubnis aufgerichtet werde; 3. die sämtlichen Gruben in gehöriger Ordnung erhalten und ausgearbeitet werden sollten. Daß die Kohlengräber sich nicht ohne weiteres zu diesen Bedingungen, und namentlich nicht zu der reichlichen Verdoppelung ihrer Abgabe an die Herrschaft verstanden, kann nicht wundernehmen. Ein Vermerk aus dem Jahre 1733 besagt in dieser Beziehung: „Sie haben sich auch im verwichenen Zweitjahr zu dem erhöhten Zins in Gutem nicht verstanden, sondern allemal wurde draußen gepfändet und die Pfänder verkaufen lassen."

Einen Überblick über Förderung und Absatz der Gruben bei Dudweiler gibt nachstehende „Specification der von der Gemeinde in Duttweiler 1732 verdebitirten Kohlen":

402 Fuder Schiffkohlen zu je 2 Gld. (auf die Saar geliefert, einschl. 22 Alb. 4 Pf. Fuhrlohn),<br>
47 Wagen auf den Dudweiler Gruben geladen zu je 2 Gld.,<br>
44 „ „ „ Sulzbacher „ „ „ „ 1 „ 20 Alb.,<br>
30 „ an die Schmiede in beiden Städten „ „ 2 „ (einschließl. 22 Alb. 4 Pf. Fuhrlohn),

523 Fuder (15 690 Ztr.) mit 1 029 Gld. 10 Alb. Geldwert.

Davon gehen 323 Gld. 7 Alb. 4 Pf. Fuhrlohn ab und bleibt also 706 Gld. 2 Alb. 4 Pf. Erlös, wovon der 6. Teil mit 117 Gld. 20 Alb. $3^1/_8$ Pf. für die Herrschaft.

Zu den bestehenden Gruben trat im Jahre 1731 noch eine solche unweit der Gehlenbacher Mühle bei Clarenthal hinzu, deren Beständer den 6. Wagen Kohlen in Natur oder Geld zu entrichten hatten.

Um dieselbe Zeit begann auch die Steinkohlengewinnung bei St. Ingbrecht (St. Ingbert) in der Grafschaft Blieskastel, wo 1730 einzelne Bauern im nördlichen (an Dudweiler angrenzenden) Walde Tageröschen eröffnet hatten. Die hier gewonnene Kohle fand sehr bald weit nach Lothringen hinein Absatz; so wurden, wie aus einem Kammer-Protokoll vom 29. Januar 1733 (Nassau-Saarbrückensche Akten) hervorgeht, im Jahre 1732 allein durch Fuhrleute von Güdingen und Bübingen gegen 100 Wagen St. Ingberter Kohlen ins Lothringer Land und nach Metz verführt.

Innerhalb der Herrschaft Ottweiler beschränkte sich die Kohlengewinnung während der ersten Hälfte des 18. Jahrhunderts im wesentlichen auf die Umgebung von Wellesweiler*) und auf den Kohlwald bei Neunkirchen**). Daneben wurden 1742 eine Grube zu Mittelbexbach durch den nassauischen Amtmann von Homburg, 1747 solche im Hochwalde zwischen Neunkirchen und Friedrichsthal, sowie 1750 bei Spiesen durch die Beständer der Friedrichsthaler Glashütte und gleichfalls um das Jahr 1750 eine Grube im Weilerbachthale bei Neunkirchen durch den Beständer des dortigen Eisenwerkes eröffnet. Die gesamte landesherrliche Einnahme aus den Kohlengruben der Herrschaft Ottweiler belief sich für das Jahr 1726 auf 41 Gld., stieg dann allmählich bis zu 120 Gld. im Jahre 1749.

Wie ein Schreiben der Saarbrücker Kammer-Direktion an den Oberamtmann zu Ottweiler vom 3. April 1749 ersehen läßt, bestand die eigentliche Gewinnung der Kohle auch auf den Ottweilerschen Gruben um diese Zeit noch lediglich in einer regellosen Gräberei am Ausgehenden der Flöze. Das gedachte Schreiben teilt mit, „daß bei Serenissimi nostri Hochfürstl.

---

*) Einen Einblick in die Verhältnisse des dortigen Betriebes bietet ein von dem „Beständer" Neurohr mit seinem Gesellschafter Didion 1746 beim Oberamte Ottweiler geführter Prozeß. Neurohr klagte auf Lösung des Gesellschaftsvertrages, weil die Kinder des Didion, wenn sie mittags das Essen zur Grube brächten, jedesmal einen Sack Kohlen heimzutragen pflegten, wodurch er selbst so benachteiligt werde, daß er bei seinem Pachtvertrage mit der Herrschaft nicht bestehen könne. Das Oberamt erkannte der Klage gemäß auf Lösung des Gesellschaftsvertrages.

**) Nach einer an das Oberamt Ottweiler erstatteten Anzeige des „Jägers und Zöllners" vom 2. November 1743 fuhren Bauern aus dem St. Wendelschen und Baumholderschen zeitweise Kohlen vom Kohlwalde nach ihrer Heimat und verkauften sie dort den Wagen zu 10 bis 11 Kopfstücken (etwa 4 Gld.)

Durchl. der gewesene Hofbeständer Koch*) die mündliche Vorstellung gethan, was massen die Steinkohlen im Ottweilerischen nicht bergmännisch gebaut, sondern nur der obere Kohlengang gleichsam alss auf einen raub aufgearbeitet, die untere und beste Gänge aber in der Erde gelassen würden; demnach Höchstdieselbe gnädigst befehlen, dieses gründlich zu untersuchen und Vorschläge zu thuen, ob und wie diese Steinkohlen in Zukunfft zu gnädigster Herrschaft besserm Nutzen auf bergmännische Art und Weisse zu beneficiren sein möchten". Die hiernach angestellte Untersuchung ergab denn auch in der Tat, daß der Beständer Neurohr nur Raublöcher grub, weil ihm das Holz zum bergmännischen Verbauen fehlte. Von dem Oberamte wurde daher zwar befürwortet, das erforderliche Holz für die Gruben aus den herrschaftlichen Waldungen verabfolgen zu lassen, zugleich aber auch angeraten, den zeitigen „Bestand" fernerhin nicht mehr zu erneuern, sondern die Kohlengewinnung bei sich bietender Gelegenheit einer „Ferme-Compagnie" zu übertragen.

## 3. Einziehung der Gruben für landesherrliche Rechnung um die Mitte des 18. Jahrhunderts.

Unter den bestehenden Besitz- und Betriebsverhältnissen hatte der Saarbrücker Steinkohlenbergbau bis zur Mitte des 18. Jahrhunderts eine irgend erhebliche Bedeutung nicht zu erlangen vermocht. Nach dem Durchschnitt der 6 Jahre 1744—49 betrug der jährliche Kohlenverkauf sämtlicher Nassau-Saarbrückenschen Gruben 2349 Fuder (etwa 73000 Zoll-Ztr.), während der an die Herrschaft entrichtete Zins nach dreijährigem Durchschnitte (1747—49) jährlich 996 Gld. 10 Albus ergab. Für eigene Rechnung betrieb der Landesherr noch keinerlei Gruben. Zwar war bereits 1730 durch den Land-Kammer-Meister Spah die Übernahme der Gruben angeregt worden, bei dem großen Holzreichtume des Landes erschien indessen die Steinkohle zunächst noch nicht von solcher Wichtigkeit, daß man aus dem herrschaftlichen Selbstbetriebe der Gruben wesentlich erhöhte Einnahmen hätte erwarten dürfen. Die Verhältnisse sollten sich jedoch bald völlig umgestalten.

Die schon vor 1750 begonnene und rasch zu großem Umfang entwickelte Verschiffung von Stammhölzern aus den Saarbrückenschen Waldungen nach Holland hatte binnen kurzem im Lande selbst die Holzpreise derart gesteigert, daß die Bewohner in immer weiteren Kreisen sich veranlaßt sahen, statt des bisherigen auschließlichen Holzbrandes für die Hauswirtschaft sich mehr und mehr der Steinkohle zu bedienen. Fast noch wichtiger aber für den Absatz der letzteren erwies sich die allgemein in Aufnahme gekommene

*) Bis 1748 Pächter (Admodiator) des Neunkirchener Eisenwerkes.

Düngung der Felder mit Kalk und die infolgedessen sehr erheblich gestiegene Verwendung von Steinkohle zum Kalkbrennen. Die fürstliche Regierung zögerte nicht, aus den veränderten Verhältnissen den möglichsten Nutzen zu ziehen, indem sie „zum besseren und beständig haben könnenden Debit und Nutzen der Untertanen" unterm 5. Januar 1750 dem Hauptmann Philipp Quien zu Saarbrücken nebst 2 Genossen (Nicklas Paul zu Saarlouis und Franz Didier zu Homburg) auf 12 Jahre gegen einen jährlichen Pachtzins von 1000 Gld. das Recht des ausschließlichen Handels mit den in der Grafschaft Saarbrücken geförderten Steinkohlen übertrug. In dem Vertrage war festgesetzt,

> „daß zwar die Besitzer derer Gruben vor wie nach bei diesen ihren Gruben verbleiben, auch gnedigster Herrschaft oder Dero Rentkammer den bisherig regulirten geldzinss davon fürderhin abführen, die auf bergmännische arth gewinnende ausbeut an Kohlen aber nirgends anderswohin, bei hoher willkürlicher straf, als an diese gemelte Beständer fuder und wagenweis, wie in dem Contract enthalten, nemlich . . . . . . (verkaufen sollen), was die Kohlen aber in dem Land an Bürger und andere Unterthanen, auch Schmiedt, Nagelschmiedt, Schlosser und dergl. anbelangt, dieselben sind hire ausgenommen, und sollen vor wie nach nach eines jeden Wahl kauft und von denen Besitzern der Gruben auch verkauft werden."

Diese Maßregel hatte zur Folge, daß nicht nur die Ausfuhr der Steinkohle in die benachbarten Länder und demgemäß die ganze Förderung sich wesentlich hob, sondern auch für die fürstliche Rentkammer bedeutende Mehreinnahmen aus der Steinkohlengewinnung erzielt wurden, Nach einem Rechnungsauszuge vom 25. November 1752 stellten sich nämlich die betreffenden herrschaftlichen Einkünfte

| | | Grafschaft Saarbrücken. | | | | | | | Herrschaft Ottweiler*). | | | | | |
|---|---|---|---|---|---|---|---|---|---|---|---|---|---|---|
| im Jahre 1749 | auf | 915 | Fl. | 26 | Albus | 5 | Pf. | | 120 | Fl. | — | Albus | — | Pf. |
| 1750 | „ | 2 081 | „ | 21 | „ | 1 | „ | | 123 | „ | 22 | „ | — | „ |
| 1751 | „ | 3 190 | „ | 15 | „ | 2 | „ | | 120 | „ | — | „ | — | „. |

Für die Grafschaft Saarbrücken waren dieselben mithin bereits im ersten Jahre des „Bestandes" auf reichlich das Doppelte, im zweiten sogar auf das $3^1/_2$fache des Ergebnisses im letztvorausgegangenen Jahre 1749 gestiegen.

Aber trotz des erzielten Aufschwunges der Kohlengewinnung erwies sich der mit dem Quienschen Vertrage begonnene erste Schritt zur Ver-

---

*) Der Quiensche Vertrag erstreckte sich ausschließlich auf die Grafschaft Saarbrücken; für die Kohlenförderung in der Herrschaft Ottweiler scheint er ohne jeden Einfluß geblieben zu sein.

staatlichung der letzteren noch nicht als ausreichend, um einen regelrechten und wirtschaftlichen Bergbau anzubahnen, da die alten Besitz- und Betriebsverhältnisse der Gruben von dem Vertrage völlig unberührt blieben. In richtiger Erkenntnis der Sachlage unterbreitete daher am 23. November 1750 der Kammerrat Heus dem Fürsten Wilhelm Heinrich den Vorschlag, zum Besten des Landes die sämtlichen Steinkohlengruben für landesherrliche Rechnung zu übernehmen, welcher Vorschlag denn auch sofort die Billigung des Fürsten fand.

Sämtliche Kohlengräber wurden in verschiedenen Abteilungen am 15., 16. und 18. Januar 1751 über ihre seitherige Berechtigung zur Kohlengewinnung vernommen und ihnen dabei eröffnet, „dass Hochfürstliche Durchlaucht gesonnen seien, die Steinkohlengruben einzuziehen und aus besondern Bewegursachen bergmännisch administriren zu lassen, anbey aber doch gnädigst entschlossen sind, denen Kohlengräber ihre beweisslich angewande Kösten nach der Billigkeit ersetzen zu lassen". Ohne Einspruch erklärten sich die Kohlengräber bereit, ihre Gruben abtreten zu wollen, einige sogar ohne Entschädigung, die anderen gegen Erstattung der gehabten Kosten. Auch fanden sich viele geneigt, fernerhin der Herrschaft die Kohlen „zur Halbschied" zu graben, wenn ihnen das nötige Bauholz dazu kostenlos gegeben würde. Den Kohlengräbern von Dudweiler und Sulzbach wurde besonders zugesichert, daß der Fürst die bei Aufnahme neuer und Gewältigung alter Gruben erwachsenden Kosten zur Hälfte tragen, die von ihm anzustellenden „Berg-Offizianten" aber seinerseits allein bezahlen werde, sowie daß ein jeder bei seiner bebauten Grube beibehalten und keinem erlaubt werden solle, in eines anderen Grube einzudringen.

In Ausführung der Verhandlungen vom 15., 16. und 18. Januar 1751 erfolgte zunächst die Vermessung und Abschätzung der Dudweiler Gruben und auf Grund der unterm 27. Januar 1751 übergebenen Schätzung in Höhe von 1127 Fl. die Auszahlung dieses Betrages an „Meyer und Gericht nebst denen 2 verpflichteten Gemeindeleuten". Die gleiche Abschätzung fand im Februar 1751 mit den Gruben zu Gersweiler, Clarenthal, Krughütte, Geislautern und Fürstenhausen statt; jedoch erklärten sich hier laut Verhandlung vom 15. Februar 1751 die meisten Kohlengräber mit der Höhe der Entschädigung nicht einverstanden, weigerten sich auch, unter bewandten Umständen die Kohlengewinnung „um die Hälft" zu übernehmen, infolgedessen ihnen auferlegt wurde, „keine Kohlen mehr bei 50 Thlr. Straf bis auf anderweite gnädigste Verordnung zu verkaufen".

Wie die Verhandlungen bezüglich der übrigen Gruben im einzelnen verlaufen sind, ist nicht zu ermitteln, da die alten Akten mit der Verhandlung vom 15. Februar 1751 abschließen. Tatsächlich waren aber schon bald darauf sämtliche Gruben an den Landesherrn übergegangen, wie denn auch die Verordnung vom 27. November 1754 für die Folge allgemein jede weitere Steinkohlengewinnung durch Private bei hoher Strafe verbot*). —

In ganz ähnlicher Weise, wie für die Nassau-Saarbrückenschen Lande unter dem Fürsten Wilhelm Heinrich, vollzog sich um die Mitte des 18. Jahrhunderts auch in der Grafschaft Blieskastel der Übergang der ursprünglich von Bauern eröffneten Steinkohlengruben bei St. Ingbert an den Grafen von der Leyen. Die betreffenden Gruben wurden indessen hier den zeitigen Betreibern ohne Entschädigung entzogen und durch die gräfliche Regierung den beiden St. Ingberter Bürgern Falk und Laur in Erbpacht gegeben, in welcher diese bis zur französischen Besetzung des Landes verblieben zu sein scheinen**).

Innerhalb des Gebietes der Herrschaft Crichingen-Püttlingen waren bereits seit 1742 durch den Landesherrn im Püttlinger Bauernwalde und im Großwalde Kohlen gewonnen worden; ebenso in der Abtei Wadgassen um die Mitte des 18. Jahrhunderts durch das Kloster selbst in der Nähe von Hostenbach, anfangs, wie die unterm 12. Dezember 1754 erlassene besondere Verordnung des Fürsten Wilhelm Heinrich von Nassau-Saarbrücken ersehen läßt, im Widerspruche mit diesem Fürsten, seit 1759 indessen mit seinem ausdrücklichen Einverständnisse.

In der Herrschaft Illingen eröffnete der Freiherr von Kerpen im Jahre 1754 eine Grube für eigene Rechnung***).

## 4. Landesherrlicher Betrieb der Gruben in der zweiten Hälfte des 18. Jahrhunderts.

Im allgemeinen. — Mit dem Übergange der Gruben in landesherrlichen Besitz beginnt für den Saarbrücker Steinkohlenbergbau ein neuer Abschnitt seiner Entwickelung. Anstelle der seitherigen planlosen Gräberei

---

*) Vergl. oben Abschnitt II. a. 1.

**) Aus einem bei den Akten des Bayerischen Bergamtes zu St. Ingbert befindlichen alten Schriftstücke geht hervor, daß die Pacht-Berechtigung mit Genehmigung des Grafen auch vererbt und verkauft werden konnte. Dieses Schriftstück lautet nämlich („Der Steinkohlenbergbau der Pfalz während der Jahre 1821 bis 1880“, von dem verstorbenen Kgl. Bergamtmann A. Bockhart zu Zweibrücken, Handschrift):

> „Dass die Anna Gress von St. Ingbert bei der nach Absterben ihres Vaters Johann Peter Gress von St. Ingbert Schulden wegen unterm 14. September 1770 vorgegangenen Versteigerung des sämmtlichen Vermögens eine Kohlengrub um 180 Fl. erhalten hat, jedoch unter dem ausdrücklichen Vorbehalte, dass dieselbe sich auf ihre Kosten bei gnädigster Herrschaft um die Bestätigung unterthänigst bewerben solle. Ein solches wird von Weysen-Vogtey wegen bescheinigt.“

***) Vergl. oben Abschnitt II. a. 2.

am Ausgehenden der Flöze wird nunmehr eine eigentlich bergmännische Gewinnung durch Tagestrecken und Röschen eingeleitet, die dann nach und nach — in der Hauptsache allerdings erst gegen Ende des in Rede stehenden Zeitabschnittes — auch zu einer umfassenderen Lösung der Flöze durch tiefe Stollen und zu einem wirtschaftlicheren, mehr oder minder kunstgerechten Abbau führt. Gleichen Schritt mit der Verbesserung des Betriebes der Gruben halten die Bestrebungen zur Erweiterung der Gebrauchszwecke und des Absatzkreises der gewonnenen Steinkohle: der letzteren wird nicht nur im Inlande allgemeinerer Eingang zum Hausbrande, und daneben eine rasch zunehmende Verwendung zu den verschiedensten, teilweise erst neu ins Leben gerufenen Industriezweigen verschafft, sondern auch ihrem Absatze ins Ausland durch Maßnahmen aller Art ein immer weiteres Feld eröffnet.

Auf allen diesen Gebieten war es in erster Linie der einsichtsvolle und tatkräftige Fürst Wilhelm Heinrich von Nassau-Saarbrücken (1740 bis 1768), der mit Ausdauer und Erfolg den Steinkohlenbergbau seines Landes nach jeder Richtung hin zu heben sich bemühte. Seine Anregung und kräftige Unterstützung haben recht eigentlich den Grund gelegt zur heutigen Bedeutung des Saarbrücker Steinkohlenbergbaues, wie denn überhaupt die ganze Industrie des Saargebietes in ihm, wenn auch nicht gerade ihren Schöpfer, so doch ihren eifrigsten Beförderer und aufopferndsten Freund zu verehren hat*).

Übergangszeit. — Die Einziehung der bestehenden Gruben für landesherrliche Rechnung hatte bezüglich des Grubenbetriebes zunächst nur

---

*) Von den Verdiensten des Fürsten Wilhelm Heinrich um die Hebung des Steinkohlenabsatzes gibt Chr. Friedr. Habel in seinen „Beyträgen zur Naturgeschichte und Ökonomie der Nassauischen Länder“ (Dessau, 1784) folgende Schilderung:

„Die Consumtion der Steinkohlen blieb noch sehr lange gering und ganz unbeträchtlich, und würde es vielleicht noch länger geblieben sein, wenn der vortreffliche Fürst Wilhelm Heinrich, der es an keinen Kosten fehlen liess, was zu der Aufnahme seines, beym Antritt seiner Regierung ganz verwilderten Landes was beytrug, nicht durch unzählige Versuche und Proben, die ihm wohl an 80000 Fl. gekommen, ihren Gebrauch und Nutzen gezeigt hätte .... Bei der Selbstthätigkeit eines solchen klugen Fürsten konnte man auch nichts Geringes erwarten. Die Stahlfabrike, die jetzo in dem vollkommensten Stand ist, und sich in zwey vervielfältiget hat; das vortreffliche Sensenwerck; der schöne Drahtzug; die Porcellain-Fabrike und die Glashütten, worin mit Steinkohlen ganz allein gefeuert wird, nahmen damals ihren Anfang. Die Russfabrikation aus Steinkohlen wurde zu ihrer Vollkommenheit gebracht. Mit dem Auslaugen der Steinkohlen, der Bereitung des Theers und Oels u. s. w. brachte man es ungemein weit. Die Nahrungswege der Unterthanen wurden hierdurch nicht allein ungemein vermehrt, und ihre Anzahl vervielfältiget; sondern sowohl die inländische Consumtion, als die Ausfuhr der Steinkohlen verstärkte gegen ein Drittel die jährlichen Revenüen, die dadurch noch jetzo beständig beträchtlicher werden.“

insoweit eine Änderung zur Folge, als nunmehr die Hälfte der Förderung dem Landesherrn zustand, dieser aber seinerseits sämtliches Grubenholz lieferte und die Anlagekosten neuer Gruben bestritt, während die andere Hälfte der gewonnenen Kohlen als Gräberlohn den Kohlengräbern gehörte. Auch der 1750 mit dem Hauptmann Quien geschlossene Vertrag über die Ausfuhr der in der Grafschaft Saarbrücken geförderten Steinkohlen blieb in Gültigkeit. Schon bald scheint indessen die Aussicht auf Erzielung höherer Einnahmen den Anstoß gegeben zu haben, bei Gelegenheit anderweitiger Verpachtung verschiedener landesherrlicher Einkünfte auch die Steinkohle in einen derartigen Pachtvertrag mit einzubeziehen.

So kam unterm 5. Februar 1753 mit einer „General-Ferme" in Paris eine Vereinbarung zustande, durch welche dieser Gesellschaft neben dem Zoll, dem Salz und dem sogenannten Ohmgeld auch die Steinkohlengruben und der Alaun in den Nassau-Saarbrückenschen Landen vom 1. Mai 1753 ab auf 9 Jahre gegen einen jährlichen Pachtzins von 105 000 Livres*) übertragen wurden. Welcher Einzelbetrag von der genannten Summe für die Steinkohlengruben bemessen war, ist nicht ersichtlich, jedenfalls wird er aber die früheren Einnahmen aus denselben weit überstiegen haben. In Artikel 6 der Vereinbarung war bezüglich der Steinkohlengewinnung und des Steinkohlenverkaufes das folgende festgesetzt:

„Der Pächter erhält das Recht des ausschließlichen Verkaufes der Steinkohlen in den in diesem Vertrage einbegriffenen fürstlichen Landen. Es wird ihm gestattet, in den Grafschaften Saarbrücken und Ottweiler eine Kohlenausbeute von 8000 Fuder zu 30 Ztr. zu machen und diese auch ins Ausland zu verkaufen. Was in dem einen Jahre weniger gefördert wird, das kann in dem folgenden mehr gefördert werden. Die Förderung soll auf Kosten des Pächters durch fürstliche Untertanen geschehen. Der Pächter erhält das zum Bergbau erforderliche Holz unentgeltlich aus den fürstlichen Waldungen.

„Für die Alaundarstellung wird die Eröffnung einer besonderen Grube zugestanden, deren Ausbeute nicht mit der oben bezeichneten Förderungsmenge in Verbindung gebracht werden soll.

„Dem Pächter wird auch das dem Fürsten zustehende Recht über tragen, von den 1000 oder 1800 Fudern zu $16^1/_2$ Ztr. Steinkohlen, welche die Einwohner von Dudweiler herkömmlich an den Fürsten von Nassau-Usingen zu dem Preise von 2 fl. 18 kr. zu liefern hatten, von jedem Fuder einen Batzen zu beziehen. Er ist jedoch auch verpflichtet, die erwähnten Einwohner wegen eines siebenjährigen Rückstandes zu vertreten und für die Folge die Kohlen um denselben Preis zu liefern.

„Den fürstlichen Untertanen muß zu ihrem eigenen Gebrauche das

*) Ein Livre Französisch galt um diese Zeit 24 Kreuzer, und waren $2^1/_2$ Livres = 1 Gld. Reichswährung.

Fuder Kohlen von 30 Ztr. zu 6 Livres verabfolgt werden. Die fürstlichen Untertanen dürfen aber keine Kohlen verkaufen.

„Mit dem 1. Mai 1753 erlöschen alle besonderen, bezüglich der Steinkohlen bestehenden Verträge. Der Hütte (Eisenwerk Neunkirchen) und der Glashütte (zu Friedrichsthal) bleiben jedoch die ihnen bewilligten Kohlen vorbehalten. Auch kann der Fürst die Kohlen zu seinem Gebrauche gegen eine Bescheinigung unentgeltlich beziehen."

Über die Ausführung dieses Pachtvertrages — wie überhaupt bezüglich des Betriebes der Steinkohlengruben in der Zeit von 1751 bis 1757 — fehlt jede Nachricht. Aus einem Handschreiben des Fürsten Wilhelm Heinrich vom 1. Dezember 1759, worin die fürstliche Kammer u. a. beauftragt wird, wegen etwaiger Geneigtheit der „Compagnie, so die Schwalbach-Lothringer Kohlengrube angefangen hat", zur Anpachtung sämtlicher Saarbrücker Gruben Nachforschungen anzustellen, scheint hervorzugehen, daß die Gruben um diese Zeit bereits wieder in eigenen herrschaftlichen Betrieb zurückgenommen waren, und vielleicht der Pachtvertrag außer den Zöllen usw. nur mehr die Alaungewinnung und die zum Zwecke der letzteren zugestandene besondere Kohlengrube umfaßte. Auch die von 1757 ab beginnende Zuweisung von Kohlen bezw. Kohlengruben an die Köllertaler Gemeinden zum Brennen des Düngekalkes (vergl. Abschnitt II. d. 1.), sowie ein unterm 15. August 1758 abgeschlossener Vertrag wegen Kohlengewinnung zu Gersweiler dürften darauf hindeuten.

Betrieb der Gruben unter dem Fürsten Wilhelm Heinrich. — Um eine „bergmännische Administrierung" der Gruben herbeizuführen, unterstellte Fürst Wilhelm Heinrich die gesamte Kohlengewinnung seines Landes einem besonderen Berginspektor. Als erster derartiger Beamter erscheint 1754 der Alaun- und Steinkohlengruben-Inspektor Jakob Carlin zu Dudweiler*), wenige Jahre später (1757) der Hütten- und Berginspektor Joh. Ludewig Hilzkron. In dem Dekrete des Fürsten vom 9. März 1758, welches den Köllertaler Gemeinden 3 Gruben behufs Gewinnung der erforderlichen Kohlen zum Kalkbrande überweist (vergl. Abschnitt II. d. 1), wird den Gemeinden die Verpflichtung auferlegt, „die Gruben bergmännisch zu tractiren", und soll die Kohlengewinnung unter Aufsicht des „fürstlichen Controlleurs" Woorst und des „Ober-Steigers" Böhler erfolgen**).

*) Er wird nur in der Nassau-Saarbrückenschen Stempelrechnung für 1754 aufgeführt. Ob er, wie Dr. Gurlt („Über den Abbau Grubengas führender Flöze", Dresden 1883, S. 18) annimmt, aus Hessen, und zwar vom Braunkohlenbergbau am Meißner, oder nicht vielmehr nach Sittel („Sammlung der Provinzial-Gesetze", Trier 1843, I. Bd., S. 27) vom Harze herangezogen wurde, lasse ich dahingestellt.

**) Woorst war ursprünglich Hüttenschreiber zu Neunkirchen. Der Ober-Steiger Böhler scheint dagegen von auswärts herangezogen worden zu sein; übrigens wurde im Jahre 1759 von der fürstlichen Kammer auch noch ein „Berg-Steiger" Mathis Böhler für die Gruben zu Dudweiler angenommen.

Der Kontroleur Woorst wurde 1761 zum „Berginspektor" ernannt und hatte seine Amtswohnung im ehemaligen Sudhause zu Dudweiler. Ihm folgte im August 1765 der Berginspektor Engelcke, welcher von auswärts (wahrscheinlich vom Harze) berufen wurde und bis 1784 den Nassau-Saarbrückenschen Steinkohlenbergbau leitete; er bezog zu Ende der Regierung Wilhelm Heinrichs eine jährliche Besoldung von 550 Gulden.

Wie schon erwähnt, gestaltete sich die Kohlengewinnung unmittelbar nach Übernahme der Gruben auf landesherrliche Rechnung zunächst in der Art, daß den Kohlengräbern die „Halbschied" der Förderung als Gräberlohn verblieb und ihnen außerdem das Grubenholz kostenlos aus den herrschaftlichen Wäldern geliefert wurde. Dieses Verhältnis scheint sich jedoch schon sehr bald in eine Reihe von Generalgedingen umgewandelt zu haben, durch welche der Betrieb jeder Grube oder auch mehrerer Gruben zusammen gegen Vereinbarung eines festen Förderpreises für jedes zur Halde gebrachte Fuder Kohlen einem einzelnen Unternehmer überlassen wurde, der dann seinerseits die eigentlichen Gewinnungskosten zu tragen, die Grube instand zu halten und Rechnung über den Kohlenverkauf zu legen hatte. So wird unterm 15. August 1758 mit Jakob Käufer von Ottenhausen ein „Contract" auf 3 Jahre geschlossen, wonach er auf den Gersweiler Gruben die Kohlen brechen und an die Saar liefern soll zum Preise von 1 Gld. 3 Albus für das Fuder, wobei ihm das zur Unterhaltung der Gruben erforderliche Holz frei geliefert wird; auf der Grube im Kohlwalde bei Neunkirchen erhält der „Beständer" 1759 für das Fuder geförderter Kohlen 50 Kreuzer, während er seinerseits die Gräber gedingemäßig nur mit 30 Kreuzern vom Fuder bezahlt.

Aus den betreffenden Unternehmern oder „Beständern", die anfänglich noch als Kohlengräber mitarbeiten, werden von 1760 ab mehr und mehr eigentliche Aufsichtsbeamte, welche der Landesherr als „Steiger" in Eid und Pflicht nehmen läßt, zunächst allerdings noch unter Beibehaltung eines festen Gedinges hinsichtlich der Kohlengewinnung, bis auch diese letztere dann im Verlaufe des nächsten Jahrzehntes nach und nach für unmittelbare landesherrliche Rechnung und die Anstellung der Beamten ausschließlich gegen feste Gehaltsbezüge erfolgt. Beispielsweise gibt der mit Georg Nik. Köhler aus Griesborn als Bergsteiger für die Gruben im Kohlwald — als welcher er unterm 12. Oktober 1764 vereidigt wird — abgeschlossene „Accord" vom 3. Oktober 1764 dem Genannten auf, „wohl Obacht zu haben, dass die Bergarbeiter die Schemel nicht zu weit greifen oder aufheben, damit die Gruben nicht vresch und zu Schaden gehauen werden mögen; dass sie nicht auf den Raub schaffen, sondern starke Festungen stehen lassen, den Berg- oder Kohl-Mooss, was vom Schemel abgängig ist, hinter sich in den Kasten stürzen, damit die Berg darauf ruhen und die Brüche dadurch verhindert werden"; der Steiger hat dann ferner die Zoll- und Steinkohlengelder zu erheben, abzuführen und zu verrechnen, und „für sothane Aufsicht und treu zu leistende Dienste soll ihm von jedem Fuder Steinkohlen zu graben 1 Gulden 5 Albus, jährlich 4 Klafter Brennholz nebst dem Abgang von Grubenholz und dem freyen Steinkohlen-Brandt bezahlet und verabreichet", ihm außerdem aber noch freie Wohnung, Garten und Feld, die Personal-Freiheit und der Wein- und Bierschank zugestanden werden*). Ähnliche „Accorde" bestanden um genannte Zeit außerdem noch mit dem Steiger Käufer zu Ottenhausen für die alten und neuen Gersweiler Gruben, mit dem Steiger Fey (später Naumann) zu Wellesweiler, sowie mit einem Steiger zu Schiffweiler, während für die Dudweiler-Sulzbacher Gruben seit 1759 der Steiger Böhler gegen festen Lohn angestellt war**).

Die eigentlichen Bergleute (Kohlengräber) arbeiteten durchgängig im Kohlengedinge, das ihnen der Regel nach vom Steiger (von dessen Generalgedinge) zu zahlen war; nur auf den Dudweiler Gruben standen sie zum Teil bereits im unmittelbaren herrschaftlichen Dienste***). Die auf den einzelnen Gruben beschäftigte Arbeiterzahl überstieg in der Regel nicht 6 bis 8 Mann, nur auf den größeren Dudweiler und Wellesweiler Gruben erreichte sie zeitweise bis zu 30 Mann. Seit 1765 war für diese größeren Gruben ein gemeinsames Gebet vor Beginn der Frühschicht eingeführt worden, „wozu sich aber die Arbeiter nur schwer haben bequemen wollen". Im Jahre 1766 kamen Conrad Zwalla und Jost Ullrich zu Welles-

---

*) In der Herrschaft Illingen war die Aufsicht über die Kohlengruben dem freiherrlichen „Jäger" übertragen. Nach der Anweisung vom 29. Oktober 1768 sollte er „soviel als möglich nachforschen, ob mit den Kohlgruben wohl verfahren werde", ferner auch bezüglich der in Bestand gegebenen Gruben „Acht geben, dass keine verlassen werde, noch eine neu eröffnet werde, ohne dass es der Herrschaft angemeldet."

**) Durch einen „Accord" vom 3. März 1762 war dem Faktor Caspar Staud und 2 Kohlengräbern von Dudweiler die Eröffnung von 3 Gruben behufs grabens der Kohlen „für die halbe Harzfabrik" gestattet worden, derart, daß die gelieferten Kohlen mit 1 Gld. 4 Albus das Fuder bezahlt werden sollten; schon 1765 wurden indessen die Gruben wieder um 150 Gld. zurückgekauft. Der Fürst scheint den ersten Accord grundsätzlich nicht gebilligt zu haben und erteilte deshalb unterm 4. September 1765 der Kammer in Saarbrücken einen ernstlichen Verweis: „Wir haben vor 10 oder mehr jaaren allen bauern ihre gruben mit grosse kosten abgekaufft, um alle unterschleife abzustellen, und jetzo gebe man wieder nach und nach zurück, was mit vielem gelt und vergliche ist abgestellt worden."

***) Der Schichtlohn betrug 1765 für einen gewöhnlichen Bergmann in der 8stündigen Schicht 10 Albus (20 Kreuzer), für einen Steiger 13 Albus (26 Kreuzer). Im Gedinge wurden höhere Löhne erzielt. Bei einem Probehauen auf einer der Burbacher Gruben berechneten sich die Gewinnungskosten unter Annahme des gewöhnlichen Schichtlohnes von 20 Kreuzern zu nur $26^1/_3$ Kreuzer für das Fuder geförderte Kohlen, während gedingemäßig dafür den Bergleuten bis dahin 40 Kreuzer bezahlt worden waren.

weiler im Namen sämtlicher Kohlengräber beim Fürsten um freien Kohlenbrand, sowie Fron- und Jagd-Freiheit ein. Durch fürstliche Verordnung vom 7. Januar 1767 wurde das erstere zwar abgeschlagen, weil der Fürst Unterschleife befürchtete, dagegen wurde für sämtliche Gruben des Landes den zugezogenen fremden Kohlengräbern die gänzliche Personal-Freiheit gewährt, und den mit Haus und Gütern angesessenen einheimischen der Frondienst bezw. das Frongeld auf die Hälfte ermäßigt. Daß die Bergleute schon damals einen geschlossenen eigenen Stand bildeten, ergibt sich u. a. aus einer Beschreibung der Feierlichkeiten beim Einzuge des neuvermählten Erbprinzen Ludwig in die Stadt Saarbrücken am 4. Dezember 1766, wobei die Belegschaft von Dudweiler eine besondere Rolle spielte.*)

Den technischen Betrieb der Gruben suchte Fürst Wilhelm Heinrich nach Kräften zu verbessern**). Gleichwohl scheint die Kohlengewinnung noch längere Zeit hindurch mehr oder minder die Natur des Raubbaues bewahrt zu haben. Nach einem unterm 5. Juli 1765 erstatteten Gutachten des (Kurtrierschen?) Berginspektors H. Jakobi, welcher auf Veranlassung des Fürsten sämtliche Nassau-Saarbrückenschen Gruben befahren hatte, bestanden diese meist aus je einem „Stollen" (Tagestrecke), welcher auf dem Flöze selbst ansteigend in den Berg hinein getrieben und dann zu einem breiten „Schemel" (eigentlichen Abbauort) ausgelenkt

---

*) „Ohnweit dem Dorf Dutweiler paradirte der Berginspector mit etlich und 50 Bergleuten, unter vortrefflicher Bergmusik und steter Abfeuerung bei 30 Stück grosser Kanonen. Gedachter Berginspector hatte sich und alle seine Leute in neue Berg-Habits gekleidet, davon sein und derer andern Vorsteher ihre von schwarzem Atlass reich mit Gold, die Schurzfelle von schwarzem Sammt mit goldnen Franzen, und die auch schwarzsammtenen Kappen mit silbernen Schildern besetzt waren." — „Abends erschienen die Bergleute in ihrer Tracht mit Lampen und Musik vor dem Schlosse in Saarbrücken." (Aus der betreffenden Festschrift in A. Köllners „Geschichte der Städte Saarbrücken und St. Johann", Saarbrücken 1865, I. Bd., S. 371.) — Beiläufig mag erwähnt sein, daß das Dorf Dudweiler nach den Erhebungen des Regierungsrates Christ. Lex vom Jahre 1756 im ganzen 54 Haushaltungen zählte; es wird dabei bemerkt: „Nur einer der hiesigen Einwohner ist wohlhabend, 17 haben Aecker, die übrigen stehen schlecht."

**) Die Nassau-Saarbrückenschen Akten enthalten vielfache Anregungen des Fürsten nach dieser Richtung hin, beispielsweise auch in einer eigenhändigen Order an die Kammer zu Saarbrücken vom 1. Dezember 1759 das nachstehende: „Wäre es nicht gud, wan man rechten fleis anwendt, das die kohlengruben nicht auf den raub ausgeschafft werden, welches ich doch glaube. Denn Mr. Bodinau (Director der Alaunwerke zu Duttweiler) sucht nuhr die wolfaile arbeiter. Die können nun nicht anders schaffen, als was sie leicht bekommen, also bleibt der kohlen zurück, der müe und arbait zu prechen kost, und werden daturch fiele gruben aufgemacht, fiel bauholss verdorben, und fiele gruben fallen ein, die noch seer fiele kohlen in sich haben, weil man nicht nacharbait in die tiffe."

wurde*); da man es an ordentlicher Verbauung fehlen ließ, und infolgedessen Schemel oder Stollen bald einstürzten, auch häufig die Wetter mangelten, so blieb die Ausdehnung der Baue überall gering, und der größte Teil der aufgeschlossenen Kohle ging verloren, zumal man auch die beim Abbau fallende Kleinkohle in den Gruben zurückließ. Jakobis Verbesserungsvorschläge gipfelten in dem Anraten einer Zusammenziehung des Betriebes durch Einführung söhliger, in der Mitte oder am Fuße der Berge anzusetzender und in einer bestimmten Stunde zu treibender Stollen, von denen aus durch Vorschlagen von Schächten ein „Hauptbau" anzulegen sei. Erst nach und nach hat indessen dieser Ratschlag die gebührende Beachtung gefunden.

Von dem Betriebszustande der einzelnen Gruben gibt ein gemeinschaftlicher Befahrungsbericht des gedachten Berginspektors Jakobi und des fürstlichen Berginspektors Engelcke vom 13. April 1766 ein nicht gerade sehr glänzendes Bild. Danach waren um diese Zeit an Gruben überhaupt in Betrieb: bei Schwalbach (schlechte, kostspielige Förderung, ein tieferer Stollen nicht mehr anzubringen, und daher Fortbau mit Schächten vorgeschlagen), Stangenmühle (am Fuße des Berges vom Müller Kohle erschürft), Clarenthal (Stollen verbrochen), Gersweiler (mehrere Stollen), Rußhütte (Besoldungsgrube, Herrengrube, Rußhütter Grube)**), Jägersfreude (Plattiner Grube), Friedrichsthal (2 Glashütten-Gruben), Schiffweiler (3 Gruben), Wellesweiler (mehrere Gruben, „statt der Schemel-Arbeit läßt sich der Stroßenbau gut anbringen"), Neunkirchen (des Hüttenbeständers von Stockum Kohlengrube neu angefangen), Dudweiler-Sulzbach (13 Gruben, von denen vorgeschlagen wird, die meisten einzustellen und

*) Jakobi sagt in dem erwähnten Gutachten: „Die meisten Gruben sind auf dem Ausgehenden der Flöze durch Stollen angelegt und mit einem Fallen auf dem Streichen der Kohlen aufgefahren, welches sonst nicht gebräuchlich, sondern es muss ein Stollenbau söhlig aufgefahren werden." Es könnte hiernach scheinen, als ob der Betrieb einfallend geführt worden sei, indessen wird an anderen Stellen des Gutachtens, sowie in dem späteren Berichte vom 13. April 1766 der Betrieb ausdrücklich ein ansteigender genannt und statt dessen auch ein „Strossenbau" empfohlen, namentlich aber heißt es bei der Plattiner (Jägersfreuder) Grube: „nur der Fehler (ist) darinnen, wie bei allen Gruben, nämlich dass solche nicht söhlig auf dem Streichen, sondern auf dem Steigen mit der Haupt-Feldstrecke in die Höhe gebrochen und ausgelenkt worden." — Bezüglich der „Glashütter Kohlengruben" bei Friedrichsthal wird in dem Berichte vom 13. April 1766 sehr bezeichnend für die Art des Betriebes bemerkt: „Die kleinen Kohlen, welche größer als Hühnereier sind, bleiben sämtlich in den Gruben liegen, alle Stösse und aller Anbruch von Kohle sind versetzt, keine Strecke ist mit hinlänglichem Holz versehen, sondern es wird mit den Kohlen in den Gruben umgegangen, als ob solche nichmahlen kein Ende nehmen könnte, welches alles wider eine bergordnungsmässige Haushaltung läuft."

**) In dieser Grube war 1759 Grubenbrand ausgebrochen, der erst nach mehrtägiger harter Arbeit gedämpft werden konnte.

dann die anderen unter Anwendung von Stroßenbau, Hundegestängen usw. stärker zu betreiben), endlich die Gruben in der Burbach (3 Stollen). Nur wenige aller dieser Gruben werden als in bauhaftem oder gutem Stande befindlich, die Mehrzahl dagegen als schlecht verbaut bezeichnet und dabei getadelt, daß „die Kohlen alle vorne am Tage weggenommen werden, anstatt aus dem Felde zu fördern"; als den Anfang einer besseren Bauart führt der Bericht unter den Gruben von Dudweiler die neue Kohlengrube bei der zweiten Alaunhütte über der Straße (auf dem „Landgruber" Kohlenflöz) an, die „eine Hauptgrube gibt", d. h. also wohl, daß man hier zum erstenmal durch einen tieferen Stollen querschlägig die Flöze aufzuschließen begann.

In hervorragender Weise waren die Bestrebungen des Fürsten Wilhelm Heinrich auf die Hebung des Kohlenabsatzes gerichtet. Hatten schon während der 1750er Jahre die infolge des Handels mit „Holländer Holz" rasch steigenden Holzpreise in den der Saar benachbarten Landesteilen mehr und mehr eine Einbürgerung der Steinkohle beim Hausbrande herbeigeführt, so suchte ihr der Fürst auch in den weiter abgelegenen Gebieten allgemeineren Eingang zu verschaffen. Von kulturgeschichtlicher Bedeutung ist die Anweisung: „Welcher Gestalt die Steinkohlen zur Erwärmung der Stuben und Behältnusse füglich und nützlich angewendet werden können", vom 9. Juli 1765, die er durch Vermittelung der Oberämter den Mayern (Ortsvorstehern) und Geistlichen des Landes zugehen ließ, um sie ihrerseits den Lehrern und Pfarrkindern bekannt zu machen und näher zu erklären*). Den gleichen Zweck einer möglichsten Er-

---

*) Die Anweisung lautet folgendermaßen:

„Man nehme ein hölzernes oder ander Gefäss, um die Kohlen vor dem Ofen damit aufzubehalten, und die nach und nach aufgehende Quantität darnach abzumessen, zugleich aber auch die Proportion der Wärme daraus ausfindig zu machen. In dem eisernen Ofen, worzu die runden die tauglichsten in Ansehung des Rauches sind, lasse man einen Rost setzen. Auf diesen Rost lege man die Kohlen, nach Proportion des Ofens und der zu verlangenden Hitze, ordentlich übereinander; zünde die Kohlen mit klein geschnittenem Holtz unter dem Rost an, und wenn solche in Brand sind, werden die Holtzkohlen mit dem noch nicht verbrannten kleinen Holtz unter dem Rost mittelst eines eisernen Hakens herausgezogen. Wenn nun die Steinkohlen zu brennen aufgehört haben, und eine helle Kohle ausmachen, so werden die des Morgens aus dem Ofen genommenen kleinen Steinkohlen und Asche mit Wasser zu einem Teig gemacht, und man schlägt diesen Teig vornen auf den Rost und über die halbe Gluth der Steinkohlen im Ofen. Damit aber die Steinkohlen unter diesem Teig nicht ersticken, so muß man mit einem Stock eines Daumens dicks 4 bis 5 Löcher unterhalb des Rostes durch den Teig stoßen, und des folgenden Morgens bei abermaligem Einhitzen den ausgedörrten Teig sammt der vorräthigen Asche und todten Kohlen aus dem Ofen nehmen, und daraus, wie vorhin beschrieben worden, einen Teig formiren, wenn man vorhero die starke todte Steinkohlen davon abgesondert und anhöhung des Steinkohlenverbrauchs im Inlande verfolgten die Bemühungen, bei den bestehenden Kleingewerben, sowie den Ziegeleien, Glashütten, der Alaundarstellung und selbst bei der Eisenindustrie ausschließliche Feuerung mit Steinkohle einzuführen*). Daneben wurden nicht nur diese Gewerbe erheblich erweitert, sondern auch neue Fabriken und Gewerbe aller Art ins Leben gerufen; unter letzteren dürfte hier besonders die Gewinnung von Ruß, Harz, Teer und mineralischen Ölen nebst dem „Auslaugen" der Steinkohle als dem Anfange der mit der Zeit für den Saarbrücker Bergbau so ungemein wichtig gewordenen Koksbereitung hervorzuheben sein.

Der Kohlenabsatz ins Ausland erstreckte sich gegen Ende der Regierung des Fürsten Wilhelm Heinrich einerseits bereits tief in das lothringensche und französische Gebiet hinein, andererseits nach dem Elsaß und der Pfalz bis zum Rheine hin, ja sogar über diesen hinaus bis nach Frankfurt a. M. und Hanau. Die Verfrachtung erfolgte überwiegend zu Lande, jedoch gingen auch nicht unbeträchtliche Mengen zu Schiffe saar- und moselabwärts und zum Teil selbst noch weiter rheinaufwärts.

Sehr lebhaft gestaltete sich die Kohlenausfuhr in die Pfalz von den Gruben Kohlwald und Wellesweiler aus. Beispielsweise bezog aus letzterer Grube der Stadtrat von Zweibrücken zu städtischen Zwecken 1764 eine vertragsmäßige Menge von 2000 Ztr. und sodann noch weitere 5000 Ztr., im ganzen also 7000 Ztr. Kohlen. Auch die pfalzgräfliche Hofhaltung zu Zweibrücken war noch immer einer der bedeutendsten Kohlenabnehmer für Wellesweiler; die auf grund des alten Vertrages vom 12. Januar 1549 (vergl. oben III. a. 1) an sie zu liefernden Steinkohlen, in Verbindung mit den Pfalz-Zweibrückerseits erhobenen Kohlenzöllen, blieben indessen nach wie vor der Gegenstand fast ununterbrochener Streitigkeiten und Verhandlungen, welche schließlich durch einen zwischen dem Fürsten Wilhelm Heinrich und dem Pfalzgrafen Christian geschlossenen Vergleich vom 21./25. November 1766 dahin führten, dass der gedachte Vertrag von 1549 endgültig aufgehoben wurde, dagegen Nassau-Saarbrücken sich verpflichtete, künftighin jährlich 80 Fuder (2400 Ztr.) Steinkohlen aus den

---

gefeuchtet wieder zum Brand aufgelegt hat. Wobey nur beachtet werden muss, dass man die Steinkohle nicht zu nahe an den eisernen Ofen lege, sondern wenn sie wieder darwider liegen, mit einem Hacken einen Daumen breit zurückziehe. Auf diese Art kann man successive den ganzen Steinkohlen Vorrath zu nichts reduciren und mit wenigem Vorrath den Brandt während des Winters sich verschaffen, wenn anderst das Gesind accurat hierbei verfähret."

*) Nach Buc' Hoz, „Vallerius Lotharingiae" (Nancy 1768), hatte man in den 1760er Jahren auf den lothringischen Salinen die Steinkohle der lothringischen Grube bei Griesborn „versuchen wollen, hatte das Project aber wieder aufgegeben".

Wellesweiler Gruben kostenfrei an Pfalz-Zweibrücken zu verabfolgen*), was auch regelmäßig bis zum Ende der Nassau-Saarbrückenschen Herrschaft geschehen ist. — Im Jahre 1767 scheinen die bei Moschel-

*) Die Urschrift dieses Vergleiches, allerdings nur einseitig vom Pfalzgrafen Christian vollzogen, befindet sich im Staats-Archive zu Coblenz und lautet, wie folgt:

Nachdeme zwischen denen beyderseitigen Hochfürstlichen Häusern, Pfaltz-Zweybrücken und Nassau-Saarbrücken, in Betreff der von Pfaltz-Zweybrücken, in Gefolg eines unterm 12. Januarii *1549* zwischen weyland Herrn Grafen Philippen zu Saarbrücken, und Herrn Pfaltzgraf Wolffgang p. m. getroffenen Vertrags, um den in solchen Vergleich stipulirten Preiss, an Nassau-Saarbrücken verlangter Verabfolgung derer, zum Pfaltz-Zweybrückischen Hoffstaat benöthigter Steinkohlen, zu Sultzbach oder andern Orten der Grafschafft Saarbrücken, einige Differenz entstanden, fort, auf gepflogene desfallsige Correspondenz, von beyderseits Fürstlichen Regierungen, zu Treffung einer gütlichen Auskunft, Commissarios zu ernennen beliebet worden und dann, durch dieses Mittel, so wol, vermög des zu Zweybrücken unterm 21 ten Decembris 1765 errichteten Conferenz-Protocolli, als auch hiernächst, zwischen beyderseitigen Commissariis, fortgesetzter Correspondenz, der gesuchte Endzweck, einer gütlichen Vereinigung, endlich erreichet worden ist: So haben sich die obgedachte beyde Hochfürstliche Transigenten, der auch erwehnten Zwistigkeit halber, dahin würcklich vereinbaret, dass

1mo das Hochfürstlich Pfaltz-Zweybrückische Hauss auf alle ihme aus dem Eingangs angezogenen Vergleich und Revers d. d. 12 ten Januarii *1549* zukommen mögende Forderungen und Gerechtsamen, tam pro praeterito, quam futuro, dergestalt renunciiret, dass dagegen

2do das Hochfürstliche Hauss Nassau-Saarbrücken, jährlich, und zu ewigen Zeiten, achtzig Fuder Steinkohlen, jedes Fuder zu dreyssig Centnern gerechnet, von denen Wellesweiler Gruben, ohne einige Abgabe und Bezahlung, ausgenommen das etwaige Weeg Geld, an Pfaltz-Zweibrücken verabfolgen lasse, doch so, dass, wann von wegen dieses hohen Hauses, sothane Steinkohlen innerhalb dem Lauf eines jeden Jahres, nicht abgeholet würden, solche als geliefert angesehen, und in denen folgenden Jahren nicht mehr sollen nachgefordert werden können, auch

3tio wann auf dem Wellesweiler Bann, über kurtz oder lang, die Kohl Gruben nicht mehr betrieben werden, oder die Kohlen ausgehen sollten, die kaum besagte Ablieferung derer jährlichen achtzig Fudern, von denen, der Zweybrückischen Grentze am nächsten und schicklichsten gelegenen, Gruben eines andern Ortes der Grafschafft Saarbrücken, geschehe. Wobey jedoch Nassau-Saarbrückischer Seits ausdrücklich vorbehalten und Pfaltz-Zweybrückischer Seits genehmigt wird, dass

4to der Terminus a quo dieser verglichenen Steinkohlen Lieferung, das Datum des gegenwärtigen Transactions Instrumenti seyn, auch dieses nicht nur

5to gäntzlich aufgehoben und cassiret, sondern auch das Fürstliche Hauss Pfaltz-Zweybrücken verbunden seyn soll, die, in dessen Gefolg, etwa schon empfangene Steinkohlen, der Billigkeit nach, zu vergüten, sobalden, ex Instrumentis noviter repertis, wovon man, bey Schliesung des gegenwärtigen Vergleichs, Nassau-Saarbrückischer Seits, keine Wissenschafft gehabt hat, solte dargethan werden können, dass das Fürstliche Hauss Pfaltz-Zweybrücken, wegen seiner in dem mehr angezogenen Vergleich und Revers vom 12 ten Januarii 1549 dermalen fundirten praetension, bereits abgefunden worden seye.

Urkundlich beyder transigirender höchster Theilen eigenhändiger Unterschrifften und beygedruckter Siegeln. So geschehen Zweybrücken den 25 ten und Saarbrücken den 21 ten Novembris, 1766.

(L. S.) Christian, Pfaltzgraf.

Landsberg und Spiesheim in der pfälzischen Herrschaft Reipoltskirchen neu eröffneten Kohlengruben*) dem Absatze der Wellesweiler Kohle vorübergehend starken Eintrag getan zu haben, so dass bei der Saarbrückenschen Regierung bereits in Erwägung gezogen wurde, in Kaiserslautern eine große Niederlage von Wellesweiler Kohle anzulegen, „damit der Bezug nach den Gegenden von Alzey, Worms, Mannheim und Speyer, wo das Holz am raresten und die mehreste Steinkohlen consumirt werden, erleichtert werde, da die Fuhrleute von dort aus nur 2 Tage, von Wellesweiler aber 4 bis 5 und mehr Tage unterwegs zu sein pflegen".

Nach der Beschaffenheit der Kohle unterschied man beim Absatz dreierlei Sorten:

1. „geblümte Kohlen, welche allerhand Farben zeigen und für die Schmidt und übrige Feuerwerker am besten zu gebrauchen";
2. „ganz schwarze Pechkohlen, aus welchen vorzüglich Russ, Hartz und Pech fabricirt und gezogen werden kann, auch zum Ofenbrand gebraucht werden können";
3. „gemeine Steinkohlen, welche viel Erde mit sich führen und trocken sind, so daß solche zu Siedung des Salzes, Alaunes und anderer Dinge sowohl, als auch zum Ofenbrand dienlich sind."

Der Zentner „geblümte Kohle" (1. Sorte) wurde im Jahre 1765 auf der Grube zu 7 Kreuzern, die „schwarze Pechkohle" (2. Sorte) zu 6 Kreuzern und die „magere Erdkohle" (3. Sorte) zu 5 Kreuzern verkauft, wozu dann noch das „Ladegeld" von 1 Batzen (4 Kreuzer) für das Fuder und beim Landabsatz meist auch ein „Weggeld" (in die Landkasse) mit 2 Kreuzern von jeder Fuhre hinzukam. Beim „Magazin" an der Kohlwage galten für die dort hauptsächlich verschifften Dudweiler Kohlen erhöhte Preise von 10 bis 12 Kreuzern, während andererseits die Gruskohle zum Kalkbrennen nach der Taxe vom 30. September 1767 von den Gemeinden mit 2 bis 3 Kreuzern bezahlt wurde. Dem gegenüber werden für das Jahr 1767 die durchschnittlichen „Bergkosten" der Gruben zu Dudweiler auf 22 Albus 4 Pf. für das Fuder, also rund $1^1/_2$ Kreuzer für den Zentner, angegeben.

Für den Absatz ins Ausland waren zeitweise mit einzelnen Kaufleuten besondere Verträge geschlossen, so mit dem Kaufmann Röchling zu Saar-

---

*) Nach Chr. Fr. Habel (in P. E. Klipsteins „Mineralogischen Briefen", Gießen 1779, I. Bd., S. 160 bis 166) wurde daselbst ein Steinkohlenflöz von 10 bis 12 Zoll Stärke bei Krummhölzerarbeit gebaut, und wurden jährlich gegen 10 000 Ztr. Steinkohle gefördert, deren Absatz man anfänglich dadurch zu erzwingen suchte, daß jeder Untertan jährlich 2 Fuder, also 60 Ztr., von dort entnehmen mußte.

brücken für den Schiffsabsatz saarabwärts, mit de Ferdinand und Beer für den Absatz nach Lothringen und Frankreich, mit von Luder für denjenigen nach der Pfalz usw.*).

Nachstehende Zusammenstellung (s. folgende Seite) gibt eine Übersicht des Absatzes der einzelnen Kohlengruben nebst dem daraus erzielten Gelderlös für die Jahre 1767 und 1768.

Der Gesamtabsatz war hiernach im Jahre 1768 bereits auf 12 728 Fuder (etwa 380 000 Ztr.) gestiegen, hatte sich also seit Einziehung der Gruben innerhalb 17 Jahren auf reichlich das Fünffache der vorherigen Jahresförderung erhoben.

Der Grubenbetrieb unter dem letzten Fürsten Ludwig (1768 bis 1793). — Mit dem Fürsten Wilhelm Heinrich verlor der Saarbrücker Steinkohlenbergbau die leitende starke Hand, die ihn zuerst in geregelte Bahnen geführt und ihm die Grundlage zu weiterer Entwicklung geschaffen hatte. Unter dem nachfolgenden Fürsten Ludwig war diese Entwicklung zunächst vielfach durch äußere Schwierigkeiten gehemmt, die einen kräftigeren Aufschwung des Betriebes erst in den 1780er Jahren aufkommen ließen. Die nicht unbeträchtliche Schuldenlast, welche Fürst Wilhelm Heinrich hinterließ, hatte schon bald nach seinem Tode Veranlassung gegeben, daß die Verwaltung des Landes einer kaiserlichen Subdelegations-Kommission (Präsident von Kruse) unterstellt wurde und nach allen Seiten hin die Ausgaben möglichst eingeschränkt wurden. Infolgedessen kamen vorerst fast sämtliche gewerbliche Unternehmungen Wilhelm Heinrichs — zum Teil in ihrer hoffnungsvollsten Entwicklung entweder völlig zum Erliegen, oder wurden an Private verpachtet. Der Steinkohlenbergbau entging dem gleichen Schicksale nur dadurch, daß seine Ertragsfähigkeit nach dem Ergebnis der letzten Jahre außer Zweifel stand und mit Sicherheit für die Folge noch höhere Einnahmen erwarten ließ.

Wie zwei eingehende Befahrungsberichte des fürstlichen Kanzlei-Direktors (Kammerrates) Kremer vom 16. September und 31. Oktober 1769 ergeben, standen um diese Zeit innerhalb der Saarbrücker Lande in Betrieb: herrschaftliche Gruben zu Clarenthal, Stangenmühle (Gehlenbacher Mühle),

*) Hin und wieder scheinen auch höhere fürstliche Beamte zur Beförderung des Kohlenabsatzes Reisen unternommen und dabei mit einzelnen Abnehmern Kohlenverkäufe abgeschlossen zu haben. Beispielsweise findet sich in einer Abrechnung mit dem Präsidenten von Günderode aus dem Juni 1764 aufgeführt:

| | | | |
|---|---|---|---|
| „hat derselbe von denen zu Frankfurth verkaufften letzten Kohlen von denen Banquiers Goll & Söhne empfangen . . . . . . . . . . . . . . . . | 451 Fl. | 28 Alb. | 4 Pf., |
| „für andere 100 Ctr., so selbiger selbst verkauft . . | 86 „ | 20 „ | — „ |
| „noch vor 50 Ctr. an Banquier Frank . . . . . . | 57 „ | 6 „ | 4 „." |

| Lfde. No. | Gruben | 1767 Kohlenmenge Fuder | Ztr. | Gelderlös (einschl. Ladegeld) Fl. | Alb. | Pf. | 1768 Kohlenmenge Fuder | Ztr. | Gelderlös (einschl. Ladegeld) Fl. | Alb. | Pf. |
|---|---|---|---|---|---|---|---|---|---|---|---|
| 1. | Dudweiler-Sulzbach: | | | | | | | | | | |
| | auf den Gruben verkauft | 2 219 | 15 | 6 866 | 16 | 7 | 3 141 | 5 | 9 518 | 16 | 5 |
| | aus dem Magazin (Kohlwage) verkauft . . . . | 153 | 2 | 837 | 9 | — | 376 | 9 | 2 119 | 24 | — |
| | desgl. an Kaufmann Röchling . . . . . . . . | 1 636 | 10 | 9 217 | 20 | — | — | — | — | — | — |
| | Besoldungskohlen und zu Versuchen für die Rußfabrik . . . . . . . | 59 | 24 | 209 | 18 | — | 750 | 26 | 1 033 | 26 | 4 |
| 2. | Burbach: | | | | | | | | | | |
| | auf der Grube verkauft . | 155 | 23 | 229 | 22 | — | 229 | 25 | 275 | 26 | 5 |
| | aus dem Magazin (Kohlwage) . . . . . . . | 143 | 11 | 358 | 12 | 4 | 123 | 22 | 299 | 13 | — |
| | an die Herrschaft . . . | 21 | 1 | 53 | 12 | 4 | — | — | — | — | — |
| 3. | Wellesweiler und Kohlwald: | | | | | | | | | | |
| | allgemeiner Verkauf . . | | | | | | 2 454 | 2 | 7 363 | 25 | 2 |
| | an die Zweibrücken'sche Herrschaft und Herrn von Luder . . . . . | 2 291 | 2 | 6 873 | 6 | — | 900 | 23 | 2 702 | 9 | — |
| | Besoldungskohlen . . . | — | — | — | — | — | 18 | 3 | 54 | 9 | — |
| 4. | Louisenthal (Großwald): | | | | | | | | | | |
| | allgemeiner Verkauf . . | 358 | 16 | 697 | 5 | 6 | 1 026 | 17 | 1 870 | 17 | 7 |
| | an Mr. de Ferdinand und Beer . . . . . . . . | 527 | 15 | 1 012 | 27 | 4 | 1 162 | 19 | 2 131 | 9 | — |
| 5. | Schwalbach u. Derlen: | | | | | | | | | | |
| | verkauft . . . . . . . . | 817 | 26 | 1 684 | 22 | 2 | 906 | 10 | 1 817 | 14 | 2 |
| | Besoldungskohlen . . . | 23 | 27 | 61 | 6 | — | 8 | — | 14 | 20 | — |
| 6. | Gersweiler: | | | | | | | | | | |
| | verkauft . . . . . . . . | 122 | 18 | 272 | 7 | 4 | 180 | 8 | 402 | 14 | — |
| 7. | Clarenthal: | | | | | | | | | | |
| | verkauft . . . . . . . | 56 | 9 | 143 | 26 | — | 47 | 20 | 115 | 28 | 6 |
| 8. | Stangenmühl: | | | | | | | | | | |
| | verkauft . . . . . . . | — | — | — | — | — | 115 | 29 | 231 | 28 | — |
| 9. | Platinhammer (Jägersfreude): | | | | | | | | | | |
| | verkauft . . . . . . . . | 141 | 23 | 355 | 15 | — | 158 | 25 | 298 | 27 | 7 |
| | Besoldungskohlen . . . | 15 | 16 | 38 | 25 | — | — | — | — | — | — |
| 10. | Rußhütte: | | | | | | | | | | |
| | verkauft . . . . . . . . | 20 | 2 | 45 | 17 | — | 83 | 16 | 129 | 5 | 7 |
| | Besoldungskohlen und an die Rußfabrik . . . . | 146 | — | 219 | — | — | 140 | — | 350 | — | — |
| 11. | Schiffweiler: | | | | | | | | | | |
| | verkauft . . . . . . . . | 417 | 28 | 1 012 | 13 | 2 | 647 | 10 | 1 510 | 26 | 4 |
| | Besoldungkohlen und an die Porzellanfabrik in Ottweiler . . . . . . | 200 | — | 500 | — | — | 256 | 10 | 640 | 25 | — |
| | Zusammen | 9 527 | 28 | 30 689 | 12 | 1 | 12 728 | 4 | 32 882 | 7 | 1 |
| | Davon ab: Ausgaben | | | 11 558 | 26 | 2 | | | 10 731 | 5 | 2 |
| | Bleibt „Profit“ | | | 19 130 | 15 | 7 | | | 22 151 | 1 | 7 |

Gersweiler, Derlen, Schwalbach (unmittelbar an der lothringischen Grenze)*), im Großwalde bei Louisenthal**), in der Burbach („eine gute Stunde von Burbach im Wald in einem Tal, innerhalb des Wildzauns"), zu Rußhütte, Dudweiler, Wellesweiler und Kohlwald, sodann noch einige „Bauerngruben" bei Uchtelfangen und Exweiler, sowie endlich die Glashütten-Gruben zu Friedrichsthal und die Eisenwerks-Grube zu Neunkirchen. In den nächstfolgenden Jahren traten noch die Gruben im Bauernwald, zu Reisweiler, Wahlschied, Geislautern und Platinhammer (Jägersfreude) hinzu, während die „Bauerngruben" eingezogen wurden und bis 1773 sämtlich beseitigt waren.

Über den Umfang der Gruben im einzelnen gibt die nachstehende Zusammenstellung der im Jahre 1773 bebauten „Stollen" und beschäftigten Arbeiter (Bericht des Berginspektors Engelcke vom 3. Mai 1773) näheren Aufschluß. Es wurden betrieben:

| | | | | | |
|---|---|---|---|---|---|
| zu Dudweiler-Sulzbach . . . | 13 | Stollen | mit | 29 | Arbeitern, |
| „ Platinhammer . . . . . | 1 | „ | „ | 2 | „ |
| „ Rußhütte . . . . . . . | 2 | „ | „ | 10 | „ |
| im Großwald . . . . . . . | 3 | „ | „ | 4 | „ |
| „ Bauernwald . . . . . . | 1 | „ | „ | 2 | „ |
| zu Schwalbach . . . . . . | 2 | „ | „ | 6 | „ |
| „ Derlen . . . . . . . . | 1 | „ | „ | 2 | „ |
| „ Burbach . . . . . . . | 1 | „ | „ | 2 | „ |
| „ Reisweiler . . . . . . | 2 | „ | „ | 4 | „ |
| „ Wahlschied . . . . . . | 1 | „ | „ | 4 | „ |
| „ Gersweiler . . . . . . | 3 | „ | „ | 14 | „ |
| „ Stangenmühle . . . . . | 1 | „ | „ | 3 | „ |
| „ Clarenthal . . . . . . | 1 | „ | „ | 2 | „ |
| „ Geislautern . . . . . . | 2 | „ | „ | 7 | „ |
| „ Wellesweiler . . . . . . | 4 | „ | „ | 32 | „ |
| „ Kohlwald . . . . . . . | 4 | „ | „ | 12 | „ |
| zusammen | 42 | Stollen | mit | 135 | Arbeitern, |
| außerdem: | | | | | |
| die Glashüttengruben zu Friedrichsthal | 2 | „ | „ | 4 | „ |
| die Eisenwerksgrube zu Neunkirchen . | 1 | „ | „ | 2 | „ |
| überhaupt | 45 | Stollen | mit | 141 | Arbeitern. |

*) Auch von lothringischer Seite, bei Griesborn, hatte ein gewisser Bailly aus Saarlouis neu „eingeschlagen", war aber dabei in alte Schwalbacher Baue geraten und daher nach dem lothringer Felde umgekehrt.

**) Bei der Herrschaft Püttlingen werden in dem Berichte von Kremer aufgeführt:

a) auf Völklinger Bann am Grenzbach (Frommersbach) eine alte Grube, die verlassen worden, weil die Kohle in den Berg hineinfiel und das Wasser den Bau hinderte;

Die Gruben zu Clarenthal, Geislautern — diese allerdings nur auf kurze Zeit — und Reisweiler kamen bereits zu Anfang des Jahres 1774 zur Einstellung. Bei der letzteren Grube gaben hierzu mehrere in den benachbarten beiden Herrschaften Labach und Lebach (von Hagensche Seite) neu eröffnete Kohlengewinnungen Veranlassung, welche der Reisweiler Kohle den Absatz fast ganz entzogen hatten, indessen nicht von langem Bestande blieben. — Um der lothringischen Kohlenförderung zu Griesborn besser entgegentreten zu können, ward im nämlichen Jahre 1774 als Ersatz für die erschöpften alten Schwalbacher Gruben eine Grube zu Knausholz angehauen; sie scheint jedoch — in gleicher Weise wie die gedachte Griesborner Grube — schon vor 1779 wieder außer Betrieb gekommen zu sein, wogegen zu Schwalbach im Jahre 1785 eine neue Grube „aufgemacht" wurde. — Zu den bestehenden Glashüttengruben trat 1779 noch eine solche zu Quierschied für die daselbst errichtete Glashütte hinzu, während die einzige vorhandene Eisenwerksgrube bei Neunkirchen (im Weilerbachtale) mit dem Ablauf des von Stockumschen Hüttenwerks-Pachtvertrages im Jahre 1782 einging.

Als die überhaupt bedeutendsten Gruben unter Nassau-Saarbrückenscher Herrschaft sind diejenigen von Wellesweiler*), Dudweiler und Gersweiler zu bezeichnen. Außer ihnen standen nur noch die Gruben zu Rußhütte, Großwald, Wahlschied und Kohlwald von 1774 ab bis zur französischen Besetzung des Landes in ununterbrochener Förderung. Um das Jahr 1790 waren auf diesen sämtlichen Gruben gegen 270 Arbeiter beschäftigt.

Innerhalb der nicht zu Nassau-Saarbrücken gehörigen Teile des Saargebiets wurden während des hier in Rede stehenden Zeitabschnittes neben den bereits erwähnten Gruben von Griesborn, Labach und Lebach noch mehr oder minder regelmäßig betrieben: eine Grube zu Hostenbach im Gebiete der Abtei Wadgassen, die v. Kerpensche Grube zu Illingen und

---

b) jenseits des Grenzbaches, im Püttlingenschen, im sogenannten Großwald mehrere zusammengegangene Gruben, seit langer Zeit nicht mehr betrieben;

c) am Grenzbach weiter hin im Püttlinger Bauernwald 2 Stollen, schon vor 1766 verlassen, neuerdings wieder aufgenommen, aber „von Crichinger Seite gepfändet" und seitdem liegen gelassen; weiter fort der alte Stollen, den Bailly betrieben, aber wegen böser Wetter verlassen hatte, gleichfalls mit einer neuen Strecke wieder aufgenommen, aber dann auch „gepfändet"; unter dieser Strecke der Hauptstollen, der die Wasser abführt.

Wegen dieser Gruben schwebte zwischen der Crichinger Seite und dem Fürsten von Nassau-Saarbrücken ein langwieriger Prozeß, der erst mit dem Ankaufe der Herrschaft Püttlingen im Jahre 1778 seine Endschaft erreicht zu haben scheint.

*) In dem Werke von Guettard & Monnet, *„Atlas et description minéralogique de la France, Paris 1780"* wird die Wellesweiler Grube *„une des plus belles mines de charbon de tout ce pays et peut-être une des plus remarquables du monde"* genannt.

seit 1776 eine Glashüttengrube zu Merchweiler in der Herrschaft Illingen, sowie endlich die von der Leyensche Grube zu St. Ingbert nebst (seit 1784) zwei Gruben der Mariannenthaler Glashütte am Altenwalde in der Herrschaft Blieskastel. —

Bezüglich des technischen Grubenbetriebes stellt der Kremersche Bericht vom 16. September 1769 bereits wesentliche Fortschritte gegen früher fest. Der übliche Abbau mittels schwebend aufgehauener „Schemel" war auf den größeren Gruben mehr und mehr zu einem eigentlichen Örterbau ausgebildet worden, indem man von der im Flöz zu Felde getriebenen Stollen- oder Sohlenstrecke aus statt, wie bisher, nur eines einzigen Schemels, deren allmählich mehrere hintereinander, unter Stehenlassen verlorener Kohlenpfeiler („Bergfestungen") zwischen den einzelnen Schemeln, ansetzte und ausgewann. In vereinzelten Fällen scheint man die Schemel auch einfallend, in anderen streichend (von einem Überhauen aus) betrieben zu haben. Bei gutem Hangenden mochte es dann wohl nahe liegen, die Zwischenpfeiler nur sehr schwach zu nehmen oder überhaupt ganz auf sie zu verzichten und den neuen Schemel unmittelbar neben dem alten aufzuhauen, welchen strebartigen Bau Kremer auf einzelnen Stollen zu Wellesweiler und Dudweiler vorfand: „Schemel ist neben Schemel gesetzt, und sind entweder gar keine Bergfesten stehen gelassen, sondern die Decke nur mit Stempeln unterfangen, oder doch zu schwache Bergfesten; alte Weitungen werden auf Hunderte von Schuhen wahrgenommen, die auf keiner Seite das Auge übersehen kann, wo das Gebirge nur auf Stempeln ruhet." Wegen der großen Gefährlichkeit letzterer Bauweise wurde auf Kremers Vorschlag durch die fürstliche Kammer allgemein angeordnet, daß die Schemel fernerhin bei gutem, festem Dach 3 Lachter*) und bei schlechterem Hangenden höchstens 2 Lachter breit zu treiben, die Bergfesten aber stets 1 Lachter dick zu belassen seien. Es scheint dieser Anordnung jedoch nicht immer Folge geleistet worden zu sein, da 1778 auch Jacobi**) bei Befahrung der Grube Wellesweiler tadelt, daß die Weitungen zu groß und die Pfeiler zu schwach seien, zumal keine ordentliche Untermauerung mit Bergbau stattfinde („sie werfen das unnütze und wilde Gestein blos unordenlich hinter sich"), infolgedessen dann häufig große Brüche

*) 1 Lachter gleich 7 „Nürnberger Schuh".

**) Früher Berginspektor (wahrscheinlich in kurtrierschen Diensten), war Jakobi bereits 1773 kurpfälzischer Bergrat zu Moschel im Zweibrückenschen, dem bekannten, zu damaliger Zeit höchst bedeutenden Gewinnungspunkte von Quecksilbererzen, in dessen Nähe übrigens auch seit 1767 die bereits erwähnte Kohlengewinnung von Moschel-Landsberg umging. Wie unter dem Fürsten Wilhelm Heinrich im Jahre 1765 (vergl. oben), wurde Jakobi auch später wiederholt von der fürstlichen Regierung zu technischen Gutachten und Befahrungen der Saarbrücker Gruben herangezogen. Das Gleiche geschah 1778 und 1779 mit dem fürstlich Nassau-Usingischen Kammerassessor, späteren Hofkammerrat Chr. Friedr. Habel zu Wiesbaden.

entständen. — Die Anwendung der Schießarbeit war um diese Zeit beim Saarbrücker Steinkohlenbergbau noch unbekannt*).

Einzelne Stollenbaue erreichten eine ziemlich bedeutende Ausdehnung. So besaß der auf einer flachen Flözmulde bauende untere Stollen von Wellesweiler 1769 eine Länge von 80 Lachtern, es wurden aus ihm nach rechts und links im ganzen 10 Schemel betrieben, darunter einer von 130 Lachtern Länge; ebenso hatten im Jahre 1775 die verschiedenen Tagestrecken der Grube Gersweiler bereits über 100 Lachter Länge „in den Berg hinein". Wo mehrere Stollen übereinander vorhanden waren, suchte man sie der Wetter wegen durch einzelne Schemel miteinander durchschlägig zu machen, wie dies beispielsweise 1769 bei den 3 Gruben im Kohlwalde geschah. Eigentliche Schlagwetter („entzündliche Schwaden") scheinen übrigens den sämtlichen Stollenbauen der fürstlichen Zeit noch ziemlich fremd geblieben zu sein.

Die Anlage der Stollen selbst zeigt mehr und mehr den Übergang zur querschlägigen Flözlösung bei gleichzeitigem söhligem Stollenbetriebe, an Stelle der seitherigen ansteigenden Tagestrecken. Für die Grube Wellesweiler wurde 1771 ein solcher tiefer Stollen im Bliestale („gegen Wellesweiler zu, unter der Chaussee, gleich der Blies") angesetzt, nach 52 Lachter söhligem Auffahren indessen 1774 vorläufig gestundet und erst 1786 wieder aufgenommen. Auf der Dudweiler Landgrube, deren 14 Fuß mächtiges Flöz (Blücher) am Ausgehenden und teilweise auch in den oberen Bauen in Brand stand, hatte der unter dem Feuer querschlägig vorgetriebene Stollen um das Jahr 1780 eine Länge von 220 Lachtern**); als neuer tiefer Hauptstollen wurde 1784 daselbst der Ludwig-Stollen („die neue Ludwigs-Grube") in der Sohle des Sulzbachtales angehauen.

Obwohl ein eigentlicher Tiefbau noch auf keiner Grube stattfand, war man doch bereits in den 1760er und 1770er Jahren bei Schwalbach und

*) „Ich habe bei einigen hiesigen (Saarbrücker) Bergleuten eine besondere Furcht vor dem ganz derben und festen Gestein bemerkt, weil sie glauben, es müsse alles mit der Keilhauen gewonnen werden. Der große Vorteil, der hierbei durch Schießen kann erhalten werden, ist ihnen unbekannt. Man findet aber doch einige Kohlenarbeiter von fremden Bergwerken, die damit umzugehen wissen." (Chr. Fr. Habel in P. E. Klipsteins „Mineralogischen Briefen", Gießen 1779, 1. Bd., S. 176.)

**) Über diesen Stollen berichtet Chr. Fr. Habel („Beyträge" u. s. w., S. 13): „Dieses (d. i. der Bau des Flözes) geschieht unter dem Feuer her vermöge eines Stollens, der gegenwärtig 212 bis 220 Lachter lang ist, und vier Schemel mit 11 Arbeitern hat, wovon jeder 3 Lachter in die Breite bearbeitet wird, und noch zwey in die Höhe gegen das Feuer, und zwey Schemel nach der Sohle zu, alle von angeführter Breite nebst ihren erforderlichen Kohlenmitteln und Bergfestungen, könnten aufs neue nach Duttweiler zu, so man es nöthig hat, vorgerichtet werden. Nach und nach wird dieses Flötz so in die Teufe getrieben, als ohne Künste und Pumpen oder tiefere Stollen vorzurichten geschehen kann, und wird wenigstens zu etliche 60 Lachter jetzo schon in die Breite gearbeitet. Wenn der jetzige tiefe Stollen nur nachgehauen wird, so kann man in diesem und in jedem der anderen

Griesborn, wo die Oberflächenbeschaffenheit eine tiefere Lösung der Flöze durch Stollen erschwerte, mehrfach mit Unterwerksbauen unter die vorhandenen Stollensohlen niedergegangen, hatte jedoch dabei mit starken Wassern zu kämpfen, was dann auch Veranlassung wurde, die betreffenden Schwalbacher Baue sehr bald wieder einzustellen. Auf der lothringischen Grube Griesborn scheint man dagegen längere Zeit die Wasser mit Handpumpen gehalten*) und zeitweise, etwa um die Mitte der 1770er Jahre, zu diesem Zwecke sogar eine „Feuermaschine" benutzt zu haben. Die zu Metz im *an XII* (1803—1804) herausgegebene amtliche Beschreibung des *Département de la Moselle***) berichtet nämlich von der genannten Grube: *„Les eaux ayant afflué dans les travaux, on a essayé d'opérer l'épuisement par le moyen d'une p o m p e à f e u, il y a environ trente ans; mais la cherté d'une telle machine à cette époque et d'un autre côté le prix modique de la houille dans le voisinage du pays de Saarbruck n'ont pas permis aux exploitans de persister dans leur entreprise. Aujourd'hui la mine est totalement submergée."* Hiernach kann der Saarbrücker Steinkohlenbergbau — mag man nun die *„environ trente ans"* voll oder nicht ganz voll rechnen, also schon das Jahr 1773 oder auch nur 1778 als das Aufstellungsjahr der Maschine bei Griesborn annehmen — jedenfalls für sich die Ehre beanspruchen, d i e e r s t e B e r g w e r k s - D a m p f m a s c h i n e i n n e r h a l b d e r h e u t i g e n G r e n z e n P r e u ß e n s u n d D e u t s c h l a n d s in seinen Diensten gehabt zu haben, wenn sie auch nur kurze Zeit in Betrieb gewesen ist***).

Noch im Jahre 1769 wurden sämtliche Saarbrücker Gruben „auf's gerade Wohl ohne einen Grubenriss gebaut". Auf Kremers Vorschlag ordnete zwar die Rentkammer in gedachtem Jahre an, daß „sämmtliche Gruben zu markscheiden und davon ordentliche Risse anzufertigen" seien — wozu die Instrumente von Straßburg oder Mainz bezogen

---

Flötze einen neuen Schemel nachholen. In 80 bis 100 Jahren hat man keinen tieferen Stollen, wenn anders diese Gruben nach dem einmal festgesetzten Plan behandelt werden, nöthig." — Die hier ausgesprochene hoffnungsvolle Zuversicht sollte sehr bald vernichtet werden, indem schon 1783 der obere Grubenbrand den Bauen des Stollens in bedenklicher Weise nahegerückt war — was auch Veranlassung zu dem neuen Stollenbau wurde — und endlich 1785 in hellen Flammen durchbrach, sodaß die ganze „Landgrube" aufgegeben werden mußte.

*) Ein Bericht des Berginspektors Engelcke vom 3. Mai 1773 hebt die „starken Wasserkösten" der Baillyschen Kohlengewinnung bei Griesborn besonders hervor.

**) Der betreffende berg- und hüttenmännische Teil dieser *„Statistique"* ist von dem damaligen *Ingénieur des mines* des Mosel-Departements *Héron-Villefosse* verfaßt und auch im *„Journal des mines", Vol. XIV, Nr. 80 (Floreal an XI)* veröffentlicht.

***) Eine andere „Feuermaschine" wurde nach dem Berichte eines Zeitgenossen (Friedr. Köllner in Saarbrücken) auf der Kupfererzgrube am Litermont bei Düppenweiler — noch im Bereiche des Saarbrücker Steinkohlenbeckens — im Jahre 1788 aufgestellt. Sie war aus Frankreich dorthin gebracht worden, kam aber infolge der bald ausgebrochenen Revolutionsstürme nicht zum Betriebe.

werden sollten —, die im Spätherbste 1773 hergestellten ersten Grubenbilder (Dudweiler und Wellesweiler) waren indessen derart, daß der zu Rate gezogene Bergrat Jakobi in einem Schreiben vom 7. November 1773 erklärt, davon keinen Gebrauch machen zu können, da sie „keiner Kritik wert" seien: „der Künstler (welcher sie angefertigt) weiss den Compass nicht zu brauchen, er hat sogar dessen Spitze gegen Mittag gezeichnet." Auch unterm 2. Juni 1784 berichtet noch der Hofkammerrat Röchling: „Alle hiesige Bergleuthe sind keine Markscheidter, sondern sie arbeiten den Kohlen nach in den Berg hinein, ohne zu wissen, wo sie mit ihrer Arbeit stecken, und ob sie noch an einen anderen Schemel kommen, oder gar in denselben gerathen, die Unwissenheit und nicht das Verfahren der Berg-Arbeiter ist demnach schuld, dass die Bergveste gar öfters verschwächet, und die Arbeiten zu Bruch gehen müssen; weillen noch kein Markscheidter bey dem Bergamt ist, der denen Arbeiter die Gruben abzieht und solche nach Risse arbeiten lassen kann." Aus Anlaß dieses Berichtes wurde nunmehr der Steiger Keyffer von Gersweiler beauftragt, zunächst in Dudweiler „die Strecken nachzumessen". Regelrechte Grubenrisse scheinen gleichwohl auch damals noch nicht zustande gekommen zu sein.

Förderung, Absatz und Ertrag der landesherrlichen Gruben in der letzten fürstlichen Zeit. — Nach den teilweise noch erhaltenen Bergkassen-Rechnungen und Rechnungsbelägen hatte der herrschaftliche Steinkohlenbergbau der Nassau-Saarbrückenschen Lande für die Jahre 1779 bis 1793 die nachfolgenden Ergebnisse aufzuweisen.

| Jahr | Steinkohlen-Förderung | | Steinkohlen-Verkauf | | Geld-Einnahme*) | | | Geld-Ausgabe | | | Rechnungsmäßiger Überschuss | | |
|---|---|---|---|---|---|---|---|---|---|---|---|---|---|
| | Fuder | Ztr. | Fuder | Ztr. | Gld. | Kr. | Pf. | Gld. | Kr. | Pf. | Gld. | Kr. | Pf. |
| 1779 . . . . | 15 287 | 2 | 14 698 | 6 | 39 475 | 14 | 2 | 19 033 | 24 | 3 | 20 441 | 49 | 3 |
| 1780 . . . . | 17 200 | 27 | 17 945 | 22 | 47 960 | 2 | 3 | 23 744 | 26 | 3 | 24 215 | 36 | — |
| 1781 . . . . | 18 253 | 20 | 16 883 | 20 | 43 109 | 44 | — | 20 672 | 54 | 3 | 21 436 | 49 | 1 |
| 1782 . . . . | 16 042 | 5 | 16 246 | 17 | 44 412 | 25 | 3 | 21 178 | 36 | — | 23 233 | 49 | 3 |
| 1783 . . . . | 17 851 | 26 | 16 501 | 6 | 42 856 | 11 | 2 | 19 970 | 50 | — | 22 885 | 21 | 2 |
| 1784 . . . . | 16 063 | 9 | 16 213 | 6 | 43 448 | 14 | — | 22 740 | 22 | 2 | 20 707 | 51 | 2 |
| 1785 . . . . | 19 174 | — | 18 234 | 23 | 49 556 | 34 | 3 | 22 793 | 27 | 3 | 26 763 | 7 | — |
| 1786 . . . . | 22 808 | 8 | 21 882 | 10 | 59 955 | 31 | 2 | 31 588 | 9 | 1 | 28 367 | 22 | 1 |
| 1787 . . . . | 26 355 | 25 | 22 286 | 3 | 64 029 | 37 | 1 | 33 016 | 57 | 2 | 31 012 | 39 | 3 |
| 1788 . . . . | 26 092 | 28 | 27 956 | 7 | 82 040 | 52 | 1 | 38 080 | 30 | 1 | 43 960 | 22 | — |
| 1789 . . . . | 30 236 | 25 | 28 507 | 11 | 88 300 | 32 | — | 40 599 | 21 | 1 | 47 701 | 10 | 3 |
| 1790 . . . . | 33 810 | 9 | 28 819 | 11 | 86 392 | 13 | — | 45 263 | 28 | — | 41 128 | 45 | — |
| 1791 . . . . | 28 758 | — | 29 610 | 9 | 89 122 | 46 | — | 42 338 | 54 | 3 | 46 783 | 51 | 1 |
| 1792 . . . . | 25 126 | 10 | 24 427 | 8 | 70 965 | 56 | 1 | 36 211 | 59 | 2 | 34 753 | 56 | 3 |
| 1793 (erste Monate) | 11 167 | 4 | 11 416 | 7 | 34 124 | 11 | — | 16 266 | 5 | 3 | 17 858 | 5 | 1 |

*) Einschließlich der Pacht für die Glashüttengruben Friedrichsthal und Quierschied mit 300 Gld. für 1779, sodann von 1780 an mit 575 Gld. und von 1786 ab mit 875 Gld. jährlich.

Vom Jahre 1768 ab, in welchem (vgl. oben) der Kohlenverkauf 12 728 Fuder 9 Ztr. mit einem Gelderlöse von 32 882 Gld. 14 Kr. 1 Pf. betragen hatte, waren mithin Förderung und Absatz der Gruben bis 1779 nicht wesentlich gestiegen. Auch in den nächstfolgenden Jahren zeigen sie nur geringe Fortschritte. Erst von 1785 ab macht sich ein rascheres Steigen bemerklich, welches bei der Förderung im Jahre 1790, beim Absatze im Jahre 1791 den Höhepunkt mit etwa dem Doppelten der Förderung und des Absatzes von 1779 erreicht, um dann allerdings wieder in den nächsten Jahren unter der Ungunst der Zeitverhältnisse einer rückläufigen Bewegung zu folgen.

In welchem Verhältnisse die einzelnen Gruben an der Gesamt-Förderung beteiligt waren, zeigt nachstehende Übersicht:

| Gruben | 1779 | | 1785 | | 1790 | | 1791 | | 1792 | |
|---|---|---|---|---|---|---|---|---|---|---|
| | Fuder | Ztr. | Fuder | Ztr. | Fuder | Ztr. | Fuder | Ztr. | Fuder | Ztr. |
| Dudweiler-Sulzbach . . . . | 3 797 | 21 | 3 012 | 28 | 7 429 | 1 | 5 901 | 2 | 4 650 | 12 |
| Rußhütte . . . . . . . | 776 | 4 | 1 530 | 14 | 2 352 | 10 | 2 911 | 18 | 2 256 | 18 |
| Großwald u. Bauernwald . | 1 751 | 18 | 2 952 | 7 | 2 149 | 27 | 2 235 | 18 | 976 | 20 |
| Schwalbach . . . . . . | — | — | 417 | 2 | 3 280 | 19 | 2 944 | 11 | 3 324 | 2 |
| Derlen . . . . . . . . | 534 | 2 | 143 | 3 | — | — | — | — | — | — |
| Reisweiler . . . . . . . | — | — | 613 | 12 | — | — | — | — | — | — |
| Wahlschied . . . . . . . | 559 | 16 | 494 | 13 | 571 | 19 | 1 323 | 20 | 1 189 | 15 |
| Burbach . . . . . . . . | 27 | — | 2 | 21 | — | — | — | — | — | — |
| Gersweiler . . . . . . . | 1 409 | 10 | 3 453 | 24 | 7 060 | 25 | 4 417 | 14 | 4 427 | 12 |
| Stangenmühle . . . . . . | 276 | 15 | — | — | — | — | — | — | — | — |
| Geislautern . . . . . . | 627 | 15 | 687 | 1 | 1 140 | 5 | 892 | 2 | 805 | 9 |
| Kohlwald . . . . . . . | 1 308 | 26 | 1 274 | 17 | 2 363 | 16 | 2 466 | 6 | 2 324 | — |
| Wellesweiler . . . . . . | 4 218 | 25 | 4 572 | 8 | 7 462 | 7 | 5 665 | 29 | 5 172 | 12 |
| Gesamt-Förderung | 15 287 | 2 | 19 174 | — | 33 810 | 9 | 28 758 | — | 25 126 | 10 |

Als die bei weitem einträglichsten Gruben erscheinen in der letzten fürstlichen Zeit diejenigen zu Wellesweiler, wo um das Jahr 1776 nach J. J. Ferber („Bergmännische Nachrichten“, Mietau 1776, S. 77 bis 78) zeitweise täglich für beinahe 100 Gld. Kohlen verkauft worden sein sollen. Ihnen am nächsten, und in Förderung wie Absatz fast gleich, standen die Gruben zu Dudweiler-Sulzbach, von denen die bereits erwähnte „Landgrube“ zu Anfang der 1780 er Jahre für sich allein gegen 1650 Fuder jährlich förderte.

Um dem Absatz der einheimischen Kohle im Inlande möglichsten Schutz zu gewähren, war bereits unterm 4. April 1768 eine fürstliche Verordnung gegen die Niederlagen auswärtiger Steinkohlen, namentlich aus den benachbarten von Kerpenschen Gruben zu Illingen und Merchweiler, ergangen. Eine Verordnung vom 14. April 1769 verbot überhaupt jegliche Einfuhr fremder Kohle bei 3 Gulden Strafe, welches Verbot demnächst mehrfach erneuert und verschärft wurde, wie denn auch beispielsweise eine fürstliche Entschließung vom 20. Februar 1776 den Verbrauch ausländischer Kohle mit Verlust der Gemeinde-Berechtigungskohlen, eine Verordnung vom 14. Januar 1782 sogar mit Leibesstrafe bedrohte. Auch war den einheimischen Bergarbeitern durch Regierungserlaß vom 27. Juni 1786 aufs strengste verboten, sich außer Landes zum Schürfen auf Steinkohle gebrauchen zu lassen oder auf ausländischen Kohlengruben zu arbeiten.

Nach der Art des Absatzes und den Absatzrichtungen gestaltete sich der Gesamt-Kohlenverkauf in den Jahren 1779 bis 1792, wie folgt:

| Abnehmer | 1779 | | 1785 | | 1790 | | 1791 | | 1792 | |
|---|---|---|---|---|---|---|---|---|---|---|
| | Fuder | Ztr. | Fuder | Ztr. | Fuder | Ztr. | Fuder | Ztr. | Fuder | Zt. |
| Landabsatz „nach dem laufenden Preis“ . . . . . . . . . . . | 6 583 | — | 7 749 | 23 | 4 744 | 13 | 3 179 | 18 | 3 830 | 12 |
| Kalkbrand-, Gemeindebedarfs- u. Bergmanns-Kohlen . . . . . | 2 797 | 21 | 1 566 | 13 | 3 729 | 1 | 3 774 | 25 | 3 216 | 10 |
| Fürstliche Hofhaltung, Forstkasse, Hofpächter, Gestüt, Hospital usw. . . . . . . . . | 663 | 12 | 496 | 1 | 655 | 17 | 629 | 23 | 1 597 | 5 |
| Französische Gesellschaft Le Clerc & Co. für die einheimischen Eisenwerke . . . . | 935 | 8 | 1 671 | 28 | 1 608 | 6 | 1 313 | 27 | 1 466 | 12 |
| Gebr. Gouvy für die Stahlwerke | 191 | 24 | 206 | 9 | 181 | 6 | 210 | 20 | 188 | 22 |
| Glashütten, Porzellan, Alaunfabrik usw. . . . . . . . . . | 928 | 15 | 732 | 4 | 1 252 | — | 1 035 | 29 | 926 | 17 |
| Ausfuhr nach Deutschland (Karcher und Röchling) . . . | — | — | 1 074 | 14 | 11 315 | 25 | 11 717 | 14 | 7 548 | 7 |
| Triersche Schiffer . . . . . . | 991 | 8 | — | — | — | — | — | — | — | — |
| Ausfuhr nach dem Weyerer Hüttenwerke (Kleinschmidt) . | — | — | — | — | 149 | 20 | 150 | — | 141 | — |
| Ausfuhr nach Frankreich (Französische Gesellschaft Le Clerc & Co.) . . . . . . . . . | 1 607 | 8 | 4 737 | 21 | 5 183 | 13 | 7 598 | 3 | 5 512 | 13 |
| Überhaupt | 14 698 | 6 | 18 234 | 23 | 28 819 | 11 | 29 610 | 9 | 24 427 | 8 |

Die „laufenden Preise“ für den Verkauf auf der Grubenhalde (Landabsatz) schwankten bei den einzelnen Gruben je nach der Güte der Kohle und den Absatzverhältnissen zwischen 2 Gld. (Burbach, Reisweiler, Wahlschied) und 4 Gld. (Dudweiler) für das Fuder. Neben dem Kohlenpreise wurde noch auf einigen Gruben ein Ladegeld (der „Ladebatzen“) erhoben, welches für Inländer 4 Kr. (1 Batzen), für Ausländer 8 Kr. (2 Batzen) vom Wagen betrug; erst im Jahre 1785 kam dieses Ladegeld bei Gelegenheit einer allgemeinen Preiserhöhung der Kohlen in Wegfall. Die von 1785 ab nicht wesentlich mehr geänderten laufenden Preise waren im Jahre 1790 für das Fuder (30 Ztr.) auf den einzelnen Gruben die nachstehenden:

| | | | |
|---|---|---|---|
| Dudweiler-Sulzbach . | 4 Gld. | — Kr. | und auf der Kohlwage 5 Gld. 15 Kr. |
| Rußhütte . . . . . | 3 „ | 10 „ | |
| Großwald . . . . . | 2 „ | 30 „ | und im Magazin zu Louisenthal 3 Gld. — Kr. |
| Schwalbach . . . . | 3 „ | — „ | |
| Wahlschied . . . . | 2 „ | 30 „ | |
| Gersweiler . . . . | 3 „ | — „ | |
| Geislautern . . . . | 3 „ | — „ | |
| Kohlwald . . . . . | 3 „ | — „ | |
| Wellesweiler . . . | 3 „ | 30 „ | |

Erheblich niedrigere Preise waren einerseits den einheimischen Hüttenwerken und Fabriken, andererseits für die Kalkbrand-, Gemeindebedarfs- und die Bergmanns-Kohlen zugestanden. So zahlte die französische Gesellschaft Le Clerc, Joly et Comp. (später Carouge des bornes et Comp. zu Paris), welche seit 1776 pachtweise nach und nach die sämtlichen Nassau-Saarbrückenschen Eisenhütten übernommen hatte, für die zum Betriebe dieser Werke und der Rußdarstellung erforderlichen Steinkohlen von Rußhütte, Großwald, Geislautern und Wellesweiler nur 2 Gld. und von Dudweiler 2 Gld. 8 Kr., die Gebr. Gouvy für die von Dudweiler bezogenen Kohlen zum Goffontäner Stahlwerke 1 Gld. 20 Kr. und später 1 Gld. 24 Kr., die Glashütten zu Gersweiler und Schönecken für die Kohle von Gersweiler 2 Gld. 30 Kr., die Sauerenkersche Gesellschaft zum Betriebe der Alaunhütte in Dudweiler 1 Gld. 30 Kr. und der chemischen Fabrik 2 Gld. — Die Kalkbrand-Kohlen wurden seit 1785 durchgängig auf allen Gruben zu 1 Gld. 40 Kr. abgegeben, die Gemeindebedarfs-Kohlen (zum Hausbrande) — welche übrigens als solche 1787 zum ersten Male in den Rechnungen erscheinen, und zwar für die Gemeinde Dudweiler und Sulzbach — zunächst gleichfalls zu 1 Gld. 40 Kr., dann von 1790 ab zu 1 Gld. 44 Kr. für Dudweiler-Sulzbach und zu 2 Gld. für alle übrigen Gemeinden, endlich die seit 1776 bewilligten Bergmanns-Deputatkohlen durchgängig zu 1 Gld. 8 Kr. das Fuder.

Der wesentlichste Anteil an dem Aufschwunge des Kohlenabsatzes während der letzten fürstlichen Zeit entfällt auf den Absatz ins Ausland, der sowohl zu Lande, wie zu Wasser in immer grösserem Umfange sich entwickelte. Zur Saar wurden vorzugsweise Kohlen von Dudweiler, sowie von den Gruben Großwald und Bauernwald verschifft, erstere auf der

Kohlwage bei Saarbrücken, letztere in Louisenthal*), woselbst zu diesem Zwecke gegen Ende der 1760er Jahre ein umzäuntes „Magazin“ errichtet worden war; zeitweise hatten auch die Gersweiler Gruben, von 1773 ab selbst die lothringische Grube zu Griesborn Kohlen zur Saar verfrachtet**). Bei der Kohlwage erreichte die Verschiffung aus dem Magazin im Jahre 1789 schon die Höhe von 2985, 1790 von 2343 und 1791 von 2507 Fuder Kohlen, um dann allerdings für die nächsten Jahre wieder sehr bedeutend herabzugehen. Bei günstigem Wasserstande vermochten große Schiffe 1500 bis 1600 Ztr., mittlere 700 bis 800 Ztr. zu laden, indessen war die Wassertiefe der Saar häufig auch an einzelnen Stellen auf 0,30 und selbst 0,10 m beschränkt, sodaß eine Schiffahrt überhaupt unmöglich wurde. Wie aus dem (weiter unten besprochenen) Vertrage mit Karcher und Gebr. Böcking vom 28. Februar 1789 hervorgeht, erhob übrigens die französische Regierung von allen saarabwärts gehenden Kohlen zu Wallerfangen (unweit Saarlouis) einen Durchfuhrzoll von 3 Livres und mehr auf das Fuder. Zum weiteren Vertriebe der saar- und moselabwärts geführten Kohlen waren nach dem nämlichen Vertrage „Saarbrückische Kohlen-Magazine“ an der Mosel, am Rheine, an Lahn und Main angelegt.

Der Kohlenabsatz in die benachbarten deutschen Staaten erfolgte vor 1789 meist zu laufenden Preisen. In den Rechnungs-Nachweisungen erscheinen bis 1783 nur die an „Triersche Schiffer“ abgesetzten Louisenthaler Kohlen und von da ab bis 1788 etwas größere Mengen (die Höchstzahl mit 1539 Fudern im Jahre 1787) von Louisenthal und Gersweiler unter der Bezeichnung „nach Deutschland“ besonders aufgeführt, während die Hauptmasse des in Rede stehenden Absatzes, einschließlich der betreffenden Verfrachtung aus dem Magazin Kohlwage, unter dem „Landabsatz“ einbegriffen war, der denn auch 1788 die bedeutende Höhe von 11 768 Fudern zeigt, im folgenden Jahre 1789 aber plötzlich auf 6682 Fuder sinkt. In dem letztgedachten Jahre wurde nämlich der bisher jedermann freistehende Kohlenhandel nach Deutschland vertragsmäßig als

*) Dieser Ort (Hof) wurde 1719 auf dem schmalen Landstreifen, welcher den Hauptteil der Herrschaft Püttlingen mit der Saar verband, durch die Gräfin von Crichingen angelegt und nach ihrer Tochter Christiane Louise benannt.

**) Von französischer Seite begann man um das Jahr 1772 sich mit der Schiffahrt auf der Saar zu beschäftigen. Der Fluß wurde eingehend besichtigt und 1782 der Ingenieur Robin beauftragt, Pläne zur Verbesserung des Flußlaufes vorzulegen; 1785 fand eine neue Besichtigung statt, und im folgenden Jahre wandte man 130 000 Frcs. zu Wasserbauten auf. Die Schiffahrt ging damals bis 4 km oberhalb Saarbrücken. Der französische National-Konvent verfügte im Messidor des Jahres III (1794) auf grund einer eingereichten Denkschrift, daß die Saar bis Saar-Union, dann bis Finstingen, schiffbar gemacht werden solle, und zwar so, daß jederzeit ungehindert Schiffahrt betrieben werden könne; die Kosten wurden auf 515 000 Frcs. veranschlagt. (Vergl. H. Pfannenschmidt, Über das Alter der Flößerei im Gebiete des oberen Rheines usw., Colmar 1881, S. 22 bis 23.)

ein ausschließliches Vorrecht an 2 Gesellschaften übertragen, und zwar der Handel zu Wasser an die Kaufleute Heinr. Karcher in Saarbrücken und Gebr. Böcking in Coblenz, derjenige zu Lande an den Kommerzienrat Röchling in Saarbrücken.

Nach dem mit Karcher und Gebr. Böcking auf 12 Jahre, mit dem 1. März 1789 anfangend, abgeschlossenen Vertrage vom 28. Februar 1789 machten sich diese verbindlich, jährlich 4000 Fuder*) Kohlen „in Stücken und Geriess, so wie es gebräuchlich ist", abzunehmen, davon in den 2 ersten Jahren zwei Drittel, nachher nur die Hälfte Dudweiler und Sulzbacher, das Übrige „ordinäre" Steinkohle (aus den Gruben Rußhütte, Burbach, Bauernwald, Gersweiler usw.), und zwar für erstere zum Preise von 4 Gld. 44 Kr. auf der Kohlwage oder 3 Gld. 30 Kr. nebst dem üblichen Ladebatzen auf der Grube (nach freier Wahl), für letztere 3 Gld. 4 Kr. an die Saar geliefert; der Gesellschaft war es gestattet, einen beliebig großen Teil der abzunehmenden Kohlen auch „auszulaugen" (zu verkoken). — Dem gleichfalls im Jahre 1789 zustande gekommenen Vertrage mit dem Kommerzienrat Röchling lag eine jährliche Abnahmemenge von 8450 Fuder Kohlen zugrunde, welche aus den Gruben von Wellesweiler und Kohlwald entnommen werden mußten zum Preise von je 3 Gld. 30 Kr. (seit 1791 auf 4 Gld. erhöht) für erstere und 3 Gld. für letztere; außerdem stand dem Kommerzienrat Röchling der ausschließliche Handel mit „Praschen" und „ausgelaugten Kohlen" zu Lande nach Deutschland zu.

Einen besondern Kohlenlieferungsvertrag hatte von 1788 ab der fürstlich Ysenburg-Biersteinsche Ober-Kammerrat Kleinschmidt zu Offenbach als Direktor des in der Grafschaft Wied-Runkel an der Lahn gelegenen Weyerer Blei-Berg- und Hüttenwerkes mit der Nassau-Saarbrückenschen Regierung auf 9 Jahre vereinbart, wonach dieses Werk jährlich 150 bis 250 Fuder Dudweiler Steinkohlen („jedes Fuder in 20 Ztr. großen Stücken und 10 Ztr. in Brocken und Geriess") zum Preise von 3 Gld. 30 Kr. nebst 4 Kr. Ladegeld für das Fuder zu beziehen hatte, auch diese Kohlen an Ort und Stelle „abschwefeln" oder „auslaugen" lassen durfte; die Verfrachtung erfolgte zu Schiff auf der Kohlwage.

In ähnlicher Weise wie für den Absatz nach den deutschen Landen war bereits unterm 2. Januar 1776 für den Absatz nach Frankreich mit der französischen Gesellschaft Le Clerc, Joly & Co. in Paris**) ein Vertrag geschlossen worden, welcher dieser Gesellschaft den ausschließlichen Handel mit Steinkohlen „in die Königl. Französischen Lande und in die

*) Das Fuder wird genau festgestellt „zu 30 Ztr., der Zentner zu 104 Pfd. hiesig gewöhnlich Hüttengewicht gerechnet"

**) Es ist dies die nämliche „Ferme-Societät", welche im Herbst genannten Jahres die herrschaftlichen Eisenwerke zu Hallberg, Fischbach, Geislautern und 1782 auch dasjenige zu Neunkirchen pachtweise übernahm.

von Saarbrücken der Saar hinauf liegende Teutsche Orte" übertrug. Die Gesellschaft mußte eine Kohlenmenge von 4000 Fudern jährlich abnehmen, zahlte aber dafür durchgängig ermäßigte Preise, so für die Kohle von Dudweiler 3 Gld. (später 3 Gld. 8 Kr. und zuletzt 3 Gld. 20 Kr.), für diejenige von allen übrigen Gruben 2 Gld. 15 Kr. nebst 8 Kr. Ladegeld. Die in den ersten Jahren nicht völlig innegehaltene, aber von 1785 an alljährlich überstiegene Vertragsmenge erreichte ihre größte Höhe im Jahre 1788 mit 8383 Fudern*).

Hauptsächlich den abgeschlossenen Ausfuhrverträgen war es zu danken, daß von dem Gesamtabsatze der landesherrlichen Gruben im Jahre 1790 fast 11 500 Fuder in benachbarte deutsche Staaten und 5 200 Fuder nach Frankreich gingen, während der inländische Verbrauch nur 12 100 Fuder beanspruchte.

Arbeiterverhältnisse. — Schon bald nach dem Jahre 1773 waren die noch für einzelne Gruben, wie Gersweiler, Wahlschied, Clarenthal, Reisweiler, mit besonderen Unternehmern oder Steigern hinsichtlich der Kohlengewinnung abgeschlossenen Generalgedinge („Accorde") völlig beseitigt worden, und erfolgten seitdem die sämtlichen Grubenarbeiten überall für unmittelbare landesherrliche Rechnung. Abbau und Förderung wurden durchgängig nach den geförderten Kohlenmengen, die Aus- und Vorrichtungsarbeiten sowie die Zimmerung nach Streckenlängen oder nach Zahl der Stempel usw. verdungen, wogegen alle Nebenarbeiten unter und über Tage im Schichtlohn stattfanden. Die Gedinge-Arbeiter bildeten sog. „Compagnien", mit welchen allmonatlich abgerechnet wurde. Die hauptsächlichsten Gedinge-Sätze standen um das Jahr 1784 auf den größeren Gruben, wie folgt: für ein Fuder Kohlen 45 Kr. bis 1 Gld., für ein Lachter Strecke in der Kohle 2 Gld. bis 2 Gld. 24 Kr., im Gestein 15 bis 30 Gld., für ein Lachter Streckenzimmerung durchschnittlich 2 Gld., für das Stellen eines ganzen Türstockes 12 bis 30 Kr.; der Schichtlohn in der Grube betrug 22 bis 24 Kr., derjenige über Tage 16 bis 20 Kr. Geleucht und Pulver hatten die Arbeiter selbst zu stellen, doch wurde letzteres zum Preise von 26 bis 28 Kr. für das Pfund von der Bergverwaltung abgegeben; die Beschaffung und Unterhaltung des Gezähes geschah auf Grubenkosten. Das mittlere Jahresverdienst eines Bergmannes erhob sich in der letzten fürstlichen Zeit auf 120 bis 130 Gld., entsprechend — bei Annahme von 300 Arbeitsschichten im Jahre — einem durchschnittlichen Lohne von 24 bis 26 Kr. auf die Schicht. In der Grube dauerte übrigens die Schicht im allgemeinen nur 8, über Tage dagegen 12 Stunden.

---

*) Nach der französischen amtlichen Statistik wird die Gesamt-Einfuhr von Saarkohle *(„Sarrebruck et St. Ingbert")* nach Frankreich für die Jahre 1787 bis 1789 zu 100 000, 120 000 und 100 000 *quint. metr.*, also 7000 bis 8000 Fuder jährlich, angegeben.

Durch Verordnung vom 17. Mai 1769 wurde eine „Bruderbüchse" für die Bergleute sämtlicher landesherrlicher Gruben ins Leben gerufen*). Wenn auch anfänglich ohne feste Verfassung und in der Hauptsache nur auf die Krankenunterstützung beschränkt, ist diese Bruderbüchse doch der Grundstock geworden, aus welchem sich allmählich die Saarbrücker Knappschaftskasse entwickelt hat. An Beiträgen („Büchsengeldern") wurde von jedem in Arbeit stehenden Bergmanne 1 Kr. auf je $1^1/_2$ Gld. Lohnverdienst erhoben, woneben dann auch noch alle Strafgelder in die Büchse flossen. Die Leistungen der letzteren bestanden in freier Kur und Arznei**) nebst einem Krankenlohne von 30 Kr. wöchentlich, ausnahmsweise auch in Unterstützungen bei besonderer Armut. Soweit die Einnahmen der Büchse zur Bestreitung der Ausgaben nicht ausreichten, leistete die fürstliche Kasse den erforderlichen Zuschuß. Nach den vorhandenen Rechnungen hatte die Bruderbüchse in den Jahren 1779 bis 1792 nachstehende Ergebnisse aufzuweisen:

| Einnahmen und Ausgaben | 1779 | | | 1785 | | | 1790 | | | 1791 | | | 1792 | | |
|---|---|---|---|---|---|---|---|---|---|---|---|---|---|---|---|
| | Gld. | Kr. | Pf. | Gld. | Kr. | Pf. | Gld. | Kr. | Pf. | Gld. | Kr. | Pf. | Gld. | Kr. | Pf. |
| A. Einnahmen | | | | | | | | | | | | | | | |
| Beiträge der Bergleute | 164 | 41 | — | 259 | 42 | — | 423 | 20 | 2 | 393 | 8 | 1 | 332 | 10 | 2 |
| Fürstlicher Zuschuß . . | 72 | 37 | — | 39 | 44 | — | 90 | 49 | 2 | 72 | 48 | 3 | 147 | 9 | 2 |
| Se. Einnahmen | 237 | 18 | — | 299 | 26 | — | 514 | 10 | — | 465 | 57 | — | 479 | 20 | — |
| B. Ausgaben | | | | | | | | | | | | | | | |
| Kur- und Arzneikosten | 212 | 32 | — | 258 | 26 | — | 352 | 25 | — | 372 | 31 | — | 342 | 32 | — |
| Krankenlöhne u. Unterstützungen . . . . | 24 | 46 | — | 41 | — | — | 161 | 45 | — | 93 | 26 | — | 136 | 48 | — |
| Se. Ausgaben | 237 | 18 | — | 299 | 26 | — | 514 | 10 | — | 465 | 57 | — | 479 | 20 | — |

*) Bei den Saarbrücker Eisenhütten bestanden derartige „Bruderbüchsen" oder „Bruderladen" schon früher. In dem Vertrage vom 15. August 1758, durch welchen die Fischbacher neue Schmelz, der Scheidter Hammer und der Plattinen-Hammer an die Frau Cath. Loth in St. Ingbert verpachtet werden sollten — der Vertrag ist tatsächlich nicht zur Ausführung gekommen — war beispielsweise vorbehalten worden, daß die Hüttenarbeiter „über entstandtene Zank- und Streithändel, auch wenn ein oder der andere nicht behörig arbeitete, mit einer kleinen Geldt Ahndung ad 1 Fl. und 1 Fl. 15 Albus zu der Bruderladte, wie bey andern Handwerkern gebräuchlich ist, belegt werdten".

**) Von der Büchse wurden in den 1780er Jahren 4 Ärzte und Landchirurgen (2 zu Saarbrücken und je einer zu Ottweiler und Neunkirchen) fest besoldet mit Jahresbeträgen von 20 bis 55 Gld.; die Apotheke zu Saarbrücken erhielt eine Jahres-Bauschsumme von 100, später 120 Gld.

Nachdem unterm 21. Februar 1776 den „Kohlengräbern" von Wahlschied, gleichwie denen von Dudweiler und Wellesweiler, zum Kalkbrande je ein Fuder Kohlen jährlich „um die Förderungskosten" bewilligt worden war, scheint die Gewährung von eigentlichen Deputatkohlen, um welche die Bergleute früher wiederholt, aber vergeblich nachgesucht hatten, bald allgemein geworden zu sein. Sie erfolgte in Mengen von je 15, 20 und 30 Ztr. zu einem die Förderkosten nur wenig übersteigenden Preise (1 Gld. 8 Kr. das Fuder). — Auch die allgemeine bürgerliche Stellung der Bergarbeiter erfuhr in den Jahren 1788 und 1790 durch Gewährung neuer Freiheiten und Berechtigungen eine weitere wesentliche Verbesserung.

Verwaltung und Beamtenverhältnisse. — Die oberste Behörde für den Bergbau der Nassau-Saarbrückenschen Lande bildete die fürstliche Rentkammer zu Saarbrücken, bestehend aus dem Präsidenten, einem Direktor und 4 bis 5 Räten*). Unter ihr standen einerseits der Berginspektor als Leiter des Grubenbetriebes, andererseits der Bergkassierer als Rechnungsführer. Durch fürstlichen Erlaß vom 4. Juni 1784 wurde an Stelle des seit 1765 im Dienst befindlichen Berginspektors Engelcke der bisherige Berg-Secretarius G. W. Knoerzer zum Berginspektor ernannt, zugleich auch insoweit eine Änderung der Geschäftsverhältnisse herbeigeführt, als nunmehr die „Direction und Oberaufsicht über das ganze Bergwesen" dem Kammerrate Röchling zustand. Das Amt eines Bergkassierers hatte von 1772 bis 1783 der frühere Oberförster Joh. Georg Zacharias Appold zu Sulzbach und nach ihm F. Adolf Eberhard daselbst inne.

Dem Berginspektor und Bergkassierer waren die auf den einzelnen Gruben angestellten Bergsteiger (Bergverwalter), Gelderheber und Kontrolleure, sowie die Magazinverwalter unterstellt. Die Steiger (auf den größeren Gruben auch „Bergverwalter" genannt), hatten außer der eigentlichen Grubenaufsicht die Aufstellung der verschiedenen Nachweisungen über Kohlenförderung, Kohlenverkauf, Betriebskosten, Bestände usw. zu besorgen, die Kassen- und Rechnungsbeläge zu bescheinigen und die Krankenscheine der Bergleute auszustellen. Ihre Obliegenheiten wurden durch besondere Anweisungen geregelt, auf deren Befolgung sie vereidigt

*) Die Urkunden der Rentkammer waren gewöhnlich mit folgender Eingangsformel versehen: „Wir zur Fürstlich Nassau-Saarbrückischen Rentkammer gnädigst verordnete Präsident, Direktor und Räthe urkunden und bekennen hiermit, wasmassen mit Serenissimi Hochfürstlicher Durchlaucht gnädigster Approbation und Ratifikation wir . . ." In den 1780er Jahren gehörten der Kammer an: von Hammerer als Präsident, von Fürstenrecht (noch 1782) als Direktor, sodann die Räte Graeser, Röchling (1790 Kammer-Direktor), Bartels, Vogt und Ries. — Die „Fürstliche Regierung" bestand 1775 aus dem Geh. Rat und Präsidenten von Günderode, dem Geh. Rat Lex, dem Kanzlei-Direktor Handel, sowie den Regierungsräten Rolle, von Hämmerer und von Stalburg.

wurden*). Als Gehilfen, namentlich bei der Gedingeschließung und bei der Kohlenverwaltung, waren den Steigern die Kontrolleure beigegeben, welche insbesondere das „Ladebuch“ zu führen und die „Ladescheine“ beim Kohlenverkauf auszustellen hatten, nebenbei aber während ihrer freien Zeit in der Grube mitarbeiteten. Den Gelderhebern lag der Geldempfang

---

*) Als Beispiel einer solchen, zugleich einen näheren Einblick in die Einzelheiten der Grubenverwaltung bietenden Anweisung mag hier diejenige vom 18. April 1787 für den Bergsteiger Adolph Schultz zu Schwalbach ihrem vollen Wortlaute nach mitgeteilt sein:

Instruction,

Wornach sich der zum Bergsteiger bey denen Schwalbacher und Reissweiler Steinkohlen Gruben gnädigst angenommene Adolph Schultz gebührend zu achten hat.

1. Soll derselbe gnädigster Herrschaft treu, hold und gewärtig seyn, deren Bestes in allen Stücken beachten, dagegen für Schaden warnen und selbst keinen thun.

2. Soll er Fürstlr. Rent. Cammer sowohl als seinen übrigen Vorgesetzten behörigen Respect und Gehorsam erzeigen, und dasjenige, so ihm von diesen aufgetragen und vorgeschrieben wird, so willig, als schleunig befolgen. Insbesondere aber

3. hat er die Steinkohlen Gruben bey Schwalbach und Reissweiler unter seine Aufsicht und Besorgung zu nehmen, selbige soviel thunlich durch Landes Unterthanen, in soferne solche dazu geschickt und im Lohn billig sind, auf bergmännische Art bearbeiten, und daraus nach und nach Steinkohlen fördern zu lassen.

4. Soll er genau darauf sehen, daß keine gewonnene Kohlen unter einerley Vorwand von Arbeitern oder sonst jemand veruntreuet, die darin schuldig gefundene aber zu weiterer Untersuchung durch ihn auf frischer That mit Bemerkung aller Umständen, seinen Vorgesetzten angezeigt werden.

5. Hat er den Gruben Bau nach der ihm ertheilt werdenden Vorschrift bergmännisch zu besorgen, alles dazu erforderliche ins Werk zu richten, auch alles durch fleißige Befahrung und Visitation der Gruben als nützlich entdeckende, sowie die ihme in den Gruben oder deren Gegenden vorkommende, und dem Gehalt nach von ihm nicht zu beurtheilende Erze, Gesteine, allerley Erden, oder sonstige Mineralien richtig anzumerken, und dem ihm vorgesetzten Berg Inspectori vorzuzeigen, besonders alle vergebliche Kosten abzuwenden, aller Gefahr und Brüchen in Zeiten vorzubauen, auf die Geschicke, Trümme, Aussreisser, Gegentrümme, und auf das Streichen und Fallen genau Achtung zu geben, solches bergmännisch zu beurtheilen, dergleichen dem ihm vorgesetzten Berg Inspectori genau anzudeuten, damit das nöthige zeitig untersuchet und veranstaltet, und nichts versäumt werde.

6. Soll er genau darauf sehen, dass die Berg Arbeiter die ihnen angewiesene Arbeiten nach der Vorschrifft verrichten, und dahero die Grubenfahrten, Gezimmer, Strecken, Örter, Gesenke, Strasen, Kasten, Schächte, besonders aber die Stollen, wodurch vorjezo die Gruben betrieben werden, fleisig besichtigen, und so oft es nöthig, schlemmen lassen, damit denen Wassern ein ungehinderter Abzug verschaft werde. Wo etwas aus zu wechseln, oder zu Befestigung, und sonst zum Nuzen und Unterhaltung der Gebäude vorzunehmen ist, hat derselbige zu veranstalten, selbst Hand mit anzulegen, und dahin zu trachten, dass die Fahrten, Schächte, Stempel, Kasten, Strecken und alle übrigen Gebäude, in gutem Stand erhalten, auch aller Orten gute Wetter und Wasser Losungen verschaft werden, wie er denn die Förderwege, Licht Schächte und Löcher, wo solche vor nöthig befunden werden, nach erhaltener Vorschrift des Berg Inspectoris mit aller Ueberlegung und Vorsichtigkeit dergestalt mit Holz verzimmern zu lassen hat, wie es die Beschaffen-

für die auf den Gruben verkauften Kohlen und die Abführung des Geldes an den Bergkassierer ob, während endlich Magazinverwalter nur für die beiden Kohlenniederlagen an der Saar (Kohlwage und Louisenthal) bestellt waren und daselbst die ganze Verwaltung sowie Rechnungslegung besorgten.

Als dienstliche Einkünfte bezog der Berginspektor jährlich 575 und

---

heit des Gebürges und die Länge der Zeit, in welcher ein solches Gruben-Gebäude unterhalten werden muss, erfordern; wie er sich denn auch nach solchen Umständen mit der Weite und Länge richten, und den ganzen Bergbau in Ansehung des Absenkens deren Versuch und Feld Oerter, Querschläge ins hangende und liegende, so treiben und vorrichten muss, dass auf Beständigkeit, Vermehrung der Kohlen Förderung und Erspahrung alles unnöthigen Holzes mit Fleiss gedacht, aber keine Gesencke und Oerter und Strecken versezt, verstürzt, oder zugebauet, vielweniger durch übersezte Trümmer, Klüffte, Steinscheidungen und dergleichen verschmieret, verhehlet, oder übergangen werden.

7. Hat er sorgfältig darauf zu sehen, dass bei der Förderung keine kaufwürdige Kohlen auf die Kasten, oder unter Wasser gesezt, oder auch verzettelt, sondern wohl zusammen gehalten, mithin auch die Grube nicht platt gehauen oder vor Stoss getrieben, sondern dahin getrachtet werde, dass alles in richtiger Ordnung unterhalten, die mächtigen mit den geringern Kohlen zu gleich zu Nuzen gebracht, und nichts, als die tauben Schiffer Wenden und Letten, in denen Gruben zurückgelassen, sondern, soviel als möglich, von hangenden und liegenden, die Kohlen rein abgebauet und zu Tage gebracht werden mögen.

8. Hat er weiter darauf zu sehen, dass die in denen Gruben und Stollen in Schichtlohn stehende Arbeiter ihre Schichten richtig abhalten und wenigstens Acht, die übrigen Schichtlöhner aber Zwölf vollige Stunden in der Arbeit bleiben.

9. Wann die Arbeit in der Grube, oder am Tag so beschaffen wäre, dass ein Stück verdungen werden könnte, soll er solche mit Vorwissen des Berg Inspectoris, und mit Zuziehung ein oder zweyer Controleurs, welche dergleichen Arbeit verstehen, nach Billigkeit verdingen und dabei beobachten, dass sowol gnädigster Herrschaft, als auch denen Arbeitern kein Schaden zuwachse.

10. Alles zum Bergbau gehörige Gezäh und Materialien, wie sie dermalen bei denen ihm anvertrauten Gruben vorhanden sind, oder angeschaft werden, als Holz, Bretter, Pulver, Oel, Stahl, Eissen, Pompen Zeug, Fäustel, Setzeissen, Bohrer, Schies Gezäh, Keulhauen, tannen Kiebel, Seile, Haspel, Laufkarren, Hunde, Gestänge, und wie sie Namen haben mögen, soll er in das Inventarium ordentlich und solchergestalt eintragen, dass es mit jedem Jahres Schluss in der Berg-Kassen Rechnung richtig angemerket werden kann. Wobei er zu sorgen hat, dass die Inventarien Stücke und Materialien nicht mangelhaft werden, und von jeder Art allezeit ein hinreichender Vorrath vorhanden seyn, auch solche wohl aufbewahret werden, massen dasjenige, so durch seine Fahrlässigkeit und Verschulden entkommen dörfte, auf seine Kosten wieder angeschaft werden solle. Wie er denn auch über dieses vom herrschaftlichen Gezähe und Inventarien Stücken ohne Einwilligung seiner Vorgesetzten, nichts verlehnen, auf andere Gruben abgeben, oder veräusern solle.

11. Damit aber gnädigster Herrschaft auf keine Art Schaden zugefügt werde: also hat auch derselbe ohne besonders erhaltene Erlaubniss sich bei ausländischen Bergwerckern weder directe noch indirecte mit Rath oder That gebrauchen zu lassen.

12. Mit dem Grubenholz soll er so viel möglich sparsam umgehen und solches zu Rath halten, nur zu dem, wozu es bestimmt, gebrauchen — mithin davon nichts vorsezlich zu Spähn hauen, vertragen, durch ihn oder die Seinigen, oder jemandanders entkommen lassen.

zuletzt 600 Gld. an Geld nebst 34 Malter (Quarten) Korn und 4 Klafter Holz, der Bergkassierer 500, später 550 und zuletzt 600 Gld.; außerdem hatten beide Beamte Dienstwohnung mit Garten und Feld, sowie freien Steinkohlenbrand nach Bedürfnis. Die Löhne der Steiger, Bergverwalter und Magazinverwalter betrugen 12 bis 20 Gld. monatlich, wozu dann meist

---

13. Soll er darauf sehen, daß die vor den Gruben auf Hallen liegende geförderte Kohlen, durch den bestellten Controleur richtig gewogen, und jedem Käufer $1/3$ ganze, und $2/3$ kleine Kohlen Stücke nach proportion der Centner Zahl zugetheilt werden.

14. Zu desto richtigerer Abwiegung und Vermeidung Schadens vor gnädigste Herrschaft, oder die Käufern hat er die Richtigkeit der Wagen und der Gewichtsteine fleissig zu examiniren. Und da er

15. die Haupt Controle über den sämtlichen Verkauf und Abgang der Kohlen von den Gruben zu führen hat: So soll er in die besonders zu führende Ladbücher genau und richtig eintragen, wie viel Centner Kohlen und an wen täglich verkauft, oder auf andere Art nach Befehl seiner Vorgesetzten abgegeben worden, fort jedem Käufer einen ordentlichen gedruckten Ladschein mit der Anweisung zustellen, solchen dem Zöllner, oder Geld Erheber zuzustellen, um hiernach die Zahlung thun zu lassen.

16. Soll er auf jedesmaliges Erfordern seine Ladbücher vorzeigen, um den Kohlen Abgang daraus ersehen zu können.

17. Hat er in der Mitte jeden Monats, die bei jeder Grube im halben Monat geförderte Kohlen, nach seinem Ermessen abzuschätzen und darüber dem Berg Cassirer ein Verzeichniss zuzuschicken, um jedem Arbeiter hiernach abschlägliche Zahlung thun zu können. Bey Ablauf des Monats aber hat derselbe alle Kohlen, so von jedem Berg Arbeiter in dem Lauff desselben gefördert worden, abzuschätzen, und die vom nächstvorigen Monat vorräthig gebliebene Kohlen dazu zu setzen, und als dann anzumerken, wieviel von der Summa abgegangen und verkauft worden, und was solchem nach wiederum vorräthig geblieben, als worüber ihme von dem Berg Cassirer ein Modell zugestellt werden solle.

18. Insbesondere aber hat er den Bedacht zu nehmen, daß denen Arbeitern der Kohlen Vorrath nicht zu hoch, sondern allezeit etwas weniger an Fudern, als würcklich gefördert, abgeschäzt werde, damit die Berg Casse gegen die Kohlen Recesse und Ueberzahlungen der Arbeiter sicher gestellt seyn möge; widrigenfalls er Bergsteiger vor die durch seine unrichtige Abschäzung erscheinende Ueberzahlungen zu haften haben solle.

19. Soll er zu Ende jeden Jahres über alle aus denen Schwalbacher und Reissweiler Gruben geförderte, abgegangene, und wieder vorräthig gebliebene Steinkohlen richtige Urkunden zur Berg Cassen Rechnung verfertigen, solche von dem Berg Inspectore attestiren lassen, und demnächst mit seiner Unterschrift dem Berg Cassirer zustellen.

20. Wenn er auch bei dem Bergwesen etwas finden würde, das zum Herrschaftl. Interesse und Aufnahm des Berg- und Hüttenwesens dienen könte, so hat er solches fürstlr. Rentkammer, oder seinen Vorgesetzten ohne Rückhalt anzuzeigen und nöthige Verfügung zu gewarten, übrigens aber sich in allen Stücken so zu verhalten, wie es einem rechtschaffenen Bergsteiger eignet und gebühret.

Deme getreulich nach zu kommen hat derselbe einen leiblichen Eyd zu Gott geschworen und sich annoch schriftlich reversiret.

Urkundlich des beygedruckten Cammer Insiegels, und der gewöhnlichen Unterschrift.

Saarbrücken den 18. April 1787.

noch, neben freier Wohnung und Gartenland, jährlich 6 bis 12 Malter Korn, 4 Klafter Holz und 2 bis 3 Fuder Steinkohlen kamen. Die Gelderheber und Kontrolleure endlich wurden je nach dem Umfange ihrer Geschäfte bezahlt: zum Teil erhielten sie nur $1^1/_2$ Gld., die meisten indessen 10 bis 11 Gld. monatlich und 2 bis 3 Fuder Steinkohlen jährlich.

Entsprechend der Belegschaft war die Zahl der Grubenbeamten nur gering. In den Jahren der bedeutendsten Förderung gab es 7 Steiger, nämlich je einen zu Dudweiler-Sulzbach, Großwald, Schwalbach, Wahlschied, Geislautern, Kohlwald und Wellesweiler, von denen dann der Dienst auf den kleineren Gruben mitversehen wurde; einzelne dieser Steiger arbeiteten indessen teilweise auch noch mit in der Grube. Kontrolleure oder Gelderheber waren in größerer Zahl bestellt, in der Regel für jeden Förderpunkt einer, auf den bedeutenderen Gruben auch früher 3 bis 4.

## 5. Der brennende Berg bei Dudweiler und die dortige Alaungewinnung.

Der unter dem Namen „brennender Berg" bekannte umfangreiche Grubenbrand des Landgruber (Blücher-) Flözes am Berggehänge zwischen Dudweiler und Sulzbach soll nach alten Überlieferungen um das Jahr 1668 dadurch entstanden sein, daß ein Hirte an einem Baumstock Feuer gemacht und sich dieses dann unter dem Einflusse eines heftigen Windes an den Wurzeln des Baumes hinab in die Tagekohlen und in eine alte Gräberei auf dem Flözausgehenden gezogen habe*). Die Bewohner von Dudweiler versuchten anfänglich den Brand mit Wasser zu löschen, jedoch ohne Erfolg, und so breitete er sich bald weiter und weiter aus. Wie Chr. Friedr. Habel („Beyträge" usw., S. 17 flgd.) berichtet, begann das Feuer „oberhalb dem Landgruber Stollen, auf der Seite des Berges, der sich nach Duttweiler zu verflächet, zog allmählig den sanften Berg hinauf, durch die alten Arbeiten, und überwältigte nach und nach die schwachen Mittel und Kohlenbänke. Es dauerte auf 100 Jahr, bis das Feuer über den Berg, der sich auf jener Seite nach dem Sulzbacher Thal zu verflächet, kam."

„Inzwischen," fährt Habel fort, „hatte man darauf gedacht, aus diesem Brand, der einige Kohlen verzehrte, auch wieder Nutzen zu ziehen. Man fand die Schieferlagen, welche das Dach von den Landgruber Kohlen ausmachten, sehr alaunhaltig . . . . Man entdeckte in dem vom Feuer gerösteten Schiefer Stücke von calcinirtem Alaun, der sich vermuthlich durch

*) Seiner sagenhaften Entstehung entkleidet, dürfte der Brand in Wirklichkeit wohl lediglich auf eine Zersetzung und Selbstentzündung der Halde jener alten Gräberei zurückzuführen sein, wie ja auch heute noch derartige Brände von Grubenhalden zahlreich vorkommen.

Regengüsse aus dem gerösteten Schiefer ausgelaugt, zusammengesetzt und durch eine geschwinde Ausdünstung erzeuget hatte. Dieses machte, dass man nun aus dem vom brennenden Berg selbst calcinirten Schiefer Alaun zu sieden trachtete, welches auch in der Folge ganz zu Stande gekommen . . . . Man fing jetzo, da man einen guten Gewinn, ohne sonderlichen Aufwand und Arbeitskosten, aus dem Alaun zog und der Abgang der Kohlen eben nicht so beträchtlich, also auch nicht so einträglich war, an, mehr auf die Dauer des Feuers bedacht zu sein, als daß man es noch zu ersticken gesucht und gewünscht hätte . . . Man suchte also nur das Feuer, da es einmal da war, geschickt zu leiten, sowohl dass der Brand fortdauerte, als auch dass die Schiefer gehörig geröstet wurden.

„Da sich das Feuer sehr von dem Orte, wo man die gerösteten Alaunschiefer gewann, abzog und in die Teufe ging, so senkte man gleich über der Höhe des Berges, wo er sich nach Sulzbach verflächet, vor ungefähr 20 Jahren (1760) einen Schacht nach dem Feuer. Man erhielt aber dadurch nicht den erwünschten Zweck. Man legte daher einen Stollen auf der Gegenseite des Berges, nach Sulzbach zu, auf eben diesem Flötze an, um in das Feuer zu kommen und demselben etwas Luft und Zug zu verschaffen, da es zu Tag allzu schwach vor die Röstung des Alaunschiefers war, und kam mit dem Stollen oberhalb dem Feuer her. Das Feuer kam unten aus des Stollens Sohle herauf, ungeachtet dieselbe schon 6 bis 7 Lachter Seigerteufe einbrachte, und zwar so schnell, wiewohl die Hitze in Betreibung des Stollens stark war, dass etliche Mann von den Schwaden gleich niederfielen und mit Noth von den andern noch zurück konnten gezogen werden. Das Feuer schlug gleich hierauf zum Stollen mit einer erstaunlichen Heftigkeit heraus, und bei 6 bis 8 Lachter in die Höhe, wozu die vielen Kohlen, die man in diesem Stollen hatte liegen lassen, vieles mögen beigetragen haben. Dieses dauerte so lange, bis das Dachgestein vom Feuer mürbe wurde und zusammen stürzte. Weil das Feuer jetzo zwischen ganzen Kohlen stand, in welche es, da sie sehr derb und fest sind, nicht gar weit eindringen kann: so hielt es sich sehr lange daselbst, bis es nach und nach die Kohlenmittel, so die Alten gelassen, überwältigte und durchdrang. Gleich unter diesen waren alte Gruben, worin es seit 6 bis 7 Jahren beinahe bis in das Sulzbacher Thal über die Strenger Grube, welche ebenfalls auf dem Landgruber Kohlenflötz, vom Sulzbacher Thal aus, fortgegangen . . .

„Das Feuer steht also in den alten Gruben, geht beständig der alten Arbeit nach, bleibt vor den Kohlenbauten und Kohlenmitteln stehen, bis es dieselben, weil man sie bey den Alten nicht stark genug gelassen, nach und nach durchfrisst, oder sich durch die Bühnenkohlen (Dachkohlen), weil diese nicht so derb als die ganzen Kohlen sind, oder durch den Schiefer fort schleicht, ist bereits 60 Lachter ausgearbeitet, und noch über 110

Lachter lang brennend. Die Hitze und Gluth in den Schiefern ist ungemein stark, doch ohne Flamme." *)

Die von Habel erwähnte obere Strenger Grube mußte im Jahre 1777 wegen des Brandes eingestellt werden. Ebenso brach letzterer, wie schon oben mitgeteilt, 1785 in den Landgruber Stollen durch, so daß auch dessen Betrieb zum Erliegen kam. Selbst die Baue des 1784 begonnenen tiefen Ludwig-Stollens blieben nicht verschont und mußten gegen Ende des Jahrhunderts verlassen werden. Die hier vorgenommenen sorgfältigen Abdämmungsarbeiten haben indessen ein weiteres Vordringen des Brandes in die Tiefe verhindert. Heute deuten nur noch schwache Anzeichen an einzelnen Felsspalten des alten Flözausgehenden auf die noch immer nicht ganz erloschene innere Glut hin, von einem eigentlichen „brennenden" Berge kann jedoch bereits seit Jahrzehnten kaum mehr die Rede sein. —

Die erste urkundliche Nachricht über die Alaungewinnung bei Sulzbach-Dudweiler gibt ein Schreiben der verwitweten Gräfin Eleonora Clara zu Nassau-Saarbrücken vom 22. September 1691, worin sie dem Christian Jebel (Jäppel) aus Zinnwald in Böhmen die Erlaubnis erteilt, „die Materie zu alaun und kupferwasser zu graben und zu machen". Unterm 2. Januar 1693 erhalten derselbe Christian Jebel und 3 Genossen einen Erbbestand: „demnach wir in erfahrung kommen, wie dass der, uff deren angesteckt und brennendten steinkohlgruben, zwischen beyden dörffern Dutweyler vndt Sultzbach allhier in der grafschaft Saarbrück sich befindtender grundt dientlich seye, alaun kupferwasser vndt dergleichen darauss zu

*) Bemerkenswert ist auch die nachstehende Schilderung Goethes, welcher im Juni 1771 bei Gelegenheit eines Ausfluges durch die Vogesen einige Tage in der Saarbrücker Gegend weilte und auch den brennenden Berg besuchte („Aus meinem Leben", 2. Teil, 10. Buch): „Wir traten in eine Klamme, und fanden uns in der Region des brennenden Berges. Ein starker Schwefelgeruch umzog uns; die eine Seite der Höhle war nahezu glühend, mit röthlichem, weissgebranntem Stein bedeckt; ein dicker Dampf stieg aus den Klunsen hervor, und man fühlte die Hitze des Bodens auch durch die starken Sohlen. Ein so zufälliges Ereigniss — denn man weiss nicht, wie diese Strecke sich entzündete — gewährt der Alaunfabrikation den grossen Vortheil, dass die Schiefer, woraus die Oberfläche des Berges besteht, vollkommen geröstet daliegen, und nur kurz und gut ausgelaugt werden dürfen. Die ganze Klamme war entstanden, dass man nach und nach die calcinirten Schiefer abgeräumt und verbraucht hatte. Wir kletterten aus dieser Tiefe hervor und waren auf dem Gipfel des Berges. Ein anmuthiger Buchenwald umgab den Platz, der auf die Höhle folgte und sich ihr zu beiden Seiten verbreitete . . . . Auf dem Platze dampften verschiedene Oeffnungen, andere hatten schon ausgeraucht, und so glomm dieses Feuer bereits zehn Jahre durch alte verbrochene Stollen und Schächte, mit welchen der Berg unterminirt ist. Es mag sich auch aus Klüften durch frische Kohlenlager durchziehen; denn einige hundert Schritte weiter in den Wald hinein gedachte man bedeutende Merkmale von ergiebigen Steinkohlen zu verfolgen; man war aber nicht weit gelangt, als ein starker Dampf den Arbeitern entgegendrang und sie vertrieb. Die Oeffnung ward wieder zugeworfen; allein wir fanden die Stelle noch rauchend."

machen," . . . so wird dem genannten Jebel und Genossen erlaubt, auf ihre Kosten ein Alaunwerk bei diesen Kohlengruben zu errichten, auch sich zum Alaunmachen der Steinkohlen zu bedienen, wogegen sie von allem gewonnenen Alaun das siebente Pfund an die Herrschaft abzuliefern haben.

Kaum ein Jahr später, am 2. Januar 1694, schließt aber schon Graf Ludwig Krafft zu Nassau-Saarbrücken mit Girard Hauzeur aus Verviers einen Erbbestand auf 20 Jahre, wonach letzterer auf dem Steinkohlenberg zwischen Dudweiler und Sulzbach eine „allaun siederey" erbauen darf und dafür eine jährliche Pacht von 500 Talern (750 Gld.) neben 2 Zentner Alaun zu entrichten hat, ihm zugleich auch ein ausschließliches Vorrecht auf Alaungewinnung für die Grafschaft Saarbrücken zugesichert wird. Demgemäß kauft Hauzeur den Beständern Jebel und Genossen, „so bissher etwas allaun darselbst gemacht haben", ihre Hütte und Vorrichtungen zum Preise von 3000 Gld. ab. Durch Bestandsbrief vom 10. Juli 1716 wird endlich das Alaunsieden wieder auf 10 Jahre „mit so viel Pfannen, als er will", an Wolfgang Christian Jäppel zu Neunkirchen verpachtet, welcher von allem Alaun, Vitriol und Schwefel den Zehnten, mindestens aber jährlich 25 Ztr. Alaun, abzuliefern hat.

Nach einem an die Fürstin-Wittwe Charlotte Amalia erstatteten Berichte vom Jahre 1728 gab es um diese Zeit bei Dudweiler 2 Alaunhütten*), welche jährlich, bei etwa 9 Monate dauerndem Betriebe der Pfannen, über 600 Ztr. Alaun lieferten und gegen 600 Fuder Steinkohlen (wöchentlich für 6 Gld. auf jeder Hütte) verbrauchten. Auf beiden Hütten zusammen waren ein Meister mit 3 Gld. 15 Albus Wochenlohn und 14 bis 15 Arbeiter mit je 10 Albus Tagelohn beschäftigt. Der Zentner Alaun wurde in Straßburg zu 10 Gld. verkauft, wovon jedoch 1 bis 2 Gld. auf Fracht und Zoll aufgingen. Der Betrieb war 1728 noch dem Hüttenfaktor Koch zu Neunkirchen gegen eine jährliche Pacht von 1000 Gld. überlassen, scheint aber schon 1730 oder 1733 auf landesherrliche Rechnung übernommen worden zu sein und stand seitdem unter einem herrschaftlichen Alaun-Inspektor, später unter dem fürstlichen Berginspektor. Im Jahre 1733 wurde auch eine besondere herrschaftliche Kohlengrube für das Alaunwerk eröffnet.

Nachdem vorübergehend 1753 bis 1762 die Alaungewinnung an eine „General-Ferme" (Direktor Bodinau) verpachtet gewesen war (vergl. III. a. 4.), erbaute Fürst Wilhelm Heinrich 1765 mit einem Kostenaufwande von 21 000 Gld. ein neues Alaun- und Farbenwerk, nach dessen Vollendung die älteste, unmittelbar unter dem brennenden Berg an seiner nordwest-

*) Die zweite Hütte scheint im Jahre 1720 entstanden zu sein.

lichen Seite gelegene Alaunhütte verlassen wurde. Die betriebenen beiden Hütten lieferten in den Jahren 1766 bis 1768 folgende Ergebnisse:

| | Gewinnung. | | Geldwert. | | | Ertrag. | | |
|---|---|---|---|---|---|---|---|---|
| 1766 . . | 537 Ztr. | 6 Pfd. | 5907 Gld. | 19 Alb. | 6 Pf. | 2204 Gld. | 3 Alb. | 4 Pf. |
| 1767 . . | 845 „ | 94 „ | 9305 „ | 10 „ | 1 „ | 4369 „ | 21 „ | 7 „ |
| 1768 . . | 692 „ | 23 „ | 5957 „ | 28 „ | 2 „ | 1906 „ | 28 „ | 2 „ |

gegenüber einem Ertrage von durchschnittlich nur 747 Gld. in den Jahren 1749 bis 1751.

Ursprünglich verwendete man zur Alaunsiedung nur die Schiefer vom eigentlichen brennenden Berge, also vom Ausgehenden des Landgruber Flözes. Es wurde zu dem Zwecke alljährlich im Spätherbste der Berg „gedecket", d. h. der bereits vom Feuer angegriffene und aus dem Hangenden und Liegenden des Flözes hereingestürzte oder auch künstlich hereingebrochene Schiefer mit Erde überdeckt und während des Winters dem Einflusse des Feuers überlassen; vom Beginne des Frühjahres ab laugte man dann im Laufe des Sommers die hinlänglich gerösteten Schiefer aus. Seit 1725 fand daneben noch eine besondere Gewinnung von Alaunschiefer statt, und zwar zunächst in alten Röschen und Tagestrecken, später in den zur Kohlengewinnung nicht mehr benutzten Stollenbauen, so namentlich in der „warmen Grube" und seit 1765 in der verlassenen Kohlengrube „am Eichhumeser Berg", deren tiefer Stollen (Wasserablauf-Dohlen") nach der Dudweiler Seite hin „bei der ersten Alaunhütte unterhalb der Chaussee" in der Höhe des Sulzbaches angesetzt war*). Diese besonders geförderten Schiefer („Alaunerz") wurden in freien Haufen auf der Halde geröstet; sie bildeten schon in den 1790er Jahren beinahe nur mehr den einzigen Stoff für die Alaungewinnung**).

Das Auslaugen der Schiefer erfolgte in offenen, 4 m langen und breiten, mit Doppelböden versehenen „Kutten", denen man erstere un-

*) Den Abbau der Schiefer bewerkstelligte man durch eine Art von Stroßenbau mit 6 m hohen Stroßen und 4 bis 5 m starken Zwischenpfeilern, wobei man gelegentlich auch die anstehenden Kohlen mit gewann. Die Schiefer wurden in den Stroßen und im Stollen mit Karren, im Schachte mit einem Handhaspel gefördert. In den 1790er Jahren waren bei der Alaunschiefergewinnung während der Sommerzeit 33, im Winter 16 Mann beschäftigt. (Vgl. Cavillier, *Mémoire sur les aluminières du pays de Nassau-Saarbruck,* im *„Journal des mines", Vol. VIII, No. 46, Messidor an VI.)*

**) Da die bergmännisch gewonnenen Schiefer sehr viel teurer zu stehen kamen, als diejenigen vom brennenden Berge, so verfiel man 1760 auf den abenteuerlichen Gedanken, sich noch einen zweiten brennenden Berg zu schaffen. Man wählte hierzu den Blockersberg bei Rußhütte und brachte das dortige Ausgehende eines 8 Fuß mächtigen Flözes künstlich zum Brennen. Der Brand erhielt sich zwar Jahrzehnte lang, ohne indessen das gewünschte Ergebnis zu haben, da die dortigen Schiefer viel zu arm an Alaun waren, als daß ein Auslaugen sich gelohnt hätte. „Dieses hätten sich die alten Duttweiler Unterthanen gewiss nicht vermuthet, als sie den jetzigen brennenden Berg zu löschen so besorgt waren!" bemerkt dazu Habel („Beyträge", S. 34).

mittelbar aus dem Brande und so heiß als möglich zuführte. Nach Ablassen der reichen ersten Lauge fand noch ein zweites und drittes Nachlaugen statt; die hierbei erzielte Lauge wurde zur Anreicherung auf die frischen Schiefer gebracht. Jedes Auslaugen dauerte 12 Stunden. Die angereicherte Gar-Lauge wurde in viereckigen bleiernen, auf eisernen Platten ruhenden Pfannen versotten. Eine Pfanne faßte 6 Ohm Lauge und war innerhalb 48 Stunden mit einem Aufwande von 9 bis 10 Ztr. Steinkohlen eingedampft, worauf dann die Lauge in besonderen Behältern dem Auskristallisieren des Alauns überlassen blieb; letzterer wurde nochmals gereinigt. Die gesamten Gewinnungskosten eines Zentners Alaun, einschließlich Gewinnung der Schiefer, beliefen sich um das Jahr 1780 auf 5 Gld. 15 bis 30 Kr., während die Alaunpreise gewöhnlich $8^1/_2$ bis 9 Gld. betrugen, sich aber auch bis 13 Gld. und mehr (25 bis 29 Livres) erhoben.

Bis zum Jahre 1786 wurde die Alaungewinnung auf landesherrliche Rechnung betrieben und lieferte in den 8 Jahren 1779 bis 1786 einen Ertrag von 8400 Gld., mithin jährlich im Durchschnitt 1050 Gld. Mit dem 1. September 1786 ging sie dann pachtweise auf 25 Jahre an Joh. Pet. Sauerencker & Comp. in Frankfurt über, welche Gesellschaft bereits seit Anfang desselben Jahres zu Sulzbach auch eine chemische Fahrik (die spätere Preußischblau- und Salmiak-Fabrik) angelegt hatte. Als Pacht zahlte die Gesellschaft den Geldwert des neunten Teiles der Erzeugung, wobei dieser Wert ein für allemal auf 40 Livres für den Zentner Alaun festgesetzt wurde. Der Pächterin stand auch die Gewinnung des Alaunschiefers zu, jedoch mußte sie die etwa mitgewonnenen Steinkohlen gegen Erstattung der Förderkosten mit 45 Kr. für das Fuder an die fürstliche Bergverwaltung abliefern; statt dessen wurden ihr später diese Kohlen zum Preise von 30 Kr. überlassen. Auch die weitere Verarbeitung der Mutterlauge und die Vitrioldarstellung war der genannten Gesellschaft vergeben.

Unter der französischen Herrschaft wurden die in den Kriegsstürmen der Jahre 1793—94 zerstörten beiden Alaunhütten nebst dem Rechte der Alaunschiefergewinnung durch Vertrag vom *28 Ventose an IV* (18. März 1796) auf 9 Jahre gegen eine jährliche Abgabe von 600 Frcs. dem „Bürger" Carl Phil. Vopelius in Sulzbach verpachtet, welcher schon seit längeren Jahren den Betrieb der Hütten als „Faktor" geleitet hatte und auch Eigentümer der Preußischblau- und Salmiak-Fabrik geworden war. Nach zweimaliger Erneuerung der Pacht auf je 1 Jahr erhielt endlich der genannte C. Phil. Vopelius durch kaiserliches Dekret vom 1. Juni 1807 eine besondere Alaunschiefer-Konzession auf grund des Bergwerks-Gesetzes vom 28. Juli 1791, während die Hüttengebäude beim Verkaufe der Nationalgüter am 12. November 1807 in sein Eigentum übergingen. Die jährliche Alaunerzeugung belief sich um diese Zeit auf 800 bis 1000 Ztr., welche durchschnittlich mit 30 Frcs. für den Zentner Absatz fanden.

Etwa gleichzeitig mit der Verpachtung der Hütten zu Dudweiler war in dem benachbarten St. Ingbert, woselbst man bereits um das Jahr 1760 versucht hatte, Alaun darzustellen, eine neue Alaunhütte nebst einer Bittersalz-Fabrik errichtet worden, welche von Röchling und Ritter betrieben wurden.

Noch in den 1820er Jahren lieferten die Alaunhütten zu Dudweiler und St. Ingbert jährlich gegen 60 000 kg Alaun und 10 000 kg Vitriol, kamen aber dann in den 1840er Jahren zum Erliegen. Die Alaunschiefergrube bei Dudweiler wurde 1843, nachdem der preußische Staat sie käuflich von den bisherigen Besitzern erworben hatte, dem Felde der Grube Dudweiler zugeschlagen; eine Gewinnung von Alaunschiefer hat seitdem nicht mehr stattgefunden.

## 6. Das Ausziehen oder Abschwefeln (Verkoken) der Steinkohle und die Gewinnung von Ruß, Öl und Teer.

Die Steinkohlenverkokung des Saargebietes reicht in ihren ersten Anfängen bis in die Mitte des 18. Jahrhunderts zurück. Hatte in dem holzarmen England die Notwendigkeit, einen Ersatz für die Holzkohle zu schaffen, dahin geführt, die Steinkohle „abzudampfen" und sie auf diese Weise zum Erzschmelzen geeignet zu machen, so war es im Saargebiete ursprünglich nur die Verwertung der Kohle durch Nutzbarmachen des sich aus ihr entwickelnden „flüchtigen Wesens", welche den Ausgangspunkt der Verkokung bildete. Zunächst galt es dabei ausschließlich dem Ruß, in weiterer Folge dem „Ausziehen" des Öls und Teers, deren mannigfache Benutzung eine wesentliche Erweiterung des Kohlenabsatzes zu versprechen schien. Neben ihnen traten die „trocken ausgelaugten und von Harz und Schwefel gereinigten Kohlen" erst mehr und mehr in den Vordergrund, nachdem deren Verwendbarkeit bei der Roheisendarstellung durch wiederholte Versuche erwiesen worden war.

Eine Rußhütte war bereits 1748 bei Malstatt im Fischbachtale (heutige Ortschaft Rußhütte) errichtet worden. Durch Vertrag vom 6. Mai 1757 übertrug Fürst Wilhelm Heinrich sie, wie überhaupt die gesamte Rußdarstellung in den Saarbrücker Landen, dem Hofkammerrat Heuß*). Ein weiterer „Contract" vom 2. Juni 1758 dehnte sodann das Vertrags-

*) Es ist dies der „berüchtigte" spätere Kommerzienrat Georg Philipp Heuß, welcher fast bei allen gewerblichen Unternehmungen des Fürsten Wilhelm Heinrich eine hervorragende Rolle spielt und von Chr. Fr. Habel „(Beyträge" usw. S. 12) in der nachstehenden, wenig schmeichelhaften Weise geschildert wird: „Die Kosten (der Versuche und Proben) würden ohne Zweifel weit geringer gewesen seyn, wenn der sonst einsichtsvolle Fürst sicht nicht gezwungen gesehen hätte, dieses ganze Geschäft einem sonst geschickten Mann, der aber ein böses Herz hatte, und ein Betrüger war, anzuvertrauen, den Er auch, ungeachtet Er ihn in der Folge kennen lernte, um seine Absichten auszuführen, so lange beybehalten mußte, bis Er dieselben einigermaßen erreicht sahe."

verhältnis dahin aus, daß dem gedachten Heuß neben der Rußdarstellung noch die Anlegung von „Pech-, Harz-, Öl-, Spiritus-, Wagenschmier- und Schiffteer-Fabriken" gestattet und ihm zu deren Betreibung einige Gruben zu Sulzbach („jenseits der Schnappbach bis an die St. Ingbrechter Grenze"), bei Burbach (Rußhütte) und zu Neunkirchen („im Patzen Wäldchen") auf 11 Jahre gegen eine jährliche Pacht von 4000 Gld. für die Rußhütte und weitere 4000 Gld. nebst einem Fuder (rheinisch) Brennöl für die Gruben und Fabriken in Bestand gegeben wurden. In dem Vortrage war zugleich die Bestimmung getroffen: „Im Falle auch sich ergeben wird, dass die ausgezogene Kohlen zum Eisen Ertzschmelzen gebraucht werden können" . . . ., sollen dem Beständer für jeden vierspännigen Wagen 12 Batzen bezahlt werden.

Das neue Verfahren entsprach sehr wenig den gehegten Erwartungen auf Gewinn, sodaß schon zu Anfang des Jahres 1761 die Rußhütte nebst den anderen Hütten wegen Zahlungsunfähigkeit des Heuß von der fürstlichen Rentkammer auf herrschaftliche Rechnung übernommen werden mußten. Wie weit die Neuanlagen selbst bis dahin gediehen waren, ist aus den Akten nicht ersichtlich. Allem Anschein nach beschränkten sie sich in der Hauptsache auf eine Erweiterung der alten Rußhütte im Fischbachtale, sowie auf eine „Harzfabrik" nebst Rußhütte und einen Stollen bei Sulzbach. Die erstere diente ausschließlich zur Rußgewinnung in eisernen Röhren; jede von diesen war mit einer Rauchkammer versehen, über deren Gewölbeöffnungen der Ruß in Säcken aufgefangen wurde. 1 Fuder an Ort und Stelle gewonnener Steinkohle lieferte 1 Ztr. Ruß zum Gestehungspreise von 5 Livres, während jährlich gegen 500 Ztr. Ruß im Preise von 12 bis 13 Livres der Zentner abgesetzt wurden.

Die von Heuß auf dem Sulzbacher Harzwerke begonnenen Versuche mit dem „Ausziehen" oder „Auslaugen" der Steinkohle hatten zunächst noch nicht den gewünschten Erfolg. Ein am 24. März 1761 bei der Eisenschmelze zu Sulzbach unter Oberaufsicht des Kammer-Meisters Joh. Gottfr. Röchling veranstaltetes Probeschmelzen mit ausgelaugten Steinkohlen führte zu keinem Ergebnis. Auch der Weiterbetrieb des „Harzbaues" auf herrschaftliche Rechnung durch den Faktor Staud scheint die Sache nicht wesentlich gefördert zu haben*). Die endliche

*) Staud hatte sowohl die Harzfabrik und Rußhütte zu Sulzbach, wie auch die neue Alaunhütte zu Dudweiler erbaut und leitete deren Betrieb. Nach Goethe, der „das hagere, abgelebte Männchen" beim Besuche des brennenden Berges im Juni 1771 kennen lernte, ihn aber irrtümlich Stauf nennt, „gehörte er unter die Chemiker jener Zeit, die bei einem innigen Gefühl dessen, was mit Naturproducten Alles zu leisten wäre, sich in Betrachtung von Kleinigkeiten und Nebensachen gefielen und, bei unzulänglichen Kenntnissen, nicht genug dasjenige zu leisten verstanden, woraus eigentlich ökonomischer und mercantilischer Vortheil zu ziehen ist".

Erreichung des Zieles sollte aber nicht mehr allzu lange auf sich warten lassen.

Unterm 6. April 1764 erbot sich der unermüdliche Kommerzienrat Heuß, die Sulzbacher Eisenschmelze mit Steinkohlen zu treiben und die dazu erforderlichen Einrichtungen zu treffen: „dieses kann ein Werk abgeben, so in keinem Lande noch erfunden worden ist". Der Fürst war zwar nicht abgeneigt, „auf die Probe nochmals einzugeen", beauftragte aber zunächt die Rentkammer mit Aufstellung eines vergleichenden Kostenanschlages. Aus dem letzteren ergibt sich u. a., daß das „Ausziehen" der Kohlen in 6 Öfen erfolgen sollte, von denen jeder 516 Gld. Anlagekosten erforderte, sowie ferner, daß bei dem Ausziehen nebenbei auf ein Ausbringen von $^2/_3$ Ztr. Harz (im Werte von 4 Gld. der Zentner) aus 1 Fuder Steinkohle gerechnet wurde. Da der Anschlag einen sehr erheblichen Überschuß zugunsten des neuen Verfahrens nachwies, ordnete der Fürst am 7. Februar 1765 die Ausführung des Versuches auf herrschaftliche Kosten an, zu welchem Zwecke er dem Kommerzienrat Heuß die Leitung der Arbeiten übertrug*).

Nachdem die neuen Öfen „zum Präpariren der Steinkohlen" fertiggestellt waren**), fand am 14. Juni 1765 in Anwesenheit des Fürsten eine Probe mit der ersten „Blase" (Muffel) statt. Diese zersprang zwar hierbei, durch Änderung und Verstärkung der Muffelform gelang es jedoch, vom 10. Juli ab das Ausziehen in regelmäßigen Betrieb zu bringen. Das noch gegen Ende 1765 mit den erzeugten Koks begonnene Probeschmelzen im Eisenhochofen zu Sulzbach hatte anfänglich mit Schwierigkeiten zu kämpfen und mußte mehrfach unterbrochen werden, führte aber schon im Jahre 1766 zu günstigeren Ergebnissen, jedenfalls befand sich der Hochofen um die Mitte des Jahres 1767 in durchaus befriedigendem Gange, bis zum 6. Juni genannten Jahres waren bereits 538 Ztr. Masseleisen,

---

*) Die betreffende Entschließung des Fürsten vom 28. Februar 1765 lautet: „Nachdem Uns Unser Commercien Rath Georg Philipp Heuss unterthänigst zu erkennen gegeben, dass Wir gnädigst geruhen mögten, ihme die Sultzbacher Schmelz und Scheidter Hammer einzuräumen, damit er die Probe, das Eisen Ertz mit ausgezogenen Steinkohlen zu schmeltzen, auf eine dauerhafte Art in den Stand bringen, und zu Unserm Nutzen anwenden könne; Wir auch diesem Gesuch zu willfahren keinen Anstand gefunden, und zu diesem Ende die gedachte Sultzbacher Schmeltz und Scheidter Hammer dem Salomon Alexander, welcher solche in Bestand gehabt, abgenommen, und wegen deren Abtritt Uns mit ihm verglichen: Als wollen Wir zu Erreichung des von dem Commercien Rath Heuss vorhabenden Endzwecks demselben folgende Instruktion und Ordre hiermit ertheilet haben . . . ."

**) Sie befanden sich an dem Hange des brennenden Berges nach Sulzbach hin; die Eisenschmelze lag nicht weit davon im Tale.

152 Ztr. Brucheisen und 330 Ztr. Gußwaren bei Koksbetrieb erblasen worden*).

Eingehende Nachrichten über die besprochene Steinkohlenverkokung zu Sulzbach und den sich anschließenden Koksbetrieb des dortigen Eisenhochofens verdanken wir dem Franzosen *De Genssane* in dessen Buche „*Traité de la fonte des mines par le feu du charbon de terre, Paris 1770*". Aus seinen auf eigener Anschauung an Ort und Stelle beruhenden Mitteilungen möge hier das Wesentlichste eine Stelle finden**).

---

*) Der Fürst Wilhelm Heinrich, welcher sich persönlich aufs eingehendste um die Verkokungs- und Schmelz-Versuche kümmerte, schreibt in einer eigenhändigen Order an die Rentkammer vom 4. Juni 1767: „Die Massel, so heute gelaufen, ist in solcher Güte, als wie sie nur zu Verlangen ist. Wäre nicht so Vil schmutz in den Ertzen, Kalch und Kohlen wegen Mangel des pochwercks (ein solches wurde im folgenden Monate angelegt, und kamen seitdem die Erze und Steinkohlen nur mehr „geschieden" zur Verwendung), so wäre sie noch besser, und hätte man alsdann nicht nöthig sovil proben zu Versuchen. Das werck gehet würklich gut. Und da sovil schon darin gewandt ist, so wird jeder rechtdenkende Mann keine andere Denkungsart hegen als solche, die Mir und meinen Nachkommen Nutzen schaffen kann, ohne der Ehre zu gedenken, die der gute fortgang einer solchen Unternehmung der Welt kund thut. Das werck muss sich selber zahlen und da ein würkliches Capital von differentes Eysen im Vorrath ist, so wollen wir es damit führen und der Hütten Faktor muss eine recht exakte Rechnung führen, was täglich eingehet und was täglich und stündlich auszuzahlen ist. Ohne eine solche Rechnung kann von keinem, er mag nahmen haben, wie er will, kein wahres Projekt antag gelegt werden." — Nach einer Zusammenstellung vom 8. August 1766 sollen übrigens „die verschiedenen Proben auf der Sulzbacher Schmelz, um Eisen mit Steinkohlen zu schmelzen" dem Fürsten 20000 Gld. gekostet haben.

**) De Genssane war auf die Kunde von den erfolgreichen Versuchen des Fürsten Wilhelm Heinrich 1767 nach Sulzbach geeilt, um persönlich von dem neuen Verfahren Einsicht zu nehmen. Das Ergebnis seiner Beobachtungen legte er am 23. Juli 1768 der französischen Akademie der Wissenschaften vor unter dem Titel: „*De la construction et usage d'un Fourneau propre à la préparation du charbon de terre, pour le mettre en état d'être employé à la fonte des Mines de Fer, et à tous les autres usages auxquels on emploie le charbon de terre*", welcher Bericht dann auch im 1. Teile des oben bezeichneten Werkes als 12. Kap. abgedruckt ist. Er gibt eine genaue, durch 3 Tafeln Zeichnungen erläuterte Beschreibung der Sulzbacher Koksöfen mit ausführlicher Schilderung ihres Betriebes und der erzielten Erfolge. Über die hohe Wichtigkeit der letzteren spricht sich De Genssane folgendermaßen aus: „*On a vainement tenté en France, en Angleterre et ailleurs, de cuire ce charbon* (nämlich die Steinkohle) *en meules, comme celui de bois, . . . . . ensorte qu'on a toujours été forcé de renoncer à cette voie. Il était réservé à M. le prince de Nassaw Saarbruck, de surmonter toutes ces difficultés par sa constance et les dépenses considérables qu'il a faites pour y parvenir. Les usines que ce Prince a fait construire à la forge de Sultsbach, et que nous avons examinées avec attention, nous ont paru également ingénieuses et propres à remplir toutes ces vues.*" — (Vgl. auch Saarbrücker „Bergmannsfreund", 1874, Nr. 45—52; 1876, Nr. 47 und 48; 1877, Nr. 1—5.)

Die Ofenanlage bestand aus 9 in einer Reihe, zusammenhängend miteinander errichteten, geschlossenen Muffelöfen, von denen abwechselnd stets mindestens 3 nebeneinander liegende gleichzeitig sich in Brand befanden. Jeder Ofen hatte eine nach hinten geneigte Muffel, die mit ihrem rinnenartig geformten Boden fest in der Ofensohle ruhte, dagegen an beiden Längsseiten mit einem, von außen zu beschickenden Feuerroste versehen war, derart, daß die Flamme beider Roste die Muffel umspülte und erhitzte; eine Öffnung im Scheitel des Ofengewölbes ließ die vereinigte Flamme bezw. die Verbrennungsgase der Roste in den als Rußkammer dienenden, gleichfalls überwölbten, oberen Teil des Ofens austreten, wo sie sodann durch einen kleinen Schornstein ins Freie entwich. Zu den Muffeln hatte man anfangs starkes Eisenblech genommen, war aber wegen der raschen Zerstörung des letzteren bald zu feuerfestem Ton übergegangen. Eine solche Ton-Muffel besaß (von außen gemessen) 6 Fuß Länge, $3^1/_2$ Fuß Breite und 4 Fuß Höhe, bei 2 bis $2^1/_2$ Zoll Wandstärke, und faßte 20 bis 22 Ztr. rohe Steinkohlen; zum Einbringen der letzteren hatte sie eine verschließbare Öffnung an der Vorderseite und eine ebensolche im Scheitel. Um das Austreten der bei der Verkokung entstehenden Dämpfe zu ermöglichen, ging von dem rinnenartig geformten Muffelboden an der geneigten hinteren Seite ein kupfernes Rohr durch das Ofengemäuer hindurch nach außen, wo es in einen geschlossenen Topf mündete, zugleich aber noch mit einem senkrechten Aufsatzrohre versehen war. Ersterer diente zur Aufnahme des sich verdichtenden Teers, Wassers und Öls, während durch das Aufsatzrohr die nicht verdichteten Gase ins Freie austraten.

Zum Verkoken verwendete man nur reine Stückkohlen, die bis zu etwa doppelter Faustgröße zerschlagen und dann sorgfältig in die Muffel eingetragen wurden. Die Verkokung dauerte in der Regel dreimal 24 Stunden; als Zeichen ihrer Beendigung galt das Aufhören des Ausströmens von Dämpfen aus dem kupfernen Rohre. Die Koks zog man mit Haken aus der vorderen Muffelöffnung heraus und ließ dann den Ofen abkühlen. Gewöhnlich wurde der Betrieb so geführt, daß täglich 3 Öfen zu ziehen, 3 andere frisch zu laden und die 3 übrigen in der eigentlichen Verkokung begriffen waren. Zur Feuerung der Roste erforderte eine Muffel-Ladung gegen 9 Ztr. Grieskohle.

Die Rohkohle verlor beim Verkoken etwa ein Achtel ihres Gewichtes, man erhielt aus 100 Pfund Kohle gegen 87 Pfund Koks. Von letzteren wurden die groben Stücke ausgehalten und im Eisenhochofen verwendet, während das kleine Zeug („Praschen" und Lösche) zum Rösten der Eisensteine diente. Das überdestillierte Gemisch von Teer, Wasser und Öl sammelte man in großen Fässern und arbeitete es dann in diesen mit hölzernen Spateln tüchtig durch, infolgedessen der schwere Teer sich absetzte und das Öl an der Oberfläche schwamm. Letzteres wurde mit eisernen Löffeln sorgfältig abgeschöpft und konnte in den auf dem Lande üblichen Lampen gebrannt werden, auch bediente man sich seiner zur Speisung der Bergmannslampen in der Sulzbacher Grube; allerdings „rauchte es viel und gab einen ziemlich starken Geruch nach Bitumen". Der noch wasserhaltige Teer wurde in einem eisernen Kessel erhitzt, bis das Wasser verdampft war und sich am Boden eine pelzige Masse (Paraffin) absonderte, die man wegwarf; der gereinigte Teer fand als Wagenschmiere guten Absatz. Endlich bildete auch noch der in den oberen Gewölben der Koksöfen abgesetzte Ruß eine verkäufliche Ware; er diente an Stelle des Elfenbein-Schwarz zur Bereitung von Druckerschwärze oder auch zur Darstellung einer blauen Farbe *(„Bleu d'Erlinghen")*, welche dem schönsten „Preußisch-Blau" nichts nachgegeben haben soll.

Aus den mitgeteilten aktenmäßigen Nachrichten und dem Berichte De Genssanes dürfte hiernach festzustellen sein, daß innerhalb des Saargebietes bereits 1765 Koks im großen dargestellt wurden und mit diesen Koks auch bereits im Jahre 1767 ein regelmäßiger Eisenhochofen-Betrieb zu Sulzbach stattgefunden hat*).

Nachdem gegen Ende des Jahres 1767 die Sulzbacher Eisenhütte wieder verpachtet worden war, trat in der Verwendung von Koks zum Eisenerzschmelzen eine Unterbrechung ein. Daß man aber die Neuerung keineswegs aufgegeben hatte, zeigt der über Verpachtung des Hallberger und des Sulzbacher Eisenwerkes abgeschlossene Vertrag vom 14. Juli 1768, welcher ausdrücklich bestimmt, daß die Hallberger Schmelze nur mit Steinkohlen betrieben, und daß letztere aus den „beim Sulzbacher Harzwerk belegenen Gruben" entnommen werden sollten, woselbst die Pächter sie auf ihre eigenen Kosten „läutern" und dabei das ausgezogene Harz, Pech und Öl zu ihrem Nutzen verwenden dürfen; das nämliche wird ihnen gestattet, wenn sie die Sulzbacher Schmelze mit Steinkohlen betreiben wollten. Der am 24. Juli 1768 eingetretene Tod des Fürsten Wilhelm Heinrich scheint jedoch einen vollständigen Stillstand in der Weiterverfolgung der Sache herbeigeführt zu haben. Zwar wurden noch vereinzelte Verkokungsversuche in Sulzbach unternommen, so beispielsweise

*) Wenn von Carnall („Die fiskalischen Bergbaufelder in Oberschlesien," Berlin 1864, S. 4) es als Tatsache hinstellt, daß „auf dem Kontinente das erste Koks-Roheisen" mit Steinkohlen von Altwasser, die man in Malapane verkokte, im November 1789 in einem dortigen Hochofen dargestellt wurde, sowie ferner, daß mit dem am 3. November 1796 angeblasenen Hochofen bei Gleiwitz „der erste Koks-Hochofen auf dem Kontinente" in regelmäßigen Betrieb kam, so wird dieser Vorrang Oberschlesiens nach dem Obigen wohl zum mindesten insoweit eine Einschränkung erfahren müssen, daß er nur für den ersten dauernden Betrieb einer Roheisen-Erzeugung mit Koks gelten kann.

zu Anfang des Jahres 1769 mit 194 Fudern Burbacher Steinkohlen, indessen fand bereits Goethe bei seinem Besuche des brennenden Berges im Juni 1771 die sogenannte Harzhütte mit den Koksöfen längst kaltliegend vor*).

Ob in den nächsten Jahren der Betrieb dieser Öfen nochmals aufgenommen wurde, ist nicht zu ermitteln. Dagegen begannen vom Jahre 1778 ab neue Verkokungsversuche, welche denn auch bald zu einer dauernden Koksdarstellung führten. Über den ganzen Verlauf der auf dem Gebiete der Verkokung bis dahin im Saarbrücker Lande gemachten Fortschritte gibt Chr. Fr. Habel in P. E. Klipsteins „Mineralogischen Briefen", 1. Band (Gießen 1779), 3. Stück, S. 160 bis 166 die folgende Darstellung:

„Zwei Stunden von Saarbrücken, nämlich zu Sulzbach, machte man schon sehr lange Versuche, aus den daselbst gewonnenen fetten Steinkohlen in eisernen Retorten Steinöl zu treiben. Sobald man aber damit zustande kam, geschah die Destillation des Steinöls in Windöfen von Eisenberger Erde. Zugleich sammelte man in den ersten Proben den Russ. Es wurden aber kaum 2 bis drei Ctr. gemacht, als die angrenzende Russhütte in Rauch aufging und von der Zeit her liegen blieb. Der Russ ward nachgehends, und noch jetzo, in einigen besonders dazu erbauten Hütten bereitet, und man kann jetzt wenigstens 1400 Ctr. rechnen, die daselbst jährlich gemacht werden.

„Das Steinöl brannte man anfänglich des Nachts zur Erleuchtung der öffentlichen Plätze und Strassen zu Saarbrücken, brauchte es aber zuletzt wegen seinem grossen Gestank, den es von sich gibt, noch blos zur Erleuchtung der steinernen Saarbrücker Brücke, welche Saarbrücken mit St. Johann verbindet, womit man nun auch, da die Destillation nicht weiter fortgegangen, aufgehört hat. Das Theer ward im Anfang zu Wagenschmiere gebraucht, zeigt aber verschiedene Fehler dabei, so dass man es als blosses Schifftheer absetzte . . . . . Die Destillirung der Steinkohlen wurde eine Zeit lang fortgetrieben, und die gemachten Versuche mit den zurückgebliebenen übrigen abgedampften Kohlen, die ihr überflüssig Bergöl und Schwefel verloren hatten, gingen bei dem Eisenerzschmelzen in Ansehung der Gusswaaren ungemein gut von Statten. Bei dem Stabeisen,

*) „Hier (d. h. am Berge nach Sulzbach hin) fand sich eine zusammenhängende Ofenreihe, wo Steinkohlen abgeschwefelt und zum Gebrauch bei Eisenwerken tauglich gemacht werden sollten; allein zu gleicher Zeit wollte man Oel und Harz auch zu Gute machen, ja sogar den Russ nicht missen, und so unterlag den vielfachen Absichten Alles zusammen. Bei Lebzeiten des vorigen Fürsten (Wilhelm Heinrich) trieb man das Geschäft aus Liebhaberei, auf Hoffnung; jetzt fragt man nach dem unmittelbaren Nutzen, der nicht nachzuweisen war." (Goethe a. a. O.) Es mag hier gleich bemerkt sein, daß die Sulzbacher „Harzgebäude" nebst zugehörigen herrschaftlichen Ländereien schließlich im Mai 1781 öffentlich versteigert wurden.

das mit abgedampften Steinkohlen geschmolzen war, zeigte sich aber ein sehr merklicher und starker Abgang. Man hat verschiedene Methoden bei Auslaugung oder vielmehr Abdämpfung der Steinkohlen, macht aber gewöhnlich Geheimniss daraus . . . .

„Die Bearbeitung und Zurichtung, diese Abdämpfung zu bewirken, ist von keiner grossen Weitläufigkeit, wenn man nur die dazu erforderliche eiserne oder irdene Röhren, oder die besonders dazu erbaute runde Oefen mit ihren Zügen gut anzulegen weiss . . . . Man hat aber sowohl die Bereitung des Steinöls und Theers, als die Auslaugung der Steinkohlen schon wieder viele Jahre liegen gelassen, und erst vor einem Jahr (also 1778) wohnte ich verschiedenen neuen Versuchen, die man hierin gemacht hatte, und sehr gut ausfielen, bei. Man beobachtete dabei ganz die Methode des berüchtigten Heuss. Eine Societät in Frankreich, die die Heuss'sche Methode will verbessert haben, hat nun seit zwei Jahren (1777) die Auslaugung der Steinkohlen in dem Fürstenthum Saarbrücken übernommen, will damit Eisen schmelzen, und zugleich mit den ausgelaugten leichten Kohlen einen ausschliesslichen Handel nach Deutschland und Frankreich treiben, der ihr auch schon zugesichert worden. Es ist aber bisher blos bei den Proben geblieben."

Während hiernach die 1778 von neuem begonnenen Versuche zunächst noch an den geschlossenen Öfen festhielten, fand 1780 auf Grube Dudweiler der erste Versuch mit einem „Abschwefeln" in offenen Meilern statt. Über denselben wird in J. Ph. Bechers „Mineralogischer Beschreibung der Oranien-Nassauischen Lande" (Marburg 1789) nach den Angaben des Bergmeisters Utsch, welcher in genanntem Jahre die Saarbrücker Steinkohlengruben bereiste, das folgende berichtet: „Die Abschwefelung geschieht unter freiem Himmel auf einer mit Ziegeln belegten runden Roststätte, die gegen 9 Fuß im Durchmesser hat und mit einer Mauer von Ziegelsteinen 1 Fuß dick und $1^1/_2$ Fuß hoch umgeben ist. In einen solchen Rost kommen gegen 50 Ztr. Kohlen, nämlich 18 bis 20 Ztr. kleine und 30 Ztr. große Kohlenstücke".

Zwar hatte das mit diesen Koks ($^1/_3$ Koks und $^2/_3$ Holzkohlen) im Hochofen des Hallberger Hüttenwerkes vorgenommene Probeschmelzen weder an Menge, noch Güte des Roheisens — das aus letzterem erzeugte Stabeisen war rotbrüchig, die Schwarz- und Weißbleche zeigten Risse — die erhofften günstigen Ergebnisse, und es wurden infolgedessen, um den guten Ruf des Saarbrücker Eisens nicht zu schädigen, weitere Versuche mit Koksbetrieb auf den herrschaftlichen Eisenhütten nicht mehr angestellt, dagegen mehrten sich nach und nach die sonstigen Verwendungsarten für Koks. Namentlich war es die wachsende Ausfuhr von Koks, einerseits nach Frankreich, andererseits nach dem Rheine, welche die Koksdarstellung immer größeren Umfang annehmen ließ. Nach ersterer Richtung hin war der Gesellschaft Le Clerc, Joly & Comp., welcher seit dem Jahre 1776 der ausschließliche Steinkohlenabsatz nach Frankreich und der oberen Saar zustand, gestattet worden, in unbeschränkter Weise auch Koks auszuführen. In dem mit den Kaufleuten Karcher zu Saarbrücken und Gebr. Böcking zu Coblenz über den Kohlenhandel zu Wasser abgeschlossenen Vertrage vom 28. Februar 1789 bestimmte der Artikel 5: „Da auch die entreprenirende Gesellschaft den Gebrauch der ausgelaugten Steinkohlen in Teutschland zu vermehren hoffet, so wird derselben andurch erlaubet, vor ihre Rechnung und auf ihre Kosten von den ihnen abzuliefernden Steinkohlen, so viel sie will, auslaugen zu lassen." Auch der im nämlichen Jahre dem Kommerzienrat Röchling bewilligte Vertrag über den Kohlenhandel nach Deutschland auf dem Landwege schließt ausdrücklich die „Praschen und ausgelaugten Steinkohlen" ein.

Als Hauptabnehmer der nach Deutschland ausgeführten Koks erscheinen die Metallhütten (Blei-, Silber- und Kupferhütten) am Rhein und an der Lahn, welche um diese Zeit zum Koksbetriebe übergingen und ihren Koksbedarf von den genannten Kaufleuten bezogen. Nur das in der Grafschaft Wied-Runkel gelegene Berg- und Hüttenwerk zu Weyer an der Lahn stellte seinen Koksbedarf gemäß dem von dem Kammerrate Kleinschmidt 1788 mit der fürstlichen Regierung abgeschlossenen besonderen Vertrage (vgl. oben III. a. 4) selbst auf der Grube Dudweiler dar, zu welchem Zwecke ihm „unschädliche Orte" zugewiesen und sonstige Erleichterungen zugebilligt waren*).

Die eigentliche Verkokung erfolgte seit 1788 ausschließlich bei der Grube Dudweiler-Sulzbach, und zwar auf Kosten der Abnehmer selbst und durch deren Arbeiter. Als Öfen dienten nur mehr meilerartige, runde Roststätten mit steinernen, niedrigen Umfassungsmauern; durch allmähliche Vergrößerung des Durchmessers der Meiler auf 12 Fuß brachte man es dahin, daß bis zu 5 Fuder (150 Ztr.) Steinkohlen in einem Roste verkokt werden konnten. Die alten Muffelöfen blieben endgültig beseitigt, wie denn auch auf eine Gewinnung von Öl und Teer fernerhin keine Rücksicht mehr genommen wurde**).

Die Rußerzeugung war lange Zeit, abgesehen von der vorübergehenden Gewinnung des Rußes in den Koksöfen der Sulzbacher Harz-

---

*) Auf ähnliche Weise scheint sich die Entwickelung der Kokerei damals in Westfalen vollzogen zu haben, wo u. a. der Bürgermeister Engels den Ankauf und die Abschwefelung der Steinkohlen für die Siegenschen Metallhütten besorgte, nachdem letztere auf seine Anregung und unter seiner Leitung im Jahre 1789 sich dem Koksbetriebe zugewandt hatten.

**) Über die weitere Entwickelung der Koksdarstellung während der französischen und preußischen Zeit wird an den betreffenden Stellen der folgenden Abschnitte berichtet werden.

hütte, auf die eine eigentliche Rußhütte im Fischbachtale beschränkt, deren Betrieb 1776 pachtweise an die französische Gesellschaft Le Clerc, Joly & Comp. überging. Neben ihr entstanden gegen Ende des Jahrhunderts noch eine Rußhütte zu Illingen und eine solche zu St. Ingbert (Mariannental). Zu französischer Zeit*) hatte die Hütte im Fischbachtale 17, die zu Illingen 5 und die St. Ingberter Hütte 9 Öfen. Die jedesmalige Ladung eines Ofens (Eisenröhre) bestand in 70 kg Steinkohle und wurde alle 5 Stunden, nachdem die Rückstände („Praschen") gezogen waren, wieder erneuert; nach je 20 bis 21 Tagen sammelte man den Ruß in Säcke. Ein Fuder Kohlen lieferte durchschnittlich 1 Ztr. Ruß und 10 Ztr. Praschen. Der erzielte Ruß, dessen Verkaufspreise zwischen 10 und 24 Frcs. für den Zentner schwankten, diente hauptsächlich zur Bereitung von Ölfarbe und Druckerschwärze, während die Praschen vorzugsweise zum Kalkbrennen Verwendung fanden. — Zum Teil hat sich die selbständige Rußerzeugung noch bis in die Mitte des 19. Jahrhunderts erhalten.

### b) Die Steinkohlengruben des Saargebietes unter französischer Herrschaft 1793 bis 1815.

Übergangszeit. — Mit der Besetzung Saarbrückens durch französische Truppen im Mai 1793 erlosch tatsächlich die Herrschaft des Fürsten von Nassau-Saarbrücken nicht nur, sondern auch diejenige der benachbarten Landesherren**). Das Land wurde namens der französischen Republik vorläufig durch den „*District de Sarrelouis*" in Verwaltung genommen, auch ab und zu durch besondere Abgesandte des „Konventes" heimgesucht, so im Jahre 1793 durch die *Cîtoyens* Purnot und Rolland, *envoyés comme commissaires dans les Pays de ci-devant Nassau-Saarbruck et de la Leyen.* Geordnetere Verhältnisse traten erst ein, als im *Nivose an IV* (Dezember 1795) die *Direction générale de l'administration des Pays conquis entre Rhin et Moselle* errichtet wurde.

*) Duhamel fils, *Mémoire sur la fabrique de noir de fumée de la Rushutte, département de la Sarre, canton de Sarrebruck,* im *„Journ. des mines", Vol. 10 (an IX, 1800—1801), No. 55. S. 487—506.*

**) Die fürstliche Regierung zu Saarbrücken wurde am 15. Mai 1793 aufgelöst, nachdem sich der Fürst selbst 2 Tage vorher von Schloß Neunkirchen aus nach dem Rheine geflüchtet hatte; die Mitglieder der Regierung, insbesondere die Räte Dern, Röchling, Lex, wurden nach Metz abgeführt und dort längere Zeit gefangen gehalten. Übrigens waren die ersten Truppen des französischen Konventes bereits am 31. Oktober 1792 in Saarbrücken eingetroffen, und hatten in der Zwischenzeit wiederholt größere Truppendurchzüge stattgefunden. Vom 29. September bis 17. November 1793 lagerte eine preußische Armee unter dem General Grafen Kalckreuth vor St. Johann a. d. Saar, während die Franzosen Saarbrücken besetzt hielten und am 7. Oktober das dortige fürstliche Schloß niederbrannten.

Von den sämtlichen Steinkohlengruben der Nassau Saarbrückenschen, von Kerpenschen und von der Leyenschen Lande*) hatte die Saarlouiser Distriktsverwaltung sofort im Mai 1793 Besitz ergriffen und ließ sie zunächst durch die seitherigen Beamten für Rechnung der Republik weiter betreiben. Nach Errichtung der gedachten *Direction générale* führte ein besonderer *Inspecteur des mines et usines* (anfangs *du pays de Nassau-Saarbruck*, später *des Pays conquis entre Rhin et Moselle)* mit dem Amtssitze zu Saarbrücken die Oberleitung der Gruben; als solcher wurde der *Citoyen* Watremetz berufen, welchem der frühere fürstliche Berginspektor Knoerzer untergeordnet war. Infolge der fortdauernden Kriegsunruhen ging indessen der Bergbau mehr und mehr zurück. Förderung und Absatz erhoben sich kaum bis zur halben früheren (1789—91) Höhe und betrugen im gesamten Saargebiete jährlich höchstens 15000 Fuder, bei einem Reinertrage der Gruben von noch nicht 50000 Frcs.**)

Verpachtung der Gruben. — Nach längeren Verhandlungen kam unterm *5 Germinal an V* (25. März 1797) zwischen dem *Directeur général des pays conquis****) und der *Compagnie Equer* zu Paris ein Vertrag zustande, demgemäß letztere Gesellschaft vom *1 Messidor an V* (19. Juni 1897) ab die bisher für Rechnung der Republik betriebenen 10 Gruben in Pacht erhielt. Die Gesamt-Pachtsumme war auf jährlich 71000 *Livres tournois* (Frcs. Metallgeld) festgestellt, welche sich aus folgenden Einzel-Beträgen zusammensetzte: Dudweiler-Sulzach 14000 L., Wahlschied 1000, Rußhütte 3000, Gersweiler 5000, Schwalbach 9000, Großwald 4000, Wellesweiler 21000, Kohlwald 1000, St. Ingbert (von der Leyen) 12000 und endlich Illingen (von Kerpen) 1000 L. Dabei hatte die Gesellschaft jedoch nicht nur den Gemeinden die Kalk- und Hausbrand-Kohlen, sondern auch den Hüttenwerken und Fabriken die ihnen in früherer Zeit bewilligten Kohlenmengen zu den ermäßigten bisherigen Preisen zu liefern. Der Grubenbetrieb selbst unterlag der Oberaufsicht eines vom Staate angestellten und besoldeten *Ingénieur en chef des mines.*

---

*) Die St. Ingberter Grube war von dem Grafen von der Leyen an den Besitzer der dortigen Rußhütte Falck verpachtet, der 1798 starb.

**) Auf die Berechtigungen der Gemeinden zum Bezuge der Kalk- und Hausbrandkohlen (vergl. oben Abschnitt II. d. 1.) wurde wenig Rücksicht genommen. Als mehrere Gemeinden deshalb unterm 30. August 1795 bei dem Berginspektor Knoerzer in Dudweiler Beschwerde führten, antwortete ihnen dieser am 20. September 1795, der Förderlohn sei so hoch, „daß der Republik am Ende des Monats nichts übrig bleibe als etwas in Assignaten". Letzteres war bekanntlich das von den Franzosen eingeführte, nach und nach immer wertloser gewordene Papiergeld.

***) Es war dies der bekannte Regierungs-Kommissar Rudler. Als Präfekt in dem zu Anfang 1798 errichteten Saar-Departement war der General d'Ormechville und seit 1802 der Präfekt Keppler in Trier tätig, als Unter-Präfekt in Saarbrücken Bordě.

Andererseits wurde der Gesellschaft zugestanden, daß für die Dauer der Pacht innerhalb der früheren Nassau-Saarbrückenschen Lande keine andere Konzession auf Steinkohlen erteilt werden solle*).

Der ursprünglich nur auf 9 Jahre abgeschlossene Pachtvertrag wurde nach Ablauf dieser Zeit noch bis zum Schlusse des Jahres 1807 verlängert, hat im ganzen also etwas über $10^1/_2$ Jahre gedauert. Vom 1. Januar 1807 ab war jedoch die Grube Großwald aus dem Pachtverhältnisse ausgeschieden und der *Administration des Salines de l'Est* (zu Dieuze) gegen einen von dieser an den Staat zu zahlenden Jahres-Zins von 4000 Frcs. überlassen worden *(donnée en concession provisoire)*.

Während der ersten 4 Pachtjahre (1797 bis 1801) hob sich die Kohlenförderung der Gruben wieder auf durchschnittlich 24 000 Fuder im Jahre, in den letzten $6^1/_2$ Jahren (1801 bis 1807) stieg sie, einschließlich der Grube Großwald, auf durchschnittlich 42 000 Fuder (reichlich $1^1/_4$ Millionen Ztr.), hatte also damit die höchste Förderung der ehemals Nassau-Saarbrückenschen Gruben (im Jahre 1790) bereits um etwa ein Viertel überholt. Dementsprechend war auch der Geldertrag der Gruben sehr erheblich gestiegen; es ergab sich für die Gesellschaft Equer im Durchschnitt der $10^1/_2$ Pachtjahre ein Reingewinn von jährlich nahezu 81 000 Frcs. (nach Abzug der Pachtsumme, sowie sämtlicher Betriebs- und Generalkosten).

Als Beamte der Gesellschaft Equer werden genannt: der *Directeur général des forges et houillières du pays de Nassau-Sarrebruck* Savoye zu Saarbrücken (früher Direktor der vom 1. Oktober 1776 bis 30. September 1794 an die Gesellschaft Le Clerc, Joly et Co. verpachtet gewesenen fürstlichen Eisenhütten), der Berginspektor Knoerzer zu Dudweiler, der Bergkassierer Eberhard zu Sulzbach, sowie die Direktoren (Oberschichtmeister) Bartels zu Wellesweiler und Posth zu Rockershausen. Die staatliche Oberaufsicht über den Betrieb führte der *Ingénieur en chef des mines et usines* Guillot-Duhamel zu Saarbrücken. —

Bemerkenswert aus diesem Zeitabschnitte sind die erfolgreichen Bemühungen zum Zwecke einer festeren Gestaltung der Arbeiterverhältnisse, und insbesondere die erste feste Gründung einer eigentlichen Knappschaftskasse für die Beamten und Bergleute der Saarbrücker Steinkohlengruben.

Zwar war die im Jahre 1769 für die Nassau-Saarbrückenschen Gruben errichtete „Bruderbüchse" (vergl. oben III. a. 4.) auch unter der französischen Herrschaft beibehalten worden, indessen scheint sie, da sie lediglich eine Unterstützung in Krankheitsfällen bezweckte, den Wünschen der

*) Durch den nämlichen Vertrag wurden der Compagnie Equer auch die sämtlichen fürstlich Nassau-Saarbrückenschen Eisenhütten für den jährlichen Pachtbetrag von 13 500 Frcs. verpachtet.

Arbeiter nicht völlig genügt zu haben. Auf Anregung aus ihrer eigenen Mitte verpflichteten sich in der ersten Hälfte des Jahres 1797 die Bergleute sämtlicher Gruben der ehemals Nassau-Saarbrückenschen Lande in einem schriftlichen Vertrage zu gegenseitiger Unterstützung und bildeten unter dem Namen „Knappschafts-Kasse" einen besonderen Fonds, dessen Verwendung einer aus ihrer Mitte gewählten Vertretung anvertraut wurde. Fast gleichzeitig erließ der Berginspector Knoerzer unterm 1. Juli 1797 ein Arbeiter-Reglement*), welches bereits die Vereinigung in einer „Knapp-

---

*) Dieses, in seinen Hauptbestimmungen noch heute die Grundlage der Arbeiter-Ordnung für die Saarbrücker Gruben bildende treffliche Reglement mag hier seinem vollen Wortlaute nach eine Stelle finden:

Reglement für die Bergleute in den Nassau-Saarbrückischen und anderen Landen.

Duttweiler, den 1. Juli 1797.

Demnach die Ordnung und Nothwendigkeit erfordert, dass ein jeder Berg-Arbeiter auch wisse, wie er sich künftighin nach dem abzulegenden Eide der Treue und des Gehorsams verhalten solle, so erhält die Knappschaft folgendes Reglement.

Art. 1. Ein jeder Bergmann soll sich in das Knappschafts-Register gehörig einschreiben lassen, der jetzigen Societät der Bergwerke in allen Fällen treu, hold und gewärtig sein, auch dasjenige, was ihnen ihre Vorgesetzte befehlen, gehorsamen und befolgen.

Dieselben sollen

Art. 2. Insonders einen guten, ehrbaren, christlichen Lebens-Wandel führen, alle Arbeitstage zur gesetzten Zeit auf dem Bergwerke und vor Arbeit sich einfinden, widrigenfalls derjenige, welcher zur gehörigen Zeit sich nicht einfindet, das erstemal um sechszehn Kreuzer, das zweitemal um zwei und dreissig Kreuzer gestrafet, das drittemal aber, und wenn ers aus Vorsatz gethan, ohne Abkehr-Zettel abgelegt, und demselben auf sämmtlichen Steinkohlen- und Eisen-Werken keinerlei Arbeit wieder gegeben werden.

Art. 3. Nach ihrer Ankunft auf den Gruben müssen sie ohne Aufenthalt an ihre Arbeit gehen, wozu sie von ihren Vorgesetzten angewiesen sind, und solche treu und fleissig verrichten, auch die volle Schichtzeit gehörig dafür aushalten, desgleichen

Art. 4. Ihre Arbeit und Gedinge ordnungsmässig aushalten, geschehe es aber, dass sie die Arbeit verlassen müssen, sollen sie gegründete Ursachen dazu angeben, die Arbeit vierzehn Tage vorher aufsagen, wonach ihnen ihr Lohn und Abkehr-Zettel gegeben werden soll, welcher aber,

Art. 5. Seine Arbeit und Gedinge ohne gehörige Loskündigung verlässt, soll nicht nur keinen Abkehr-Zettel erhalten, sondern auch sein zurückstehender Lohn der Knappschafts-Kasse anheim fallen, wie dann gleichmässig

Art. 6. Derjenige, welcher seine Arbeit, Schicht und Gedinge ohne Vorwissen der Vorgesetzten nicht gehörig verfähret, jedesmal mit zwanzig Kreuzer zur Knappschafts-Kasse bestraft werden soll.

Art. 7. Die Bergleute sollen alle Arbeiten nach Anweisung des Bergmeisters gut bergmännisch treiben, keine Schemel und Oerter weiter aushauen, als die

schaft“ zur Voraussetzung hat und die auf Übertretung seiner Vorschriften gesetzten Strafen der Knappschaftskasse zuweist, im übrigen auch den Eintritt in die Knappschaft von einer eidlichen Verpflichtung auf das Reglement selbst abhängig macht.

Nachdem sich im Jahre 1801 auch die Bergleute der ehemals von der Leyenschen Grube St. Ingbert der Knappschaftskasse angeschlossen hatten, wurde für diese nunmehr ein förmliches Statut festgestellt. Das betreffende Knappschafts-Reglement vom *1 Ventose an IX* (21. Februar 1801)

---

Ordnung besagt, keine Berg-Vestungen verschwächen und verletzen, keine Gehölze unnöthiger und vergeblicher Weise anbringen, in Spähne hauen oder sonst veruntreuen, die Verzimmerungen gegen alle Drückungen und Anfälle gehörig und annehmlich führen, sofort,

Art. 8. Ihre Schemels und Arbeiten mit den Laufwerken unentgeltlich in bestem Stande, die Förderstrecken mit ihren Rinnen reinlich und sauber halten, besondere Vorfälle aber werden ihnen der Billigkeit nach gezahlt; sodann sollen sie

Art. 9. Die Kohlen, soviel möglich, in grosse Stücke und nicht in kleine und Gerüss-Kohlen hauen, bestmöglichst von Schiefer ablösen und aushalten, rein fördern, zierlich aufhallen und keine veruntreuen; desgleichen

Art. 10. Keine Kohlen wegladen, der Controleur vom Werk sei denn gegenwärtig, die Waagen, Kasten und Maasse laut ausrufen, richtig darmessen und wiegen, keine Kohlen in der Grube versetzen, verbergen, und keine übermässige und unerlaubte Trinkgelder von den Fuhrleuten erpressen, widrigenfalls derjenige, so dagegen handelt, ohne Abkehr-Zettel mit Verfall seines Lohnes zur Knappschafts-Kasse fortgejagt und nimmermehr angenommen werden soll.

Art. 11. Auch sollen bei gleicher Strafe alle Arbeiter auf Geheiss der Steiger sich zu Nebenarbeiten bei nothwendiger vorfallender ausserordentlicher Bergarbeit, sie habe Namen, wie sie wolle, willig bezeigen und sich auf andere Oerter, Schemel und Zechen ohne Widerspruch verlegen lassen; nicht weniger

Art. 12. Sich mit ihrem gesetzten Lohn und gemachtem Gedinge begnügen und bei Leibesstrafen keine Matzhammeleyen oder sonst betrügliche Handlungen vornehmen, zumalen ihnen jederzeit zureichendes Häuerlohn gesetzt werden soll

Art. 13. Ingleichen sind sie schuldig und verbunden, ihnen bekannte Unterschleife, Missbräuche und Betrügereien beim Bergwesen ihren Vorgesetzten anzuzeigen und sie vor dem ihnen unbekannt gewesenen Schaden zu avertiren und zu warnen.

Art. 14. Sollen sämmtliche Berg-Arbeiter auf den Zechen, in Gruben, auf den Halden, Hütt- oder Gruben-Häusern und in anderen Gesellschaften sich jederzeit sittsam, ruhig und friedlich, ohne Schelten, Schmähen, Fluchen, Gottlästern, Balgen und Schlagen betragen, vor dem Trunk in Acht nehmen und allen entstehenden Tumult und Aufstand unter sich vermeiden, vielweniger solchen selbst anstiften, oder anstiften helfen, auch sich überhaupt also betragen, wie es einem ehrlichen Bergmann gebühret und zukomme, und wer dagegen handelt, hat eine Bestrafung nach Grösse der Uebertretung und des Verbrechens, ohne alle Nachsicht, zu gewärtigen.

Art. 15. Derjenige Bergknappe oder Bergarbeiter, so des Abends nach zehn Uhr auf der Gasse, in fremdem Kartenspiel oder Wirthshäusern, ohne Freibillet

ist in Form eines Gesellschaftsvertrages abgefaßt und sowohl von den Mitgliedern der Grubenverwaltung (an ihrer Spitze der Berginspektor Knoerzer), wie auch von den Vertretern der verschiedenen Grubenbelegschaften unterzeichnet. Nach demselben soll sich die Mitgliedschaft auf sämtliche Bergleute und Bergbeamte, einschließlich des Berginspektors, erstrecken; die Einnahmen bilden: das Büchsengeld der Arbeiter und Beamten mit $1^1/_2$ Kreuzer auf den Gulden vom reinen Lohnverdienst*) oder von der Besoldung, das halbe Ladegeld und sonstige Abgaben von den

---

angetroffen wird, zahlt das erstemal ein Gulden, das zweitemal zwei Gulden Strafe, das drittemal aber wird er mit Verfall seines guthabenden Lohnes zur Knappschafts-Kasse ohne Abkehr-Zettel fortgejagt und soll auf sämmtlichen Kohlen- und Eisen-, auch Hüttenwerken nie wieder in Arbeit aufgenommen werden.

Art. 16. Hat sich Einer gegen den vierzehnten Artikel des Reglements vergangen und wird dessfalls vor dem Friedensgericht des Cantons gestraft, so soll er nach bewandten Umständen beim Bergwerk verurtheilt, ihm das erstemal zwei Gulden, das zweitemal vier Gulden Strafe angesetzt, das drittemal aber ebenmässig mit Verlust seines guthabenden Lohns für allezeit aus dem Berghüttenwerkdienst gejagt werden; desgleichen sollen sie

Art. 17. An Sonn- und Fest-Tagen in der noch anzugebenden Uniform gehen, ihren Vorgesetzten mit Achtung, Gehorsam und Respect begegnen, sie jederzeit gehörig begrüssen, widrigenfalls keiner in Arbeit aufgenommen, noch darin gelassen wird.

Art. 18. Die subalternen Berg-Officianten haben gegenwärtiges Reglement genau in Aufsicht und Ausführung zu nehmen, sie sollen demnach an den Arbeits-Tagen auf den Bergwerken und an den Ruh-, Sonn-, Feier- und Festtagen in Städten und Dörfern ihre desfallsige Visiten machen, und sind dem Director der Bergwerke bei oberirdischen Fällen, der Inspection bei unterirdischen, den Bergbau betreffenden Gegenständen verantwortlich.

Wie dann hiebei weiter jeder Director seine subalternen Officianten fleissig zu überwachen hat und der Inspection für alle oberirdischen Gegenstände verantwortlich sein soll.

Signatum, Duttweiler, den 1. Juli 1797.

Berg-Inspection der Nassau-Saarbrückischen und andern Steinkohlen-Bergwerke.
(gez.) Knörzer.

Ich . . . . . . gelobe und schwöre einen Eid zu Gott dem Allmächtigen, dass ich vorstehendes Reglement, welches mir deutlich vorgelesen, und ich wohl verstanden habe, in allen Punkten getreulich halten wolle. So wahr mir Gott helfe und sein heiliges Wort, durch Jesum Christum.

Nachdem der — — vorstehenden Eid geschworen, so ist derselbe dato zur Knappschaft auf- und angenommen worden, in das Knappschafts-Register N. — eingeschrieben und ihm dieses Reglement zu seiner Nachricht und beständigen Achtung mitgetheilt worden.

Signatum den ten

*) Der damalige Verdienst eines „Knappen“ (Hauers) wird im Reglement selbst zu durchschnittlich 120 Gld. jährlich angegeben, hatte also noch etwa die gleiche Höhe wie in der letzten fürstlichen Zeit.

verkauften Kohlen, Gebühren für An- und Abkehrscheine mit je 30 Kr., Eintrittsgelder der neu aufgenommenen Bergleute mit je 1 Gld. und endlich die Zinsen von ausgeliehenen Geldern; Unterstützungen sollen erhalten in festen monatlichen Sätzen: erkrankte Genossen (2 Gld. 10 Kr. bis zu 6 Gld.), Jnvaliden (2 Gld. 10 Kr.), Witwen (1 Gld. 5 Kr. bis 2 Gld. 45 Kr., Beamten-Witwen höher) und ganz elternlose Waisen. — Am Schlusse des Jahres 1799 betrug das Vermögen der Kasse 1541 Gld. 20 Kr., bis zum Beginn des Jahres 1808 war es bereits auf 10 947 Gld., und bis zum Jahre 1811 auf 64 147 Frcs. angewachsen, sodaß von letzterem Jahre ab die Unterstützungssätze wesentlich erhöht und außerdem auch Begräbnisbeihilfen gezahlt werden konnten. Mit Schluß des Jahres 1815 belief sich das Vermögen auf 68 489 Frcs.

Im Jahre 1807, mit dem Übergange der Grube Großwald an die *Salines de l'Est,* wurde für diese Grube (welcher 1810 auch noch die Grube Clarenthal beitrat) eine besondere Knappschaftskasse abgezweigt. Eine dritte Kasse endlich errichtete 1808 der Unternehmer Koevenig für die von ihm betriebene Grube Bauernwald. Beide genannten Kassen sind im Jahre 1816 mit der Hauptkasse zu einer allgemeinen Saarbrücker Knappschaftskasse verschmolzen worden.

Wiederübernahme der Gruben für Staatsrechnung. — Mit dem 1. Januar 1808 wurden Betrieb und Verwaltung der an die *Compagnie Equer* verpachtet gewesenen Gruben — mit Ausnahme der Grube Großwald, welche nach wie vor im Besitze des *Salines de l'Est* verblieb — wieder vom Staate selbst übernommen und der *Administration de l'enregistrement et des domaines* unterstellt. Die vom Präfekten des Saar-Departements eingesetzte *Régie provisoire des houillères* bestand aus folgenden, meist von der bisherigen Privatverwaltung übernommenen Beamten: Savoye, *directeur principal de la régie,* zu Saarbrücken, Gangloff, *contrôleur principal,* daselbst, Duhamel, *ingénieur, directeur des travaux d'art,* ebendort, Knoerzer*), *conducteur des travaux,* zu Dudweiler und Eberhardt, *vérificateur des comptes particuliers,* zu Sulzbach. Dem Haupt-Direktor waren außerdem noch 4 *Directeurs particuliers* (Oberschichtmeister) untergeordnet, und zwar Eberhardt zu Sulzbach, Bartels zu Wellesweiler, Posth zu Rockershausen und Heintz zu Kohlwage. Auf jeder Grube befand sich sodann noch je ein *Maître mineur* (Steiger) und ein *Contrôleur,* die indessen ausschließlich den Betrieb zu führen hatten.

Es scheint die feste Absicht der französischen Regierung gewesen zu sein, die Gruben über kurz oder lang zugunsten des Staatsschatzes zu ver-

---

*) Der Berginspektor Knoerzer starb bereits zu Anfang des Jahres 1808.

äußern, wie denn die staatliche Verwaltung noch bis zu Ende der französischen Herrschaft stets nur als *„provisoire“* bezeichnet wurde, übrigens auch bereits 1807 den *Salines de l'Est* die Grube Großwald ausdrücklich *„en concession provisoire“* gegeben worden war. In Ausführung des kaiserlichen Dekretes vom 13. September 1808 (vergl. oben Abschnitt II. b.) wurde das ganze Grubenfeld rißlich festgestellt und nach den Grundsätzen des Bergwerksgesetzes vom 28. Juli 1791 in einzelne Konzessionsfelder abgeteilt*). Für jede Konzession war im Laufe der folgenden Jahre das zugehörige kaiserliche Dekret und das Lastenheft entworfen worden, um nach Maßgabe des letzteren, soweit die einzelnen Konzessionen nicht für die Bergschule zu Geislautern, die *Salines de l'Est* und die Glashüttenbesitzer vorbehalten blieben, ein öffentliches Ausgebot an den Meistbietenden zu veranlassen. Wie die Lastenhefte ergeben, sollten die künftigen Konzessionsinhaber hinsichtlich des Betriebes einer fortdauernden strengen Aufsicht des Staates unterworfen sein und hatten an letzteren hohe Abgaben vom Ertrage der Gruben zu entrichten. Beispielsweise war für die in einer Ausdehnung von 231 ha 37 a geplante Konzession Sulzbach eine Abgabe von mindestens 23 v. H. des Rohertrages und eine Sicherheitsleistung von 16 098 Frcs. vorgesehen; der Konzessionsinhaber hatte die Verpflichtung, in Gemeinschaft mit den Inhabern von Dudweiler und St. Ingbert einen großen Wasserstollen anzulegen**). Der beginnende russische Krieg und die sich anschließenden Kriege mit den verbündeten Mächten verhinderten die endgültige Ausführung des ganzen Planes der Veräußerung, dessen Einzelheiten übrigens bereits dem Finanz-Minister in Paris zur Genehmigung vorlagen.

Zu Anfang des Jahres 1808 standen, abgesehen von der Grube Großwald, die 9 staatlichen Gruben Dudweiler-Sulzbach, Wahlschied, Rußhütte, Gersweiler, Schwalbach, Wellesweiler, Kohlwald, St. Ingbert und Illingen mit zusammen 579 Arbeitern in Betrieb. Im Laufe der nächsten Jahre wurden sodann noch die Gruben Jägersfreude, sowie Rittenhofen (1809) und Guichenbach (1810) wieder aufgenommen bezw. neu eröffnet, die gleichfalls wieder aufgenommene Grube Clarenthal aber an die *Salines de l'Est* überlassen. Die Steinkohlenförderung, welche im Jahre 1804 zum erstenmal wieder 1 Million Ztr. überstiegen, im Jahre 1807 aber (ohne Großwald) nahezu $1^1/_2$ Millionen Ztr. betragen hatte, hob sich nach und nach, trotz der ungünstigen Zeitverhältnisse, bis zu $1^2/_3$ Millionen Ztr. (ohne Großwald und Clarenthal) im Jahre 1813, bei einer mittleren Belegschaft von 693 Mann. An der letztgedachten Fördermenge und Belegschaft des Jahres 1813 waren die einzelnen Gruben folgendermaßen beteiligt:

---

*) Die betreffenden Pläne und Karten sind heute noch vorhanden.

**) H. Achenbach, Das französische Bergrecht, Bonn 1869, S. 84.

| Gruben | Fördermenge | | Mittlere Belegschaft |
|---|---|---|---|
| | Fuder*) | Doppel-Ztr. | |
| Dudweiler-Sulzbach . . . | 5 376 | 13 | 71 |
| Jägersfreude . . . . . . | 2 706 | 3 | 34 |
| Gersweiler. . . . . . . | 9 390 | — | 118 |
| Rußhütte . . . . . . . | 5 379 | $3^1/_2$ | 42 |
| Guichenbach . . . . . . | 1 210 | $14^1/_2$ | 18 |
| Rittenhofen . . . . . . | 2 541 | 13 | 35 |
| Wahlschied . . . . . . | 1 657 | — | 26 |
| Schwalbach . . . . . . | 4 003 | 7 | 51 |
| Wellesweiler . . . . . | 8 197 | 6 | 118 |
| Kohlwald . . . . . . . | 5 856 | $7^1/_2$ | 77 |
| St. Ingbert . . . . . . | 6 298 | — | 68 |
| Illingen . . . . . . . | 2 949 | 9 | 35 |
| Summe | 55 567 | $1^1/_2$ | 693 |

oder 1 667 013 Zoll-Ztr.

Die bedeutendsten Gruben waren hiernach diejenigen von Gersweiler und Wellesweiler, während St. Ingbert, Kohlwald, Rußhütte und Dudweiler-Sulzbach erst in zweiter Linie standen. Über die Förderung und Belegschaft von Großwald und Clarenthal finden sich in den Akten keinerlei Angaben.

Nach einer Ertragsberechnung der Gruben (ohne Großwald und Clarenthal) aus dem Jahre 1814 beliefen sich in den 6 Jahren 1808 bis 1813:

die Gesamt-Einnahmen der Gruben auf 3 411 390 Frcs.,
„ Gesamt-Ausgaben auf . . . . . 2 566 623 „
mithin der Reinertrag auf 844 767 Frcs.,

also letzterer durchschnittlich für 1 Jahr auf 140 795 Frcs., von welcher Summe etwa 45 000 Frcs. auf die (nach dem 1. Pariser Frieden von Frankreich abzutretenden) Gruben Wahlschied, Illingen, St. Ingbert, Wellesweiler und Kohlwald, dagegen 95 000 Frcs. auf die (bei Frankreich verbleibenden) übrigen Gruben entfielen.

Im Jahre 1807 waren Anordnungen getroffen worden, in Geislautern eine *École pratique des mines* zu errichten, und zwar vorzugsweise für

*) Das Fuder wurde um diese Zeit zu 1500 kg oder 15 quint. metr. (Doppel-Zentner) gerechnet.

den Unterricht im Steinkohlenbergbau und im Eisenhüttenbetriebe*). Die am 1. Januar 1807 pachtfrei gewordene ehemals fürstliche Eisenhütte zu Geislautern wurde demgemäß nicht, wie die übrigen landesherrlichen Eisenhütten, verkauft, sondern für staatliche Rechnung in Betrieb genommen. Man beabsichtigte, auf der Hütte 2 neue Hochöfen zu erbauen, die ausschließlich mit Koks betrieben werden sollten, und zu dem Ende auch, da die Kohle der Geislauterner Grube keine brauchbaren Koks lieferte, außer dieser Grube noch die Grube Dudweiler ausschließlich den Zwecken der Bergschule vorzubehalten**). Mit Errichtung der Gebäude für die Schule war schon 1809 begonnen, auch der *Ingénieur en chef des mines* Duhamel zum *Directeur général* der letzteren bezeichnet worden, indessen scheint das wirkliche Inslebentreten der Schule wegen Mangels der erforderlichen Geldmittel hinausgeschoben worden zu sein.

Die von Privaten betriebenen Steinkohlengruben. — Während die alte lothringische Grube bei Griesborn wegen zu starker Wasser zum Erliegen gekommen war, wurde die ursprünglich von der Abtei Wadgassen betriebene Grube bei Hostenbach nach Auflösung der genannten Abtei zunächst *(16 Pluviose an V)* durch das *Département de la Moselle* an die Bürger Klaine und Couson verpachtet, dann *(11 Pluviose an VI)* an den Fabrikbesitzer Nicolas Villeroy verkauft. Um die nämliche Zeit eröffneten ganz in der Nähe die Gemeinden Hostenbach und Schaffhausen, sowie einzelne Grundbesitzer noch weitere Gruben, welche sie an verschiedene Personen pachtweise überließen. Im Jahre 1803 befanden sich demzufolge auf dem Banne von Hostenbach gleichzeitig 4 Steinkohlengewinnungen in Betrieb, die im *an XI* (1802 bis 1803) mit 88 Arbeitern eine Förderung von 8094 *quint. metr.* erzielten; eine dieser Gruben war mit ihren Bauen bereits bis zu einer Tiefe von 10 m unter den Spiegel der Saar niedergegangen. Geregelte Besitz- und Betriebsverhältnisse traten übrigens hier erst ein, als durch das kaiserliche Dekret vom *25 Thermidor an XII* (12. August 1804) die Steinkohlenberechtigung für das ganze Gebiet der vormaligen Abtei Wadgassen an den genannten Villeroy überging. (Vergl. Abschnitt II. b.) Die Grube Hostenbach ist seitdem bis auf die Gegenwart in ununterbrochenem Betriebe geblieben.

Im Bereiche der ehemaligen Herrschaft Püttlingen-Crichingen hatte sich während der Revolutionswirren die Gemeinde Püttlingen ohne weiteres der Steinkohlengruben im Bauernwald bemächtigt und sie nach kurzem Selbstbetriebe durch Vertrag vom *6 Vendemiaire an IV* (27. September

*) Eine gleiche Schule für den metallischen Bergbau bestand zufolge eines Beschlusses der Konsuln bereits seit dem Jahre 1802 zu Pesey bei Moûtier im Departement Mont-Blanc.

**) A. H. de Bonnard, *Sur les mines de houille du pays de Sarrebruck*, im *„Journal des mines“*, Vol. 25, Nr. 149 (Mai 1809).

1795) an die Bürger Koevenig und Beaumont von Saarlouis verpachtet. (Vergl. II. b.)*). Die beiden, im oberen Tale des Frommersbaches angelegten Gruben förderten im *an XI* mit 17 Arbeitern 15637 *quint. metr.* Trotz mehrfacher Regierungserlasse hat sich Koevenig tatsächlich während der ganzen französischen Herrschaft im Besitze dieser Gruben behauptet.

Die vorhandenen Glashütten-Gruben verblieben unter französischer Herrschaft im Betriebe der Hüttenbesitzer, welchen die Regierung die betreffenden Pachtverträge bei deren Ablauf wiederum erneuerte, so für die Mariannenthaler Hütten unterm *5 Ventose an VI* (23. Februar 1798), für die Hütte zu Quierschied am *25 Messidor an VI* (13. Juli 1798), sowie für diejenige zu Merchweiler und für die „große“ (ältere) Friedrichsthaler Glashütte am 30. Mai 1808. Außerdem war durch einen Vertrag vom *28 Messidor an IV* (16. Juli 1796) dem Besitzer der neu erbauten „kleinen“ Friedrichsthaler Hütte gestattet worden, für den Steinkohlenbedarf der letzteren einen Stollenbetrieb in dem Berge „Die drei Fontänen“ zu eröffnen. Da die neue Grube bald unter Wasser geriet, ermächtigte ein Dekret des *Inspecteur* Watremetz vom *3 Ventose an V* (21. Februar 1797) den Besitzer der „kleinen“ Hütte, seine Kohlen aus der alten Friedrichsthaler Glashüttengrube zu entnehmen; mit der letzteren wurde sodann durch den vorgedachten Vertrag vom 30. Mai 1808 der Stollen „in den drei Fontänen“ zu einem einzigen Bergwerke vereinigt, dessen Betrieb der „großen“ Hütte zustand, das aber auch der „kleinen“ Hütte die erforderlichen Steinkohlen zu den Förderungskosten zu liefern hatte.

Am 1. Juli 1808 wurde zwar die Grube der Mariannenthaler (St. Ingberter) Hütte, deren Pachtzeit abgelaufen war, von der Bergwerksverwaltung eingezogen, schon im September 1812 beschloß jedoch die letztere wieder, den Besitzern der genannten Mariannenthaler, wie auch der 1809 neu genehmigten Schnappbacher (Sulzbacher) Glashütte vorläufig einen Stollen zum eigenen Betriebe gegen Pacht anzuweisen. Den von dem *Ingénieur en chef des mines* Duhamel entworfenen Bedingungen vom 8. Juni 1813 war bereits der Plan einer Teilung des Saarbrücker Grubenfeldes in einzelne Konzessionen zugrunde gelegt, und sollte der ersteren Hütte (Chr. Wagner et Comp.) das vorbehaltene Feld D dieses Planes, „Reserve der Ruhbach“, der letzteren (C. E. Vopelius) das östlich daran angrenzende Feld „Ruhbach Nr. 32“ gegen einen jährlichen Zins von 60 Frcs. für jeden Glashafen *(pot)* in Pacht gegeben werden. Die hiernach im September 1814 aufgestellten Pachtvertrags-Entwürfe wurden aber von den Glashüttenbesitzern nicht angenommen, da der Vertrag nach Art. 2 sofort und ohne Entschädigung aufhören sollte, sobald die Re-

*) Die gleichfalls innerhalb der genannten Herrschaft gelegene Grube Großwald war dagegen 1793 für Rechnung der Republik übernommen und dann mit den übrigen Gruben an die Gesellschaft Equer verpachtet worden.

gierung „in irgend anderer Weise“ über die Gruben verfügen würde. Tatsächlich haben gleichwohl beide Glashütten die betreffenden Gruben im Ruhbachtale eröffnet und ungestört bis zum Jahre 1815*) fortbetrieben.

Durch kaiserliches Dekret vom 1. Juni 1807 (ausgefertigt *„au Camp Impérial de Dantzick“)* wurde dem Besitzer der Preußischblau- und Salmiak-Fabrik zu Sulzbach und Pächter der Alaunhütten von Dudweiler C. Ph. Vopelius an Stelle der bisher bloss gepachteten dortigen Alaunschiefergrube eine 30jährige Bergwerks-Konzession auf Alaunerze im Umfange von 3 qkm 36 qhm erteilt. Der Konzessionär hatte eine feste Abgabe von 600 Frcs. jährlich zu zahlen und durfte mit seinen Bauen nicht unter die Wasserlösungs-Stollen der dortigen Steinkohlengruben niedergehen; das ihm neben den Alaunerzen zustehende Recht der Steinkohlengewinnung war beschränkt einesteils auf den eigenen Bedarf seiner Hütten, anderenteils auf die mit den Alaunschiefern zusammen abzubauende Kohle und auf die bereits verlassenen Betriebe der eigentlichen Steinkohlengruben von Dudweiler. Auf grund dieser Konzession fand denn auch in der Alaunschiefergrube schon im Jahre 1807 eine regelmäßige Kohlenförderung statt, die indessen zufolge eines mit der Bergwerksverwaltung abgeschlossenen Vertrages vom 1. Juli 1808 vorläufig wieder eingestellt wurde, indem letztere sich durch diesen Vertrag verpflichtete, die Vopeliusschen Hütten ihrerseits mit Grieskohlen zu dem billigen Preise von 3 Frcs. für das Fuder zu versorgen. Nach Ablauf der 6 Vertragsjahre nahm Vopelius, dessen Konzession mittlerweile gemäß dem Bergwerksgesetze von 1810 eine dauernde geworden war, im Jahre 1814 die eigene Kohlengewinnung wieder auf, die denn auch seitdem ununterbrochen fortgesetzt wurde, bis die Alaunschiefergrube im Jahre 1843 durch Kauf (15 000 Tlr.) an den preußischen Staat überging. Durchschnittlich dürften jährlich etwa 1000 Fuder Steinkohlen in der gedachten Grube gewonnen worden sein.

Technischer Betrieb der Gruben. — Über den eigentlichen Betrieb der Saarbrücker Steinkohlengruben zur Zeit der französischen Herrschaft, und insbesondere über den Abbau der Flöze, enthalten die Schriften von Héron de Villefosse einige nähere Mitteilungen**). Danach bestand

---

*) Auf der 1815 an Bayern gefallenen linken Seite des Ruhbaches sogar bis 1821.

**) Héron-Villefosse, *Statistique des mines et usines du Département de la Moselle.* Im *„Journal des Mines“, Vol. 14, Nr. 80, Floreal an XI* (1802 bis 1803).

Héron de Villefosse, *De la richesse minérale.* I. *Division économique.* Paris 1810. II. III. *Division technique.* Paris 1819.

Der Verfasser beider Schriften war zuerst *Ingénieur des mines* des Mosel-Departements, sodann später *Ingénieur en chef des mines de France et Inspecteur général des mines et usines des pays conquis.*

zu Anfang des 19. Jahrhunderts die herrschende Abbauart auf den Gruben des Mosel-Departements (Großwald, Bauernwald und Hostenbach) in dem Betriebe von diagonal ansteigenden Abbaustrecken, welche von der streichenden Stollen- oder Grundstrecke aus in der vollen Höhe des Flözes mit 8 m Breite, unter Stehenlassen von 4 m starken Pfeilern und Nachführung von Bergeversatz, aufgefahren wurden. Die Grube Großwald, deren Abbau von Héron de Villefosse als besonders regelmäßig bezeichnet wird, besaß im *an XI* überhaupt 27 derartige Abbaustrecken nebst 5 Förderstollen, welche in dem genannten Jahre bei 80 Arbeitern 105 120 *quint. metr.* Steinkohlen lieferten; der tiefe Wasserlösungsstollen hatte bereits 430 m Länge erreicht. In allen Gruben wurde übrigens nur während 9 Monaten im Jahre gearbeitet; zu Großwald leistete ein Hauer monatlich 146 *quint.*, im Bauernwald und auf den Gruben bei Hostenbach dagegen nur 102 *quint.*

Auf der Grube Dudweiler, woselbst der Ludwig-Stollen *(galerie d'écoulement et d'extraction)* die hangenden Flöze bis zum Flöze No. 8 querschlägig gelöst hatte*) und auf jedem dieser Flöze nach Westen und Osten je eine streichende Grundstrecke *(galerie d'alongement)* aufgefahren war, bewirkte man um das Jahr 1810 die Vorrichtung bei dem stärkeren Fallen (36⁰) der Flöze durch Haupt-Diagonalen *(rampes)*, welche, in 250 m Abständen voneinander in der Grundstrecke angesetzt, ein solches Ansteigen (10 bis 12⁰) erhielten, daß eine bequeme Förderung möglich war. Die eigentlichen Abbaustrecken (*tailles*) wurden von der Haupt-Diagonale aus streichend nach beiden Seiten mit 8 bis 10 m flacher Breite und 5 m Pfeiler betrieben, wobei die unterste Strecke sich unmittelbar an die Grundstrecke anschloß; innerhalb des Bergeversatzes der mit Stempeln verbauten und am oberen, wie unteren Stoße mit einer Förderbahn versehenen Strecke blieben hin und wieder schwebende Durchhiebe offen. Zur Förderung dienten durchgängig nur Karren. Behufs Regelung des Wetterzuges hatte man in den Grundstrecken Wettertüren *(portes battentes)* angebracht, sowie auf mehreren Flözen die Baue durch Wetterschächte und Aufhiebe mit den oberen Stollen oder dem Ausgehenden durchschlägig gemacht.

Eine Art von Strebbau wurde um die nämliche Zeit (vor 1810) auf der Grube Gersweiler betrieben. Das 1,80 m starke und nur wenig geneigte obere Flöz dieser Grube war durch 3 übereinander liegende, 90 bis 100 m lange Tagestrecken und Stollen in Angriff genommen, deren Örter man miteinander durchschlägig gemacht hatte, derart, daß sie nunmehr einen zusammenhängenden schwebenden Kohlenstoß bildeten. Letzterer

*) Der obere (Landgruber) Stollen, welcher in Brand stand, hatte die Flöze No. 5 bis 13 gelöst.

wurde in einzelnen Abschnitten von 6 m schwebender Länge hereingewonnen, die fallenden Berge wurden in den ausgehauenen Räumen versetzt und dazwischen noch in gewissen Abständen Steinpfeiler errichtet, auf welche sich dann das Hangende, ohne Tagebrüche zu veranlassen, allmählich niedersenkte*). Die Förderung der Kohlen erfolgte mit Karren bis zu Tage, zu welchem Zwecke man nicht nur die 3 Hauptstrecken, sondern auch zwischen ihnen noch je 1 oder 2, zunächst diagonale, dann söhlige Teilungsstrecken offen hielt.

Absatz der Saarkohle. — Durch die Einverleibung des linken Rheinufers in Frankreich und den damit verbundenen Fortfall einer Reihe von Zollschranken gestalteten sich die Absatzverhältnisse der Saarbrücker Gruben im allgemeinen wesentlich günstiger, wenn auch die steten Kriegsunruhen dem Absatze mannigfachen Eintrag taten. Außer im engeren Umkreise der Gruben fand die Saarkohle zu Lande Absatz in den übrigen Teilen des Saar- und des Mosel-Departements, sowie in den angrenzenden Departements *Mont-Tonnerre* (Pfalz), *Bas-Rhin* (Unter-Elsaß) und *Meurthe* (Lothringen), während sie zu Wasser auf Saar und Mosel in das *Mosel-* und das *Département des forêts* (Luxemburg), auf Mosel und Rhein, in scharfem Wettbewerb mit der Ruhr- und der Aachener Kohle, in das Departement *Rhin et Moselle*, ja bis in das *Roer-* (Aachener) Departement vordrang.

Sowohl zum Hausbrande, wie bei den Gewerben (außer Schmieden, Schlossern usw. namentlich bei den Zieglern, Bierbrauern und Bäckern) hatte sich die Steinkohle gegen Anfang des 19. Jahrhunderts bereits dauernd eingebürgert, und zwar nicht nur im engeren Saargebiete, sondern auch in mehr und mehr sich erweiterndem Umkreise. So war die Verwendung von Steinkohle innerhalb der Stadt Metz im *an XI* (1802 bis 1803) schon ziemlich allgemein geworden, trotzdem daselbst erst 2 Jahre vorher die ersten Stubenöfen durch die Präfektur und das Militär-Lazarett geheizt worden waren; überhaupt hatte sich der Steinkohlenverbrauch des Mosel-Departements innerhalb der genannten 2 Jahre reichlich verdoppelt**).

Daneben vollzog sich der Übergang zur Steinkohlenfeuerung auch bei der Industrie in immer größerem Umfange. Zunächst waren es, wie bereits an anderer Stelle (III. a. 6.) erwähnt wurde, die Metallhütten an der Lahn, welche sich in den 1780er Jahren dem Koksbetriebe zuwandten. Um dieselbe Zeit feuerten die Quecksilberhütten in der Pfalz ihre Retortenöfen mit Saarbrücker Steinkohle***). Auch die lothringischen Salinen zu Dieuze,

---

*) In früherer Zeit soll nach Héron de Villefosse die alte Kirche von Gersweiler durch unvorsichtige Abbauarbeiten stark beschädigt worden sein.

**) *Annuaire du département de la Moselle pour l'an XI. Metz, an XI.* S. 163; ferner *Département de la Moselle (Statistique). Metz, an XII.* S. 162.

***) Chr. Fr. Habel, Beyträge usw. S. 55.

Moyenvic und Chateau-Salins, sowie die Steingut-Fabriken *(faienceries)* von Wallerfangen und Saargemünd hatten bereits zu Ende des 18. Jahrhunderts den regelmäßigen Steinkohlenbetrieb eingeführt*). Von den lothringischen Eisenhütten benutzte zuerst die Hütte zu Homburg a. d. Rossel im *an X* (1801 bis 1802), dann im folgenden Jahre die Hütte zu Ottange Steinkohle beim Hämmern und Spalten *(fendre)* des Eisens**). Im Jahre 1804 bezog auch das Rasselsteiner Eisenwerk bei Neuwied a. Rhein Saarkohle zur Stabeisenbereitung***). Zu den Abnehmern von Saarkoks traten 1807 auch die Bleihütten am Bleiberge in der Eifel (Roër-Departement), wo man um diese Zeit vom Holzkohlen- zum Koksbetriebe überging; die Koks wurden zu Wasser bis Bonn und von dort dann noch 8 bis 9 Stunden zu Lande bis Commern gebracht, wo sie 1811 frei Hütte auf etwa 1 Tlr. der Zentner zu stehen kamen †).

Die laufenden Kohlenpreise der Gruben schwankten in der französischen Zeit zwischen 40 und 50 Centimes für den einfachen Zentner. Verkauft wurde anfangs noch nach dem *quintal* (altem Zentner), um das Jahr 1800 nach dem *myriagramm* (20 Pfd.), später nach dem *quintal metrique* (Doppel-Zentner) und dem *foudre* (neuen Fuder von 1500 *kg* oder 15 *quint. metr.*).

Der Absatz der unter Staatsverwaltung befindlichen Gruben wird für das Jahr 1808 zu 46 000 Fuder (1 380 000 Ztr.) angegeben, von denen 9300 Fuder im engeren Inlande verblieben und 36 700 Fuder ausgeführt wurden. Nach der amtlichen französischen Statistik ††) belief sich die Gesamt-Einfuhr von Saarkohle *(Sarrebruck et St. Ingbert)* nach Frankreich innerhalb dessen in 1815 erhaltener Begrenzung im Jahre 1802 auf 180 000 *quint. metr.*, 1811 auf 250 000 und endlich 1814 auf 280 000 *quint. metr.*

Verwaltung der Gruben in den Jahren 1814 und 1815. — Nach fast 21jähriger Dauer der Fremdherrschaft im Saarbrücker Lande rückten die ersten preußischen Truppen am 6. Januar 1814 in Ottweiler und am folgenden Tage in Saarbrücken ein. Von dem General-Gouverneur des Mittel-Rheins, Justus Gruner, wurde am 18. März 1814 die Verwaltung

---

*) *Annuaire du département de la Moselle pour l'an XI.* S. 160.

**) Ebendort, S. 163 und *Département de la Moselle usw.* S. 168.

***) Eversmann, Die Eisen- und Stahl-Erzeugung, Dortmund 1804, S. 117. Die Saarbrücker Kohle kostete in Neuwied 20 bis 45 Kr. der Zentner.

†) A. H. de Bonnard, *Sur les mines de houille du pays de Sarrebruck*, im *„Journal des mines"*, Vol. 25, Nr. 149 (Mai 1809), sowie L. Bleibtreu, Bergmännische Nachrichten über den Bleyberg im Roër-Departement, in den Ann. d. Herz. Soc. f. d. ges. Mineralogie zu Jena, Bd. 3, 1811.

††) *Résumé des travaux statistiques de l'administration des mines en 1870, 1871 et 1872*, Paris 1872, S. XXV.

der Steinkohlengruben dem neu ernannten Oberbürgermeister H. Böcking* zu Saarbrücken übertragen; im übrigen scheinen die Beamten auf den Gruben in ihren Stellungen verblieben zu sein.

Dem ersten Pariser Frieden (vom 30. Mai 1814) zufolge sollte die neue Grenze Frankreichs und Deutschlands über den „Bildstock" gehen. Von den Kohlengruben verblieb danach die Mehrheit bei Frankreich, während nur die 5 Gruben Illingen, Wahlschied, St. Ingbert, Wellesweiler und Kohlwald abgetreten wurden; für die Grube Guichenbach war die künftige Zugehörigkeit noch zweifelhaft. Die abgetretenen Gruben wurden von der am 16. Juni 1814 in Wirksamkeit gelangten österreichisch-bayerischen Landesadministrations-Kommission zu Kreuznach dem General-Inspektor C. Aug. Simon daselbst unterstellt, welchem ein Direktor und ein Schichtmeister mit dem Sitze zu Neunkirchen beigegeben waren; die einzelnen Gruben hatten je einen rechnungführenden Steiger, einen Einnehmer und einen Kontrolleur.

Über die Verwaltung der bei Frankreich verbliebenen Gruben liegen aus der Zeit zwischen dem ersten und zweiten Pariser Frieden keinerlei Berichte vor. Wohl aber spielten diese Gruben und der in ihnen vorhandene Kohlenreichtum eine hervorragende Rolle bei den vielfachen Bemühungen der deutschgesinnten Bewohner Saarbrückens um Wiedervereinigung mit Deutschland, so namentlich in der Denkschrift vom 15. Juli 1815, welche die „Deputierten" Böcking und Lauckhard dem Staatskanzler Fürsten von Hardenberg überreichten, sowie in den persön-

*) Der hier zum erstenmal in Beziehung zur Saarbrücker Bergverwaltung tretende, spätere Oberbergrat Heinrich Böcking war am 1. Juli 1785 zu Trarbach a. d. Mosel geboren und hatte sich ursprünglich dem Kaufmannsstande gewidmet. Um das Jahr 1808 nach Saarbrücken gekommen, wurde er durch seine 1809 erfolgte Verheiratung mit der Tochter des Hüttenbesitzers Stumm zu Saarbrücken der Industrie näher gebracht. Seine deutschpatriotischen Bemühungen waren Anlaß, daß er am 17. März 1814 zum Oberbürgermeister von Saarbrücken ernannt wurde, welche Stelle er aber bald niederlegte, um seine ganze Tätigkeit der ihm übertragenen Verwaltung der Steinkohlengruben zu widmen. Nach dem für Saarbrücken so unglücklichen ersten Pariser Frieden war es Böcking, der als Führer der deutschen Bevölkerung unablässig schriftlich und mündlich für die Wiedervereinigung der Saarbrücker Lande mit Deutschland wirkte, und dessen Verdienste hauptsächlich auch die endliche Wiedervereinigung zu danken ist. Unter preußischer Verwaltung wurde Böcking am 1. Dezember 1815 General-Bergkassierer und nach Errichtung des Saarbrücker Bergamtes Rendant und Assessor dieser Behörde. Von 1832 bis 1838 war er gleichzeitig Bürgermeister von Saarbrücken. Am 30. Januar 1838 zum Bergrat ernannt, trat er am 5. Oktober 1844 mit dem Charakter als Oberbergrat in den Ruhestand. Seine letzten Lebensjahre verbrachte er in Berlin und Bonn, in welch letzterer Stadt er am 6. Mai 1862 starb. — H. Böckings hoher Verdienste um das Saarbrücker Land und dessen Bergbau ist durch die Anbringung seines Brustbildes an dem 1880 vollendeten neuen Verwaltungsgebäude der Saarbrücker Königl. Bergwerks-Direktion zu St. Johann a. d. Saar ehrend gedacht.

lichen Vorstellungen dieser Deputierten bei den 3 verbündeten Monarchen. Auch früher schon, unmittelbar nach dem ersten Pariser Frieden, hatte die Bürgerschaft durch den im Juni 1814 zu Saarbrücken anwesenden besondern Vertreter des mittelrheinischen Gouvernements, Leop. Bleibtreu, dem General-Gouverneur den Vorschlag unterbreiten lassen, man möge, um nur die Loslösung der Saarbrücker Lande von Frankreich zu ermöglichen, dem letzteren für seine lothringischen Salinen entweder eine gewisse Anzahl von Steinkohlengruben zum Betriebe einräumen, oder ihm die erforderlichen Steinkohlen dauernd zum Selbstkostenpreise überlassen.

Der zweite Pariser Friede (vom 20. November 1815) brachte endlich auch für den Rest der Saarbrücker Lande die ersehnte Befreiung von der Fremdherrschaft und damit zugleich die Ablösung des ganzen bis dahin bebauten Saarkohlenbeckens von Frankreich.

Es mag hierbei bemerkt sein, daß die französische Regierung noch unmittelbar vor dem Friedensschlusse den Versuch machte, die ehemaligen Nassau-Saarbrückischen Staatsgüter, einschließlich der Steinkohlengruben, schenkungsweise der Herzogin von Braunschweig-Bevern und der Marquise von Soyecourt, als geborenen Prinzessinnen von Nassau-Saarbrücken, zurückzugeben, trotzdem gerade diese beiden Tanten des letzten Fürsten von Nassau-Saarbrücken bereits im Jahre 1801 auf Grund des Friedensvertrages von Lunéville durch einen Staatsratsbeschluß mit ihren Ansprüchen auf die Staatsgüter endgültig abgewiesen worden waren. Die preußische Regierung hat die in Rede stehende Schenkung nicht anerkannt, da sie zu einer Zeit erfolgt war, wo es bereits feststand, daß das Saarbrücker Land nicht mehr bei Frankreich verbleiben werde.

### c) Die weitere Entwickelung des Saarbrücker Steinkohlenbergbaues nach 1815.

Bei der in den Jahren 1815 und 1816 erfolgten Neu-Regelung der landesherrlichen Verhältnisse im Saargebiete fiel der weit überwiegende Teil des durch den Bergbau bisher aufgeschlossenen Kohlenbeckens an die Krone Preußen, ein kleines Stück an Bayern. Innerhalb des bei Frankreich verbliebenen westlichsten Beckenteiles hatte bis dahin eine Steinkohlengewinnung noch nicht stattgefunden, hier begannen die ersten Versuche zur Aufschließung bauwürdiger Steinkohlenflöze erst nach 1815.

Es dürfte sich empfehlen, die weitere Entwickelung des Steinkohlenbergbaues vom Jahre 1815 bis zur Gegenwart für die betreffenden Gebietsteile Preußens, Bayerns und Frankreich-Lothringens im nachstehenden getrennt zu behandeln.

## 1. Auf preußischem Gebiete.

Einrichtung der Verwaltung. — Die im zweiten Pariser Frieden von Frankreich an die Krone Preußen abgetretenen Landesteile wurden am 30. November 1815 zu Saarbrücken und am 2. Dezember zu Saarlouis durch den Landes-Kommissarius, Oberappellationsrat Math. Simon, förmlich in Besitz genommen und dann am 22. April 1816, nach Auflösung der vorläufigen Verwaltung, dem Bezirke der neuerrichteten Königl. Regierung in Trier zugeteilt. Das Gleiche erfolgte mit Ottweiler und den übrigen an Preußen gefallenen, seit 1814 von der österreichisch-bayerischen Landes-administrations-Kommission verwalteten Gebieten mit dem 1. Juli 1816, an welchem Tage zu Ottweiler die Huldigung stattfand.

Für die Verwaltung der Steinkohlengruben wurde am 8. Dezember 1815 eine „Königl. Bergamts-Kommission zu Saarbrücken" errichtet und diese später der bereits seit dem 1. Januar 1816 bestehenden „Rheinischen Oberbergamts-Kommission zu Bonn" — aus welcher durch Allerhöchste Kabinetts-Order vom 16. Juni 1816 das „Königl. Rheinische Oberbergamt"*) hervorging — untergeordnet. Mit dem 22. September 1816 trat an die Stelle der Bergamts-Kommission das neu errichtete „Königl. Bergamt zu Saarbrücken", dessen Wirkungskreis außer dem Saarbrücker Staats-Steinkohlenbergbau noch den gesamten Privat-Bergbau und Hüttenbetrieb der preußischen linksrheinischen Landesteile südlich der Mosel umfaßte**). An der Spitze der Bergamts-Kommission und des Bergamtes stand vom 16. Mai 1816 ab der seitdem während eines $41^1/_2$jährigen Wirkens um den Saarbrücker Bergbau hochverdiente Bergamts-Direktor (spätere Geh. Bergrat) Sello***). Dem Bergamte gehörten zunächst außer

*) Es bestand in der ersten Zeit aus dem Geh. Oberbergrat und Berghauptmann Grafen von Beust als Direktor, sowie den Oberbergräten Hardt, Becher, Fulda, Koch und den Oberbergamts-Assessoren Nöggerath, Senff, Heusler als Mitgliedern.

**) Der Bergamts-Kommission war auch das im Staatsbesitze verbliebene Geislauterner Eisenhüttenwerk unterstellt gewesen und demgemäß dessen Inspektor van den Broek Mitglied der Kommission; später wurde ein besonderes Königl. Hüttenamt zu Geislautern errichtet.

***) Leopold Sello, geboren zu Sanssouci bei Potsdam am 25. Oktober 1785, hatte seine praktische Ausbildung von 1802 bis 1808 beim oberschlesischen Steinkohlenbergbau, sowie, seit April 1808 zum Berg-Kadett ernannt, beim Gangbergbau zu Kupferberg in Niederschlesien erhalten. Vom Herbst 1809 bis dahin 1811 besuchte er die Bergakademie zu Freiberg und sodann zu seiner weiteren praktischen Unterrichtung das Mansfeldische und den Harz. Am 19. Dezember 1811 zum Einfahrer befördert, wurde Sello mit der Leitung des landesherrlichen und gewerkschaftlichen Galmei-Bergbaues und Hüttenwesens zu Tarnowitz in Oberschlesien betraut und in dieser Stellung 1814 auch zum Mitgliede des oberschlesischen Bergamtes ernannt. Nach einer im Herbste 1815 ausgeführten längeren Ausbildungsreise durch Hessen, die westfälischen Erzreviere, die „überrheinischen" Provinzen (Aachen, Commern usw.), Belgien, Nord-Frankreich und den Ruhrdistrikt

dem Direktor Sello noch an: der General-Kassierer und Bergamts-Assessor Böcking, der Bergamts-Assessor v. Derschau und an seiner Stelle seit 1818 der Bergmeister Heinr. Schmidt als Mitglieder, der Landgerichtsrat Röchling als Rechtsbeirat, ferner der Berg-Sekretär Gottlieb*), der Revisor Striebeck, der Registrator Luzzani (ursprünglich Bergamts-Kommissions-Assessor), endlich seit 1819 der Markscheider Prediger als erster und der Geschworene Pletschke als zweiter Markscheider, nachdem bereits 1816 der Markscheider Schulz aus Eisleben die Anfertigung von Flözkarten begonnen hatte.

Zur Leitung des Grubenbetriebes war der Bezirk des Bergamtes in 2 Bergmeistereien geteilt (Saar-Gruben und östliche Gruben), deren eine bis zum Jahre 1837 von dem Bergamts-Direktor selbst verwaltet wurde. Entsprechend der allmählichen Zunahme des Betriebs-Umfanges, erfolgte von 1837 ab die Anstellung eines zweiten Bergmeisters, sodann im Jahre 1848 eine weitere Teilung des Bezirkes in 3, 1852 in 4 und 1857 in 5 Bergmeisterei-Reviere. Den unmittelbaren Betrieb der Gruben führten in jedem Reviere je 1 oder 2 Revier-Obersteiger (Geschworene, Ober-Geschworene). Die Betriebspläne wurden alljährlich bei Gelegenheit der von dem Oberberghauptmann (oder dessen Vertreter) und dem Berghauptmann des Bonner Oberbergamtes abgehaltenen General-Befahrungen festgestellt, wie denn überhaupt Betrieb und Verwaltung der Oberleitung des Oberbergamtes zu Bonn und in letzter Linie derjenigen der Oberberghauptmannschaft zu Berlin bezw. des Ministeriums unterstanden. Ein hervorragender Anteil an dem Aufblühen des Saarbrücker Bergbaues während der ersten Hälfte des 19. Jahrhunderts gebührt den Oberberghauptleuten Gerhard (bis 1835), v. Veltheim (1835 bis 1840), Graf v. Beust (1816 bis 1841

erging an ihn unterm 23. Januar 1816 die Berufung zum Vorsitzenden der Saarbrücker Bergamts-Kommission. Vom 16. Mai 1816 ab, wo er in Saarbrücken eintraf, hat er hierauf ununterbrochen als Bergamts-Direktor (zunächst mit dem Titel Bergmeister, dann seit 1822 Bergrat, 1837 Oberbergrat, 1846 Geheimer Bergrat) bis zum 1. Oktober 1857 dem dortigen Bergbau seine eifrige Tätigkeit gewidmet. Zu dem genannten Zeitpunkte in den Ruhestand getreten, übernahm Sello trotz seines hohen Alters noch von 1860 bis 1866 die Vertretung des Wahlkreises Saarbrücken-Ottweiler-St. Wendel im preußischen Abgeordneten-Hause Am 17. Mai 1874 endigte sein tatenreiches Leben. Als ein Denkmal seiner verdienstvollen Wirksamkeit für den Saarbrücker Bergbau ziert sein Brustbild die Vorderseite des neuen Verwaltungsgebäudes der Saarbrücker Bergwerks-Direktion.

*) Heinrich Gottlieb. den 13. April 1776 zu Saarbrücken geboren, war unter französischer Herrschaft am 6. März 1797 als Kassierer der Bezirkskasse, dann 1812 als Gemeinde-Einnehmer seiner Vaterstadt angestellt worden. Mit Errichtung der Bergamts-Kommission im Jahre 1815 als Berg-Sekretär in den preußischen Staatsdienst übernommen, 1829 zum Berg-Assessor und Mitglied des Bergamtes, 1847 zum Bergrat befördert, hat er sich in unermüdlicher, langjähriger Tätigkeit um die Verwaltung der Saarbrücker Gruben, namentlich aber um das Knappschaftswesen, hervorragende Verdienste erworben. Nach 60jähriger Dienstzeit trat er am 1. Juli 1857 in den Ruhestand und starb am 5. Juni 1858.

Berghauptmann in Bonn, 1841 bis 1848 Oberberghauptmann) und von Dechen (1841 bis 1863 Berghauptmann zu Bonn, 1859 bis 1860 vorübergehend Leiter der Ministerial-Bergwerks-Abteilung)*).

Es mag gleich hier bemerkt sein, daß das Königl. Bergamt zu Saarbrücken, welchem außer den bergtechnischen und den Verwaltungs-Mitgliedern seit Anfang der 1830er Jahre auch ein Bau-Inspektor und seit 1852 ein Justitiar als Mitglieder beigegeben waren, im Jahre 1861 bei der anderweitigen Einrichtung der Bergbehörden mit dem 1. Oktober gedachten Jahres aufgelöst, und von diesem Zeitpunkte ab durch den Allerhöchsten Erlaß vom 29. Juni 1861 für die Verwaltung der königl. Stein-

*) Der Oberberghauptmann Dr. Heinrich v. Dechen, dessen amtliche Wirksamkeit während 36 Jahren aufs innigste mit dem Saarbrücker Bergbau verknüpft war, und dem dieser mit Recht als einem seiner eifrigsten Förderer durch Anbringen des Brustbildes desselben an dem Verwaltungsgebäude der Bergwerks-Direktion einen Ehrenplatz unter seinen verdientesten Männern gewidmet hat, war geboren zu Berlin am 25. März 1800. Seine erste Schicht als Bergmann verfuhr er auf der Steinkohlenzeche Hawerkamp im Reviere Sprockhövel an der Ruhr im Jahre 1820. Nach Ablegung der vorgeschriebenen Prüfung als Berg-Eleve wurde er vom 21. April 1824 ab bei der Oberberghauptmannschaft zu Berlin beschäftigt, 1826 zum Berg-Assessor ernannt und nach verschiedenen großen Reisen ins Ausland (Belgien, England usw.) am 30. Juli 1828 als Oberbergamts-Assessor an das Oberbergamt zu Bonn versetzt. Hier beginnt, nachdem er bereits 1823 den Saarbrücker Bezirk kennen gelernt hatte, seine amtliche Beschäftigung mit den Angelegenheiten dieses Bezirkes. Auch nach seiner zu Anfang 1831 erfolgten Versetzung als Oberbergrat und vortragender Rat an die Oberberghauptmannschaft blieb er in engster Verbindung mit dem Saarbrücker Bergbau, bei dessen Gruben er auch wiederholt die Jahresbefahrungen abhielt. Neben seiner Tätigkeit in der Oberberghauptmannschaft eröffnete v. Dechen im Herbste 1834 als außerordentlicher Professor an der Berliner Universität Vorlesungen über Bergbaukunde, die er dann mehrere Jahre hindurch fortsetzte. Im Jahre 1835 zum Geheimen Bergrat ernannt, wurde er am 30. Mai 1841 der Nachfolger des Grafen v Beust als Berghauptmann und Direktor des Königl. Oberbergamtes zu Bonn. In dieser Stellung hat er bis zum Jahre 1863 regelmäßig an den Jahresbefahrungen beim Saarbrücker Bergbau teilgenommen. Seiner Anregung verdankt der letztere auch hauptsächlich den Bau der Saarbrücker Eisenbahn, welcher unter v. Dechens Leitung im Jahre 1848 begonnen wurde, wie dieser denn auch 1850 den bezüglichen Staatsvertrag mit Bayern zu Frankfurt a. M. abschloß. Im nämlichen Jahre 1850 vertrat v. Dechen die Kreise Saarbrücken-Ottweiler-St. Wendel als Abgeordneter beim Parlamente zu Erfurt. Vom November 1859 bis zum Mai 1860 war ihm vorübergehend die Leitung der Ministerial-Abteilung für das Berg-, Hütten- und Salinenwesen zu Berlin übertragen. Mit dem Range als Oberberghauptmann in seine frühere Stellung zurückgekehrt, fühlte er sich schon nach wenigen Jahren veranlaßt, aus Gesundheitsrücksichten seine Entlassung aus dem Amte zu erbitten, die ihm auch vom 1. Januar 1864 ab unter Ernennung zum Wirklichen Geheimen Rate zuteil wurde. Die gewonnene Muße des rastlos schaffenden Mannes ist seitdem in hervorragendem Maße der Wissenschaft zugute gekommen. v. Dechens Verdienste um die geologische Durchforschung Rheinland-Westfalens und die Herausgabe der großen geologischen Karte dieser beiden Provinzen sind auch in bergmännischen Kreisen längst so bekannt, daß es kaum nötig sein dürfte, an dieser Stelle noch darauf hinzuweisen. Im fast vollendeten 89. Lebensjahre starb v. Dechen zu Bonn am 15. Februar 1889.

kohlengruben bei Saarbrücken eine „Königl. Bergwerks-Direktion“ errichtet worden ist.*)

Betrieb der Gruben von 1816 bis zum Anfange der 1850er Jahre. — Für landesherrliche Rechnung standen bei der preußischen Übernahme des Saarbrücker Landes die folgenden 12 Steinkohlengruben in Förderung: Dudweiler-Sulzbach, Jägersfreude, Rußhütte, Gersweiler, Geislautern, Schwalbach, Rittenhofen, Guichenbach, Wahlschied, Illingen, Kohlwald und Wellesweiler. Außerdem wurden von Privaten betrieben: die Gruben Großwald und Clarenthal durch die Salines de l'Est, die Grube Bauernwald durch Koevenig, sowie die 4 Glashütten-Gruben Friedrichsthal, Altenwald, Merchweiler und Quierschied durch die betreffenden Glashüttenbesitzer. Da keinem der Privaten ein Eigentumsrecht auf diese Gruben zustand, so zog die preußische Regierung die letzteren sämtlich ein, und es wurden demgemäß die Gruben Großwald und Clarenthal schon zu Anfang des Jahres 1816, Bauernwald am 20. März 1816, Altenwald am 1. März 1817, Friedrichsthal am 30. Juni, Merchweiler am 1. Juli und Quierschied am 2. Juli 1817 übernommen; bei den letztgedachten 3 Glashütten-Gruben waren um diese Zeit die Pachtverträge abgelaufen, für die Grube Altenwald bestand ein solcher überhaupt nicht. — In unbestrittenem Privatbesitze, aber nunmehr gleichfalls unter Aufsicht des Bergamtes, befand sich lediglich die auf grund der französischen Bergwerksgesetze verliehene Grube Hostenbach.

Die preußische Verwaltung ließ es sich angelegen sein, den übernommenen Steinkohlenbergbau nach besten Kräften zu heben. Der an zahlreichen Punkten zersplitterte Betrieb wurde durch allmähliche Einstellung der kleineren Gruben mehr und mehr zusammengezogen, auf den verbleibenden Gruben eine Reihe wichtiger neuer Stollenanlagen zur tieferen Aufschließung der Flöze und, wo diese nicht mehr durch Stollen möglich war, der Tiefbau in Angriff genommen. Abbau und Förderung erfuhren wesentliche Verbesserungen. Zur Hebung des Absatzes wurden die bestehenden Landstraßen ausgebaut und neue Abfuhrwege angelegt. Auch den Arbeiterverhältnissen ward erhöhte Berücksichtigung zuteil.

*) Nachstehend sind die Namen der während des Bestehens des Saarbrücker Bergamtes von 1816 bis 1861 bei ihm als Direktoren und Bergmeister tätig gewesenen Beamten zusammengestellt. Dem Geh. Bergrat Sello folgten als Bergamts-Direktor die Oberbergräte Krause (1857—1861) und der spätere Oberberghauptmann Serlo (seit Februar bis 1. Oktober 1861). Als Bergmeister waren tätig: v. Derschau (1816—17), H. Schmidt (1818—37), Molière (1837), Jung (1837—48), Graf v. Schweinitz (1838—40), Brahl (1840-43), Lütke 1843—58), Bauer (1848—67), Feldmann (1848—56), Schwarze (1852—53), Cöllen (1854—55), E. Honigmann 1855—61), Leuschner (1856—58), L. Honigmann (1857—58), Pfähler (1858—61), Leist (1859-61), Erdmenger (1859—61) und Bluhme (1860—61). Als Baubeamte wirkten die Bau-Inspektoren und Baumeister v. Zschock, Hähner, Schwarz, Oberbeck, Dieck und v. Viebahn, als Justitiar der Bergrat Fleckser, als Bergamts-Markscheider: Prediger, E. Honigmann, Leist, L. Honigmann und M. Kliver.

Zur Vereinfachung des Betriebes war bereits 1817 die Grube Altenwald eingestellt worden; es folgten, sobald die vorgerichteten Pfeiler verhauen waren, die Gruben Guichenbach 1820, Rittenhofen 1821, Rußhütte, Wahlschied, Illingen und Kohlwald 1823, Clarenthal (Stangenmühl und Röthel) 1825, sowie die 1818 eröffnete neue Grube bei Herchenbach 1827. Genaue markscheiderische Aufnahmen und umfassende Schürfversuche führten andererseits zu einer regelrechteren Aufschließung und vorteilhafteren Vorrichtung der in Betrieb erhaltenen Gruben. Demgemäß wurden zahlreiche neue Stollen angehauen und schwunghaft fortgetrieben, so der tiefe Stollen zu Gersweiler und der Palmbaum-Stollen zu Wellesweiler im Jahre 1816, der Carolinen-Stollen zu Dudweiler 1820, der Gerhard-Stollen im Felde der Grube Bauernwald 1821, der Friedrich-Wilhelm-Stollen für die neu eröffnete Königsgrube bei Neunkirchen 1821, der Venitz-Stollen zu Sulzbach 1826.

Beim Kohlenabbau kamen neben dem bereits zu französischer Zeit angewendeten diagonalen Pfeilerbau als wesentliche Neuerung für die Kohlengewinnung auf steilfallenden Flözen der streichende Pfeilerbau mit Bremsberg- oder Rolloch-Förderung (zuerst 1821 auf dem Gneisenau- und Blücher-Flöze der neuen Königsgrube, 1824 auf Grube Sulzbach-Dudweiler), sowie der sogenannte Stoßbau mit Querschlägen auf nahezusammenliegenden Flözen (1827 zu Dudweiler vom Flöz Nr. 16 aus für die Flöze 15 und 17, und im folgenden Jahre zu Königsgrube für die Flöze Gneisenau, Thielemann und Braun) zur Anwendung. Auch der Wetterführung, Wasserhaltung und Förderung wurde größere Aufmerksamkeit zugewendet. Eine der bedeutendsten Verbesserungen in letzterer Beziehung war die Einführung der „englischen" Wagen- und Schienenförderung, die in den Haupt-Stollen fast allgemein von 1817 ab erfolgte, während allerdings in den Abbaustrecken die Karrenförderung zum Teil noch längere Zeit hindurch beibehalten blieb. Für die Gruben Großwald und Bauernfeld (später unter dem Namen Gerhard-Grube vereinigt) war schon 1816 ein 870 Lachter langer gußeiserner Schienenweg über Tage mit Dampfwagenbetrieb in Aussicht genommen worden, um die Kohlen beider Gruben nach der Niederlage an der Saar (Louisenthal) zu schaffen. Der in der königl. Eisengießerei zu Berlin erbaute Dampfwagen traf auch zu Anfang des Jahres 1819 ein und wurde auf der Geislauterner Eisenhütte zusammengesetzt, konnte indessen zu dem beabsichtigten Zwecke nicht verwendet werden, da alle Versuche zu seiner Inbetriebsetzung vollständig scheiterten*). Dagegen wurde der (Friederiken-) Schienenweg selbst 1821 vollendet und zunächst in gewöhnlicher Weise, dann seit 1827 durch Pferde befahren; erst der Neuzeit (1862) war es vorbehalten, den ursprünglichen Plan wieder

*) Vergl. Bothe, Beitrag zur Geschichte der Einführung der Dampfwagen in den preußischen Landen. Zeitschr. d. Ver. Deutsch. Ing. 1872, S. 153 bis 159.

aufzunehmen und den regelmäßigen Betrieb mit schmalspurigen Lokomotiven wirklich zur Ausführung zu bringen.

Bis zum Jahre 1820 waren die sämtlichen Saarbrücker Gruben noch lediglich Stollenbaue gewesen. Die ersten Tiefbauschächte mit Dampfmaschinen zur Förderung und Wasserhaltung kamen 1822—25 auf der gewerkschaftlichen Grube Hostenbach in Betrieb; die (ältere) 10pferdige Fördermaschine war durch Gebr. Perrier in Paris nach der Bauart von Boulton und Watt, die (neuere) 22pferdige Pumpmaschine nach gleicher Einrichtung durch Reuleaux & Englert in Eschweiler gebaut. Von den staatlichen Gruben folgte zunächst 1826 die Grube Kronprinz mit 2 Schächten bei Schwalbach, auf denen 1828 eine 20pferdige Niederdruck-Wasserhaltungsmaschine von Reuleaux & Englert in Eschweiler, sowie 1829 eine 8pferdige Hochdruck-Fördermaschine von Cockerill zu Seraing (Belgien) in Betrieb gesetzt wurden. Allgemeiner fand allerdings der Übergang zum Tiefbau und zur Anwendung von Dampfmaschinen erst in späteren Jahren statt (zu Geislautern 1833, Dudweiler 1845, Königsgrube 1846, Reden 1848 usw.). —

Neben der Verbesserung des Grubenbetriebes war die preußische Verwaltung eifrig bemüht, den Kohlenabsatz zu verstärken und das Absatzgebiet zu erweitern. Für den Landabsatz wurden zu dem Zwecke neue Abfuhrwege von den Gruben angelegt, die vorhandenen Straßen verbessert und gründlich ausgebaut*). Zum Absatze auf der Saar erhielten die bestehenden Niederlagen zu Kohlwage, Louisenthal und Hostenbach größere Ausdehnung und passendere Verlade-Einrichtungen; neue Verladestellen zu Gersweiler, Clarenthal und (1839) Ensdorf traten zu den schon vorhandenen noch hinzu. Mit Geschäftshäusern an der Saar und Mosel, in Lothringen, Elsaß und im übrigen Frankreich wurden Verbindungen angeknüpft und Kohlenlieferungs-Verträge geschlossen. So gelang es nicht nur, den Absatz auf der Saar in kurzer Zeit bedeutend zu heben — beispielsweise wurden bei der Louisenthaler Niederlage 1824 schon 20000 Fuder**) Kohlen zu Schiffe verladen, gegen 6—8000 Fuder in den ersten Jahren der preußischen Herrschaft —, sondern auch seit Anfang der 1820er Jahre größere Kohlenmengen nach dem Eisenwerke zu Hayingen in Lothringen***) und seit 1825 auch dauernd Dudweiler Kohle nach

*) Um reichlichere Mittel zum Wegebau und namentlich zur Herstellung von sogenannten Kohlenstraßen zu gewinnen, ist später (durch Allerhöchsten Erlaß vom 16. Mai 1835) für mehrere Gruben ein besonderer Aufschlag auf den Kohlenpreis von 1 Pfennig für den Zentner eingeführt worden.

**) Von 1818 ab wurde das Fuder nicht mehr zu 1500 kg, sondern nach der Maß- und Gewichts-Ordnung vom 16. Mai 1816 zu 30 preußischen Zentnern = 1546,17 kg gerechnet.

***) Auf diesem Werke stellte man zuerst in Frankreich, und zwar seit 1823 Puddel-Walzeisen bei Steinkohlenfeuerung dar.

Mülhausen im Ober-Elsaß abzusetzen. Daneben begann nach und nach die Ausfuhr von Koks größeren Umfang anzunehmen, namentlich bezog das genannte Eisenwerk zu Hayingen von 1825 ab eine regelmäßige Jahresmenge von 1500 und bald (1829) sogar bis zu 5000 Fudern Koks.

Bemerkenswert dürfte die nachfolgende Zusammenstellung der Kohlenpreise nach den „Preiszetteln" für die Jahre 1817 und 1822 sein:

| Gruben bezw. Niederlagen | Preis eines Fuders Steinkohle | | | | | |
|---|---|---|---|---|---|---|
| | 1817 | | | 1822 | | |
| | Tlr. | Sgr. | Pf. | Tlr. | Sgr. | Pf. |
| Sulzbach: 1. Sorte | 3 | 18 | — | 3 | 22 | 6 |
| „ 2. „ | 2 | 4 | 6 | 2 | 7 | 6 |
| Dudweiler: 1. Sorte | 3 | 18 | — | — | — | — |
| „ 2. „ | 2 | 4 | 6 | — | — | — |
| Jägersfreude | 3 | 3 | — | 3 | 7 | 6 |
| Rußhütte: 1. Sorte | 3 | 3 | — | 3 | 7 | 6 |
| „ 2. „ | 2 | 17 | — | — | — | — |
| Niederlage Kohlwage, Saarabsatz | 5 | 5 | — | 5 | 12 | 6 |
| Gersweiler, Saargrube: 1. Sorte | 3 | 18 | — | 3 | 25 | — |
| „ „ 2. „ | — | — | — | 3 | 20 | — |
| „ Landgruben | 3 | 13 | — | 3 | 20 | — |
| Clarenthal, Saarabsatz | 3 | 18 | — | 3 | 22 | 6 |
| „ Landabsatz | 3 | 13 | — | 3 | 20 | — |
| Niederlage Louisenthal, Saarabsatz | 3 | 13 | — | 3 | 25 | — |
| „ „ Landabsatz | — | — | — | 3 | 22 | 6 |
| Großwald | 2 | 7 | — | 3 | 22 | 6 |
| Bauernwald | 2 | 17 | — | 2 | 25 | — |
| Geislautern | 3 | 3 | — | 3 | 5 | — |
| Schwalbach: 1. Sorte | 3 | 13 | — | — | — | — |
| „ 2. „ | 3 | — | — | — | — | — |
| Herchenbach | — | — | — | 2 | 15 | — |
| Rittenhofen | 2 | 7 | — | — | — | — |
| Guichenbach: 1. Sorte | 2 | 7 | — | — | — | — |
| „ 2. „ | 1 | 16 | — | — | — | — |
| Wahlschied | 2 | 7 | — | 2 | 12 | 6 |
| Illingen: 1. Sorte | 2 | 7 | — | 2 | 12 | 6 |
| „ 2. „ | 1 | 21 | — | — | — | — |
| Kohlwald: 1. Sorte | 2 | 17 | — | 2 | 27 | 6 |
| „ 2. „ | 2 | 7 | — | — | — | — |
| Wellesweiler: 1. Sorte | 3 | 3 | — | 3 | 2 | 6 |
| „ 2. „ | 2 | 15 | — | 2 | 17 | 6 |
| Königsgrube | — | — | — | 3 | 5 | — |

Beim Saarabsatz machte sich für die preußischen Staatsgruben bereits von 1820 ab der Wettbewerb der Privatgrube Hostenbach und namentlich auch derjenige der bayerischen Grube St. Ingbert in einzelnen Jahren recht fühlbar, während dem Absatze der östlichen Gruben die nach und nach entstandenen Privatgruben im St. Wendelschen und in der Pfalz zuzeiten nicht unerheblichen Abbruch taten. —

Schon frühe fanden auch die Beamten- und Arbeiterverhältnisse von seiten der preußischen Verwaltung vorsorgliche Berücksichtigung. Als Pflanzschule brauchbarer Grubenbeamten wurde 1816 die Gründung einer Bergschule zu Saarbrücken beschlossen, und mit dem 7. Oktober 1822 der erste regelmäßige Lehrgang begonnen. In dieselbe Zeit fällt die Eröffnung von sog. Industrieschulen zu Wiebelskirchen, Louisenthal, Dudweiler und Schwalbach, in welchen die weibliche bergmännische Jugend zu tüchtigen Hausfrauen herangebildet werden sollte. Auch den Volksschullehrern ward für besondere Verdienste um die Erziehung der bergmännischen Jugend eine alljährliche Gewährung von Freikohlen zuteil. Vor allem aber wurde dem Knappschaftswesen durch das Reglement vom 29. November 1817 eine anderweitige Verfassung gegeben, welche bald unter der tätigen Leitung des Bergamtes dem ganzen Vereine neuen Aufschwung verlieh. —

Während im Jahre 1813 die Kohlenförderung der sämtlichen unter französischer Staatsverwaltung befindlich gewesenen Gruben bei einer Belegschaft von 697 Mann 55 567 Fuder betragen hatte, ergab das Jahr 1816 bereits allein auf den landesherrlich-preußischen Gruben bei 917 Mann Belegschaft eine Förderung von 66 880 Fudern (2 006 394 Zoll-Ztr.) mit einem Reinertrage von 58 000 Tlrn. Das Jahr 1825 wies 1038 Arbeiter und 92 588 Fuder (2 858 086 Ztr.) mit einem Ertrage von 97 000 Tlrn. auf, das Jahr 1830 schon 1245 Arbeiter, 129 956 Fuder (3 999 248 Ztr.) und 158 213 Tlr. Ertrag*). Von den bedeutenderen Gruben förderte die Gerhard-Grube 1830 bereits gegen 30 000 Fuder, Sulzbach-Dudweiler 18 818 Fuder, die neue Königsgrube 9949 Fuder, die Privatgrube Hostenbach gegen 13 000 Fuder. —

Die Jahre 1830 bis 1850 zeigen eine im allgemeinen stetige, vorübergehend nur durch das Notjahr 1847 und die Wirren des Jahres 1848 unterbrochene Zunahme der Förderung auf den königl. Gruben von 129 956 Fudern (3 999 248 Ztr.) in 1830 bis zu 384 759 Fudern (11 877 114

*) Die Tafel 2 zeigt in graphischer Darstellung die Förderung (in Tonnen), die Arbeiterzahl und den erzielten Überschuß (in Mark) der königl. Gruben für die einzelnen Jahre von 1816 ab bis zur Gegenwart, wobei von 1877 ab statt der Kalenderjahre die seitdem für Preußen eingeführten Etats- und Rechnungsjahre (vom 1. April des einen bis Ende März des nächsten Jahres) berücksichtigt sind.

Ztr.) in 1850, daneben eine Vermehrung der Arbeiterzahl von 1245 bis zu 4580 Mann und eine Erhöhung des Jahres-Ertrages von 158213 Tlrn. bis zu 494691 Tlrn. Nachfolgende Übersicht enthält die Beteiligung der einzelnen Gruben an der Gesamt-Arbeiterzahl und Förderung in den Jahren 1835, 1840 und 1850.

| Gruben | 1835 | | | 1840 | | | 1850 | | |
|---|---|---|---|---|---|---|---|---|---|
| | Arbeiter-zahl | Förderung | | Arbeiter-zahl | Förderung | | Arbeiter-zahl | Förderung | |
| | | Fuder | Ztr. | | Fuder | Ztr. | | Fuder | Ztr. |
| Jägersfreude | 71 | 5 940 | 8 | 109 | 10 215 | — | 119 | 8 574 | 20 |
| Prinz Wilhelm (Gersweiler) | 165 | 17 469 | 5 | 266 | 26 735 | 9 | 261 | 21 375 | — |
| Gerhard | 476 | 46 373 | 8 | 739 | 85 311 | 25 | 1086 | 108 423 | 4 |
| Geislautern | 49 | 3 868 | 25 | 108 | 6 983 | 19 | 315 | 18 912 | 28 |
| Sulzbach-Dudweiler bezw. Dudweiler allein*) | 205 | 16 434 | 8 | 342 | 28 026 | 5 | 679 | 48 687 | 5 |
| Altenwald bezw. Sulzbach-Altenwald*) | — | — | — | 15 | — | — | 382 | 34 724 | 6 |
| Kronprinz Friedrich Wilhelm (Schwalbach, Hirtel, Dilsburg) | 144 | 10 436 | 5 | 285 | 21 070 | 24 | 288 | 30 319 | 7 |
| Merchweiler | 45 | 6 543 | 12 | 58 | 7 068 | 27 | 70 | 11 014 | 20 |
| Quierschied | 14 | 1 805 | — | 14 | 1 695 | 14 | 22 | 1 699 | — |
| Königsgrube | 45 | 5 830 | — | 203 | 25 101 | 19 | 1130 | 77 826 | 21 |
| Friedrichsthal | 45 | 6 989 | 29 | 75 | 8 411 | 28 | 73 | 9 440 | 25 |
| Wellesweiler | 124 | 12 593 | 19 | 275 | 27 171 | 3 | 155 | 13 762 | — |
| Se. Königl. Gruben | 1383 | 134 283 | 29 | 2489 | 247 791 | 23 | 4580 | 384 759 | 16 |
| Außerdem: | | | | | | | | | |
| Privatgrube Hostenbach | ? | 12 832 | — | 327 | 12 108 | — | 430 | 22 118 | — |
| Sonstige Privatgruben | ? | 2 966 | — | ? | 4 070 | — | ? | 4 623 | — |

In den Anfang der 1830er Jahre fällt die Aufnahme des „tiefen Saarstollens", der am 26. September 1832 bei St. Johann a. d. Saar angehauen wurde. Er sollte nicht nur sämtlichen Gruben des Sulzbachtales zur Wasserlösung dienen, sondern auch eine unmittelbare Kohlenförderung

*) Nachdem 1840 Altenwald wieder aufgenommen worden war, wurden von 1841 ab die Baue bei Sulzbach von Dudweiler abgezweigt und erscheinen nunmehr mit Altenwald zusammen als besondere Grube Sulzbach-Altenwald.

von diesen Gruben nach der Saar ermöglichen*). Die Anlage der Saarbrücker Eisenbahn hat zwar bezüglich des letzteren Zweckes den Stollen schon sehr bald überholt, gleichwohl ist er unter Zuhilfenahme vielfacher Gegenortsbetriebe in den 1860er Jahren zum Durchschlage mit den Gruben Jägersfreude, Dudweiler und Sulzbach gebracht, von einer Lösung der östlich Sulzbach gelegenen Gruben dann aber Abstand genommen worden. Bei einer Gesamtlänge von mehr als 5500 Lachtern (etwa $1^1/_2$ Meilen) leistet der Stollen den erstgenannten 3 Gruben durch Abführung eines Teiles ihrer Wasser noch heute erhebliche Dienste.

Die folgenden Jahre (nach 1832) brachten eine weitere Reihe ausgedehnter und wichtiger Stollenbetriebe zur Ausführung. So wurde 1833 der Ensdorfer Stollen für die Baue der Grube Kronprinz bei Schwalbach angehauen, 1837 der Veltheim-Stollen bei Louisenthal zur tieferen Aufschließung der Gerhard-Grube, 1840 der Flottwell-Stollen für die wieder aufzunehmende Grube Altenwald, sowie der Bodelschwing-Stollen bei Illingen (Gennweiler) für die Grube Merchweiler, 1844 der Dilsburger Stollen behufs Neu-Eröffnung einer Kohlenförderung im Köllertale als Ersatz für die seit 1830 begonnene, aber 1843 eingestellte Hirteler Grube, 1846 der Reden-Stollen bei Landsweiler, 1847 der Heinitz-Stollen im Holzhauer Tale, die beiden letzteren als neue Förderpunkte im Felde der Königsgrube für den zu erwartenden Eisenbahnabsatz, endlich 1850 der Von-der-Heydt-Stollen im Burbachtale zu demselben Zwecke im östlichen Felde der Gerhard-Grube. — Gleichzeitig machte der Übergang zum Tiefbau weitere Fortschritte: auf Grube Geislautern erreichte 1838 der Förderschacht die I. Tiefbausohle, auf Grube Kronprinz begann man 1842 die Schwalbacher Schächte unter die Sohle des Ensdorfer Stollens weiter abzuteufen, 1843 wurde der Gegenortschacht zu Dudweiler als Gegenort zum Betriebe des tiefen Saarstollens und zugleich als erster Tiefbauschacht der Gruben im Sulzbachtale angehauen, 1844 der Wilhelm-Schacht I als Kunst- und Förderschacht für die Königsgrube, 1847 der Reden-Schacht I im Landsweiler Tale, 1849 und 1850 die Skalley-Schächte I und II der Grube Dudweiler. —

Mit dem allmählichen Aufschwunge der Förderung und dem zunehmenden Umfange der Gruben vollzogen sich inzwischen auch erhebliche Verbesserungen beim technischen Grubenbetriebe. Ausrichtung und

*) Schon 1828 war wegen des stark zunehmenden Saar-Absatzes der Grube Sulzbach-Dudweiler der Plan erwogen worden, diese Grube mit der Niederlage Kohlwage durch einen (etwa $1^1/_4$ Meilen langen) Schienenweg zu verbinden, welch letzterer dann zugleich die Vorbereitung bilden sollte für eine Schienenbahn von Saarbrücken entlang der Saar bis zu deren Mündung in die Mosel bei Conz. Man entschied sich indessen 1831 für unterirdische Förderung vermittels eines vom Saartale aus nach Dudweiler zu treibenden tiefen Stollens, zu dessen Vollendung allerdings eine Zeit von 50 Jahren in Aussicht genommen werden mußte.

Abbau erhielten durchgängig eine regelmäßigere Gestaltung, bei gleichzeitiger passender Auswahl der für jede Flözneigung geeignetsten Abbauart. Vorherrschend war in letzterer Beziehung der streichende Pfeilerbau mit Bremsbergen oder Rollöchern bei stärkerem, derjenige mit Haupt-Diagonalen bei mittlerem, sowie endlich der diagonale oder schwebende Pfeilerbau bei flachem Flözfallen; auf den Gruben Geislautern und Gerhard führte man bei einzelnen, schwach geneigten Flözen eine Art von Unterwerksbau mit tonnlägigen Förderschächten und streichenden Teilungsstrecken ein, von welch letzteren aus dann diagonaler Abbau erfolgte. Bei der Streckenförderung hatten nach und nach fast allgemein Wagen und eiserne Schienen (zunächst Winkelschienen, später „englische" T-Schienen) Eingang gefunden; nur beim schwebenden Abbau bediente man sich der Schlitten-, außerdem bei unregelmäßiger Flözlagerung noch hier und da vereinzelt der Karrenförderung. Auf dem Friederiken-Schienenwege*) der Grube Gerhard fand seit 1827, in der Johannes-Tagesstrecke dieser Grube seit 1835, im Ensdorfer Stollen der Grube Kronprinz seit 1842 Pferdeförderung statt; es folgten von 1850—53 in gleicher Weise die Gruben Von der Heydt, Altenwald, Jägersfreude (in Stollen), sowie Dudweiler (im Tiefbau). Zur Schachtförderung waren anfangs der 1850er Jahre bereits auf den Gruben Kronprinz, Geislautern, König, Reden und Dudweiler, sowie zur Wasserhaltung auf den Gruben Kronprinz, Geislautern und Dudweiler Dampfmaschinen in Betrieb, darunter eine unterirdische Fördermaschine auf einem flachen Schachte (Emil-Flöz) in der I. Tiefbausohle der Grube Geislautern.

Das Auftreten von schlagenden Wettern hatte schon im Jahre 1826 die Einrichtung veranlaßt, daß sämtliche Grubenbaue vor Beginn jeder Frühschicht durch besondere „Lampenmänner" mit der Davyschen Sicherheitslampe untersucht wurden; 1834 erhielt zu gleichem Zwecke jede vor Kohlenarbeiten angelegte Kameradschaft eine Sicherheitslampe zugeteilt; 1844 erfolgte dann zuerst auf Grube Wellesweiler die allgemeine Einführung der Sicherheitslampe bei der Arbeit selbst, während endlich eine am 14. April 1846 auf dem Beust-Flöze der Gerhard-Grube stattgefundene umfangreiche Wetter-Explosion, bei welcher 5 Bergleute tödlich verunglückten und 4 andere schwere Verletzungen davontrugen, den weiteren Anlaß gab, daß auf den mit Schlagwettern behafteten Gruben besondere Steiger zur Beaufsichtigung der Lampen und des Vorfahrens angestellt wurden. Die eigentliche Wetterführung war übrigens um diese Zeit durchgängig noch eine natürliche, jedoch mußte vereinzelt in den Sommermonaten bereits eine Heizung der Wetterschächte zu Hilfe genommen werden; der erste Wetterofen, und zwar ein solcher über Tage,

*) Er war in den Jahren 1843—44 vom Mundloche des Gerhard-Stollens aus noch weiter aufwärts im Tale des Frommersbaches bis zu den Tagestrecken der hangenden Flöze Heinrich und Karl verlängert worden.

kam 1846 auf Grube Wellesweiler in Betrieb, weitere Öfen über und unter Tage folgten in den nächsten Jahren auf den Gruben Gerhard, Kronprinz und Dudweiler*). —

Der Absatz der staatlichen Gruben zeigt innerhalb des Zeitraumes von 1830 bis 1850 die nachstehende Entwickelung.

| Es wurden abgesetzt | 1835 | | 1840 | | 1845 | | 1850 | |
|---|---|---|---|---|---|---|---|---|
| | Fuder | Ztr. | Fuder | Ztr. | Fuder | Ztr. | Fuder | Ztr. |
| a) Nach der Absatzart. | | | | | | | | |
| 1. Steinkohlen: | | | | | | | | |
| auf Landstraßen . . . . . | 97 861 | 8 | 184 276 | — | 222 243 | 14 | 202 213 | 13 |
| zur Saar . . . . . . . . . | 39 232 | 22 | 65 917 | 15 | 83 332 | 2 | 83 548 | 3 |
| zur Eisenbahn**) . . . . . | — | — | — | — | — | — | 12 134 | 23 |
| Summe 1. | 137 094 | — | 250 193 | 15 | 305 575 | 16 | 297 896 | 9 |
| 2. Koks: | | | | | | | | |
| auf Landstraßen . . . . . | 2 319 | 20 | 9 014 | 7 | 21 370 | 29 | 42 029 | 29 |
| zur Saar . . . . . . . . . | 323 | 20 | 206 | 19 | 1 049 | 2 | 33 | 1 |
| zur Eisenbahn**) . . . . . | — | — | — | — | — | — | 3 530 | 20 |
| Summe 2. | 2 643 | 10 | 9 220 | 26 | 22 420 | 1 | 45 593 | 20 |
| b) Nach der Absatzrichtung. | | | | | | | | |
| 1. Steinkohlen: | | | | | | | | |
| ins Inland . . . . . . . | 86 281 | 25 | 127 198 | 15 | 145 646 | 18 | 120 998 | 13 |
| ins Ausland . . . . . . . | 50 812 | 5 | 122 995 | — | 159 928 | 28 | 176 897 | 26 |
| Summe 1. | 137 094 | — | 250 193 | 15 | 305 575 | 16 | 297 896 | 9 |
| 2. Koks: | | | | | | | | |
| ins Inland . . . . . . . | 598 | 29 | 2 366 | 20 | 6 900 | 22 | 13 559 | — |
| ins Ausland . . . . . . . | 2 044 | 11 | 6 854 | 6 | 15 519 | 9 | 32 034 | 20 |
| Summe 2. | 2 643 | 10 | 9 220 | 26 | 22 420 | 1 | 45 593 | 20 |

*) Eine ausführliche Beschreibung des technischen Betriebes, wie auch der Absatzverhältnisse auf den Saarbrücker Steinkohlengruben zu Anfang der 1850er Jahre gibt die Abhandlung von **Max Nöggerath** „Der Steinkohlenbergbau des Staates zu Saarbrücken“, in Bd. 3 (1856) der Zeitschrift f. d. B.-, H.- u. S.-W.

**) Der Absatz zur Eisenbahn begann überhaupt erst am 15. September 1850, erstreckte sich aber in diesem Jahre nur auf die Grube Heinitz. (Vergl. weiter unten.)

Von dem Kohlenabsatze zur Saar entfielen durchgängig etwa zwei Drittel auf die Grube Gerhard (Louisenthal), der Rest auf die Grube Prinz Wilhelm (Gersweiler), die Niederlage Kohlwage (Saarbrücken), von wo aus auch sämtliche Koks verschifft wurden, und seit 1839 noch auf die Grube Kronprinz (Ensdorf). Außerdem kamen übrigens in St. Johann-Saarbrücken noch mehr oder minder bedeutende Kohlenmengen, welche durch Private namentlich von St. Ingbert angefahren wurden, sowie in Hostenbach ein großer Teil von der Förderung der dortigen Privatgrube zur Verfrachtung auf der Saar. Die verschifften Kohlen und Koks gingen saarabwärts bis Trier und von hier auf der Mosel einerseits nach Koblenz und auf dem Rheine nach Neuwied, Bonn, Köln, andererseits moselaufwärts bis Thionville und Metz oder bis Grevenmachern und dann zu Lande nach Luxemburg. Durch Verbesserung des Fahrwassers war es in den 1840er Jahren möglich geworden, den Wasserstand der Saar durchgängig um 5 bis 6 Zoll zu erhöhen, infolgedessen die Schiffahrt regelmäßiger wurde und die Schiffsfrachten beträchtlich herabgingen.

Während bis zum Jahre 1840 der Absatz ins Inland die größere Menge der Kohlenförderung beanspruchte, beginnt von da ab ein Überwiegen des ausländischen Absatzes. Insbesondere hob sich die Ausfuhr nach Frankreich von 753 419 *quint. metr.* im Jahre 1830 allmählich bis zu 2 772 800 *quint. metr.* im Jahre 1850. Nachdem 1843 der Rhein-Marne-Kanal eröffnet worden war, ging ein Teil dieser Ausfuhr von Saarburg i. Lothr. aus auf den gedachten Kanal über. Als äußerste Grenze erreichte die Saarkohle in Frankreich bereits das Ober-Elsaß, sowie die Departements der Maas und Haute Marne, während sie von 1836 ab noch über das Elsaß hinaus bis in die Schweiz vordrang*). — Auch nach dem Rhein und über ihn hinaus hatten die Saarbrücker Gruben ihr Absatzgebiet beträchtlich erweitert**), mußten indessen hier von Beginn der 1840 er Jahre an mehr und mehr der Ruhrkohle weichen, die sie allmählich auch am Oberrheine zurückdrängte.

Einen wesentlichen Anteil an dem Aufschwunge des Saarkohlenabsatzes hatte die fortschreitende Entwickelung der Eisen-Industrie, und insbesondere der Übergang der letzteren zur Verwendung von Koks beim Hochofenbetriebe. In erster Linie stand hier die lothringische Eisen-

*) Seit 1841 bezog die französische Ostbahn zum Betriebe ihrer Strecke Straßburg — Basel und später auch für die Strecke Paris — Straßburg regelmäßig Saarkoks.

**) Schon im Jahre 1836 wurde die Nürnberg-Fürther Eisenbahn mit Saarkoks betrieben; ihr folgten hierin 1840 die Linien Mannheim – Heidelberg und Frankfurt—Mainz. Auf dem Mittelrheine bedienten sich lange Jahre hindurch die Rhein-Dampfschiffe der Saarkohle, wie denn auch noch 1842 die Gasanstalten von Köln und Aachen 656 Fuder Kohle von Grube Dudweiler erhielten.

hütte zu Hayingen, deren Koksbezug nach und nach bis zu 4 000 Fudern monatlich sich erhob. Von den einheimischen Hütten hatte diejenige zu Neunkirchen 1833 den Puddelbetrieb mit Steinkohle eingeführt, während allerdings der Übergang zum Koksbetriebe bei den Hochöfen sich erst nach 1840 vollzog*).

Schon gegen Ende der 1830er Jahre hatte sich bei dem steigenden Absatze der Gruben die Notwendigkeit herausgestellt, zahlreiche neue Arbeiter heranzuziehen, zugleich aber auch für deren dauerndes Unterkommen Vorkehrung zu treffen. Infolgedessen beginnen mit dem Jahre 1842 die seitdem ununterbrochen und in grossem Umfange fortgesetzten Bestrebungen zur Ansiedelung der Arbeiter durch die Gewährung von Hausbauprämien und Baudarlehen. Dieses aus bescheidenen Anfängen hervorgegangene Ansiedelungswerk hat es bei weiterer Ausbildung in den folgenden Jahrzehnten nicht nur ermöglicht, die Arbeiterzahl der Saarbrücker Gruben, entsprechend dem großartigen Aufschwunge der letzteren, ohne übermäßige Schwierigkeiten fort und fort zu steigern, sondern auch aus den zugeströmten, meist besitzlosen und unstäten Arbeitermassen nach und nach eine fest angesessene und verhältnismäßig sogar wohlhabende Bergmannsbevölkerung zu schaffen.

In das Jahr 1838 fällt die Errichtung einer bergmännischen Sparkasse zu Saarbrücken, sowie einer Anzahl von bergmännischen Sonntagsschulen in den Hauptorten des Bezirkes, in das Jahr 1839 die Einführung der sog. „Versteigerung" der Abbau-Arbeiten und der „General-Gedinge" bei größeren Aus- und Vorrichtungsarbeiten auf den Gruben. Das Notjahr 1847 gab Anlaß zur Gründung des „Brot- und Mehlgelderfonds", aus welchem Brot und Mehl im großen beschafft wurde, um dann im kleinen und zu billigen Preisen an die Belegschaft abgegeben zu werden; diese Einrichtung hat bis zum Jahre 1865 fortbestanden, von wo ab an ihre Stelle bergmännische Konsum- und Vorschußvereine getreten sind.

Die Eröffnung der Saarbrücker Eisenbahn. — Einen hervorragenden Abschnitt in der Entwickelungsgeschichte des Saarbrücker Steinkohlenbergbaues und zugleich den Beginn eines früher kaum geahnten Aufschwunges desselben bildet die Eröffnung der das Grubengebiet durchschneidenden Saarbrücker Eisenbahn zu Anfang der 1850er Jahre. Auf der einen Seite an die bereits 1849 eröffnete Pfälzische Ludwigsbahn

*) Nachdem schon in den vorausgegangenen Jahren sowohl bei den Saarbrücker Eisenhochöfen, wie auch bei denjenigen des Hoch- und Soon-Waldes ein allmählich steigender Zusatz von Koks versucht worden war, fand der erste ausschließliche Betrieb mit Koks 1840 zu Geislautern statt; es folgten 1841 die Rheinböller, 1842 die Neunkirchener Hütte usw.

(Ludwigshafen—Bexbach), auf der anderen an die 1851 fertiggestellte Linie Nancy—Metz—Forbach der Paris-Straßburger Bahn (Französische Ostbahn) sich anlehnend, sollte die auf Staatsrechnung erbaute Saarbrücker Eisenbahn (Forbach—Bexbach) der Schlüssel werden, um die reichen Steinkohlenschätze des Landes recht eigentlich dem Weltverkehre zu erschließen*).

Beim Steinkohlenbergbau weichen nunmehr die kleinlichen Verhältnisse der früheren Jahre einem großartigeren Betriebe, die alten Landgruben mit ihren Stollenbauen verlieren an Bedeutung, und statt ihrer führen zahlreiche Tiefbauschächte mit gewaltigen Wasserhaltungs- und Förderungs-Dampfmaschinen die Kohlen größtenteils der Eisenbahn zu. Es entstehen in den Jahren 1850 bis 1852 die großen Eisenbahn-Gruben Heinitz, Reden, Altenwald, Dudweiler und Von der Heydt, welchen sich dann von 1856 bis 1862 noch Dechen, Friedrichsthal, Itzenplitz, Sulzbach und Ziehwald anschließen. Die ebenfalls mächtig sich entwickelnde Eisenindustrie veranlaßt gleichzeitig die Erweiterung der bestehenden und die Errichtung einer Reihe neuer Koksanstalten bei den Fettkohlengruben Dudweiler, Altenwald, Heinitz-Dechen und König-Wellesweiler.

Schon die Eröffnung der pfälzischen Bahn bis zur Grenze des Kohlengebietes bei Bexbach im Jahre 1849 hatte den benachbarten Gruben eine erhebliche Steigerung ihres Absatzes gebracht. Mit der nach und nach erfolgenden Fertigstellung der Saarbrücker Bahn und ihrer Gruben-Zweigbahnen wuchs der Absatz in Riesenschritten. Hatte die Förderung der staatlichen Gruben 1850 noch 384 759 Fuder (11 877 114 Zoll-Ztr.) betragen, so stieg sie in 1853, dem ersten Jahre nach Eröffnung der ganzen Saarbrücker Bahnlinie, auf 609 559 Fuder (18 764 047 Ztr.) und in 1855 auf

*) Die Vorarbeiten für die Bahn begannen 1843, die eigentlichen Bauarbeiten im März 1848. Beim Bau selbst fanden fast während des ganzen Jahres 1848 Hunderte von Bergleuten Beschäftigung, welche wegen Stockung des Kohlenabsatzes vorübergehend von den Gruben abgelegt werden mußten. Als erste Teilstrecke wurde am 15. September 1850 die Zweigbahn von Grube Heinitz nach Neunkirchen nebst dem Stücke Neunkirchen—Bexbach der Hauptlinie eröffnet, nachdem bereits am 1. August 1850 der erste Kohlenzug von Heinitz abgelassen worden war. Es folgte am 14. Juni 1851 die Strecke Neunkirchen—Reden und endlich am 16. November 1852 die ganze, $4^1/_4$ Meilen lange Hauptlinie Bexbach—Saarbrücken—Forbach mit den Grubenbahnen Altenwald, Dudweiler und der besonderen Zweigbahn von Saarbrücken nach Grube Von der Heydt im Burbachtale. Von späteren Anschlüssen an die Hauptbahn sind sodann noch anzuführen diejenigen der (Dechen-Schächte (1856), der Grube Friedrichsthal (1858), der Itzenplitz-Schächte 1860), der Grube Sulzbach (1861), des Ziehwald-Stollens (1862) und der Königsgrube (1872).

963 848 Fuder (29 683 654 Ztr.), bei entsprechender Vermehrung der Arbeiterzahl von 4 580 in 1850 bis zu 10 095 in 1855.

Der Bau der Saarbrücken-Trier-Luxemburger Bahn (Saar-Bahn) und deren Vollendung in den Jahren 1858 bezw. 1860 brachte auch den saarabwärts gelegenen Gruben Gerhard (1858) und Kronprinz (1861) den Eisenbahnanschluß, wie andererseits durch die ebenfalls im Jahre 1860 eröffnete Rhein-Nahe-Bahn (Neunkirchen—Bingerbrück) der Saarkohle eine unmittelbare Verbindung nach dem Mittelrheine, und durch die 1870 in Betrieb gekommene Saargemünder Linie ein kürzerer Weg nach dem Oberrheine und der Schweiz erschlossen wurde *).

Das Jahr 1866 hat die Fertigstellung des für den Kohlenabsatz nach Elsaß-Lothringen, Frankreich und der Schweiz ungemein wichtigen Saar-Kanals und der zu ihm führenden Saarbrücker Hafenbahn aufzuweisen**). Von den Häfen zu Saarbrücken (Malstatt) und Louisenthal — welchen mit der weiteren Kanalisierung der Saar bis Ensdorf 1879 noch diejenigen von Wehrden, Ensdorf und Hostenbach hinzugetreten sind — werden seitdem jährlich gegen 11 bis 12 Millionen Ztr. Kohlen und Koks stromaufwärts auf dem Saar-Kanale zur Verschiffung gebracht, während in den günstigsten früheren Jahren der gesamte Absatz zur Saar stromabwärts kaum den vierten Teil dieser Höhe erreicht hatte.

In welchem Umfange die Förderung und Arbeiterzahl der staatlichen Gruben unter dem Einflusse der verbesserten Verkehrsmittel weiter stiegen, ergeben die nachstehenden Zahlen. Es betrugen:

| | die Förderung | die Arbeiterzahl |
|---|---|---|
| im Jahre 1855 . . | 29 683 654 Zoll-Ztr. | 10 095, |
| „ „ 1860 . . | 39 119 216 „ | 12 159, |
| „ „ 1865 . . | 57 459 980 „ | 15 967, |
| „ „ 1869 . . | 68 897 890 „ | 18 800. |

*) Die seit 1856 in Bau begriffene Saarbrücken-Trierer Bahn wurde am 16. Dezember 1858 bis Merzig und sodann am 26. Mai 1860 bis Trier, die Gruben-Zweigbahn Ensdorf—Griesborn (Kronprinz) am 3. April 1861 und die Zweigbahn von Völklingen nach dem Viktoria-Schachte bei Püttlingen am 1. Juli 1872 eröffnet. Auf der 1857 begonnenen Rhein-Nahe-Bahn fand die Inbetriebsetzung am 26. Mai 1860, auf der Saargemünder Linie am 27. Mai 1870 statt.

**) Der 66 km lange „Saarkohlen-Kanal“ erstreckt sich vom Rhein-Marne-Kanal beim lothringischen Dorfe Gondersingen bis Saargemünd, wo er in die Saar mündet. Die 1862 begonnene Kanalisierung der letzteren ging zunächst nur von Saargemünd bis Louisenthal, ist aber 1875—79 bis Ensdorf (unweit Saarlouis) fortgesetzt und besitzt nunmehr eine Gesamtlänge von 44 km. Die Eröffnung des Kanals bis Louisenthal fand im Mai 1866, diejenige bis Ensdorf im Herbst 1879 statt.

Auf die betriebenen 15 einzelnen Gruben verteilt sich die Förderung und Arbeiterzahl der Jahre 1855 und 1860, wie folgt:

| Gruben | 1855 | | 1860 | |
|---|---|---|---|---|
| | Förderung Zoll-Ztr. | Arbeiterzahl | Förderung Zoll-Ztr. | Arbeiterzahl |
| Kronprinz | 1 097 986 | 391 | 1 233 649 | 492 |
| Geislautern | 641 222 | 295 | 583 637 | 202 |
| Prinz Wilhelm | 693 990 | 219 | 672 990 | 259 |
| Gerhard | 3 396 380 | 1 154 | 5 763 190 | 1 741 |
| Von der Heydt | 5 307 789 | 1 583 | 4 866 910 | 1 532 |
| Jägersfreude | 314 499 | 112 | 324 450 | 129 |
| Dudweiler*) | 5 094 890 | 1 913 | 7 487 390 | 2 531 |
| Sulzbach-Altenwald*) | 3 339 314 | 1 142 | 3 836 650 | 893 |
| Friedrichsthal | 379 018 | 86 | 2 503 280 | 602 |
| Quierschied | 138 587 | 27 | 80 990 | 13 |
| Merchweiler | 386 780 | 123 | 258 110 | 46 |
| Reden | 2 719 707 | 917 | 4 831 170 | 1 211 |
| Heinitz | 4 062 054 | 1 316 | 4 754 200 | 1 121 |
| König | 1 668 423 | 648 | 1 717 000 | 503 |
| Wellesweiler | 443 015 | 169 | 205 600 | 62 |
| Summe | 29 683 654 | 10 095 | 39 119 216 | 11 337 |
| Hierzu die Arbeiter der Bergfaktorei und der staatlichen Koksanstalten | | | — | 822 |
| Gesamt-Arbeiterzahl | | | — | 12 159 |
| Außerdem die Privatgrube Hostenbach | 1 172 760 | 452 | 1 192 480 | 452 |

Die großartige Steigerung der Förderung erforderte naturgemäß auch eine zunehmende Ausdehnung des Betriebes, und zwar sowohl bezüglich der Zahl der Betriebspunkte, wie namentlich auch hinsichtlich weiterer Aufschließung der Flöze nach der Tiefe hin. Nachdem bereits 1847—50 die Reden-Schächte und 1849—50 die Skalley-Schächte (Grube Dudweiler) an der Hauptlinie der Eisenbahn abgeteuft worden waren, werden nunmehr in rascher Folge 1851 die Heinitz-Schächte und die Altenwalder Eisenbahnschächte, 1852 der Josepha-Schacht der Grube Gerhard, 1853 die Mellin-Schächte der Grube Sulzbach, sowie der Lampennest-Stollen der Grube Von der Heydt, 1854 der Krug-Schacht I letztgedachter Grube und der Dechen-Schacht I im Felde von Heinitz, 1855 der Burbach-Stollen auf

*) Die Grubenabteilung Sulzbach wurde 1858 von Altenwald abgezweigt und zu Dudweiler geschlagen, indessen 1866 wieder mit Altenwald verbunden.

Grube Von der Heydt, 1856 die Jägersfreuder Schächte, 1857 der Ziehwald-Stollen im Felde der Königsgrube, der Rußhütter Stollen im Felde von Reden, sowie der Friedrichsthaler und der Griesborner (Kronprinz) Eisenbahnschacht, 1860 der Itzenplitz-Schacht I im Felde von Reden, 1862 der Albert-Schacht bei Louisenthal (Gerhardgrube), 1865 der Schacht Union auf der Privatgrube Hostenbach, 1866 der Richard-Schacht bei Dudweiler und der Viktoria-Schacht I bei Püttlingen (Gerhardgrube), 1867 der Rhein-Nahebahn-Schacht und 1868 der Kohlwald-Schacht (beide im Felde der Königsgrube) begonnen. —

Der französische Krieg von 1870—71 und die in seinem Gefolge auftretenden Verkehrsstockungen konnten nur vorübergehend die Entwicklung des Saarbrücker Steinkohlenbergbaues unterbrechen. Nachdem die Förderung der staatlichen Gruben im Jahre 1870 unter dem Einflusse des Krieges auf 54 680 374 Ztr. zurückgegangen war, zeigt das Jahr 1872 schon wieder die gewaltige Steigerung auf 82 755 994 Ztr. bei einer Arbeiterzahl von 20 305 Mann, das Jahr 1875 ein weiteres Fortschreiten bis zu 89 636 772 Ztr. und 22 902 Mann, um dann nach kurzem, durch die allgemeine Geschäftsflaue der Jahre 1875 bis 1879 hervorgerufenem Stillstande in 1880 zum erstenmal 100 Millionen Ztr. zu überschreiten (104 227 785 Ztr.), bei 22 925 Arbeitern.

In diesen Zeitabschnitt fällt die Inangriffnahme der großen Tiefbau-Anlagen im Fischbach-Tale (Camphausen 1871, Kreuzgräben (Brefeld) 1872 und Maybach 1873), sowie deren Anschluß an den Eisenbahnverkehr durch die Eröffnung der Fischbachtal-Eisenbahn (Saarbrücken—Neunkirchen) nebst der zugehörigen Trenkelbach-Zweigbahn in den Jahren 1879—81*). Den gleichen Eisenbahn-Anschluß hatten die Königsgrube und der Viktoria-Schacht der Gerhardgrube durch besondere Zweigbahnen im Jahre 1872, die Privatgrube Hostenbach durch die neuen Eisenbahnlinien Bous—Teterchen und Völklingen—Wadgassen 1880—81 erhalten, während die Eisenbahnverladung des Ziehwald-Stollens 1880 auf den Rhein-Nahebahn-Schacht überging, in welchem bereits seit 1879 auch die Kohlenförderung aus der neuen Grubenabteilung Kohlwald der Königsgrube zutage gebracht wurde. Der Bau im Felde des Ziehwald-Stollens selbst, sowie die alte Grube Prinz

---

*) Die 1875 angefangene und zum Teil, wie seinerzeit die Saarbrücker Hauptbahn, unter Verwendung von beurlaubten oder wegen Absatzmangels abgelegten Bergleuten erbaute Fischbachtal-Bahn wurde am 15. Oktober 1879 dem Betriebe übergeben. Von den Camphausen-Schächten hatte die Kohlenverladung zur Eisenbahn schon vorher ihren Anfang genommen, bei den Maybach-Schächten begann sie am 6. April 1881 und bei den Kreuzgräben- (Brefeld-) Schächten am 1. Juni 1881. — Mit dem 15. Oktober 1879 kamen auch die Eisenbahnlinie Saarbrücken—St. Ingbert im Anschluß an die pfälzischen Bahnen, mit dem 1. Juni 1880 bezw. 1. April 1881 die zu den Elsaß-Lothringischen Reichsbahnen gehörigen Linien Bous—Teterchen und Völklingen—Wadgassen in Betrieb.

Wilhelm (Gersweiler) kamen im Jahre 1880 zum völligen Erliegen. Andererseits war 1874 im Felde der Grube Geislautern der Kanal-Stollen bei Wehrden angehauen und hier von 1876 ab eine weitere Kohlenverladestelle für den Saar- und Kanal-Absatz eröffnet worden. —

Infolge Aufhebung der preußischen Bergämter gemäß dem Gesetze vom 10. Juni 1861 trat mit dem 1. Oktober 1861 als neue Verwaltungsbehörde der staatlichen Saarbrücker Gruben die Königl. Bergwerks-Direktion zu Saarbrücken ins Leben, während die früher dem Bergamte zustehende Aufsicht über die Privatgruben unmittelbar auf das königl. Oberbergamt zu Bonn überging. Für den Betrieb der staatlichen Gruben wurden gleichzeitig an Stelle der seitherigen Bergmeistereien 7 Berginspektionen errichtet, und zwar:

Berginspektion I. für die Gruben Kronprinz Friedrich Wilhelm und Geislautern,
" II. für die Grube Gerhard-Prinz Wihelm,
" III. für die Grube Von der Heydt,
" IV. für die Grube Dudweiler-Jägersfreude,
" V. für die Gruben Sulzbach-Altenwald und Friedrichsthal-Quierschied,
" VI. für die Gruben Reden-Merchweiler und König,
" VII. für die Grube Heinitz-Wellesweiler.

Hierzu traten durch Abzweigung der Gruben König von der VI. und Wellesweiler von der VII. Inspektion mit dem Jahre 1866 die

Berginspektion VIII. für die Grube König-Wellesweiler,

und durch Abzweigung der Gruben Friedrichsthal und Quierschied von V. mit 1868 die

Berginspektion IX. für die Grube Friedrichsthal-Quierschied,

endlich in der neuesten Zeit 1887 die

Berginspektion X. für die Grube Göttelborn,

unter Zuteilung der Gruben Dilsburg von I. und Quierschied von IX., sowie 1890 die

Berginspektion XI. für die Gruben Camphausen (Fischbach) und Brefeld (Kreuzgräben),

welche beiden Gruben von IV. bezw. V. abgezweigt wurden, wogegen die Grube Maybach bei IX. verblieb.

Außerdem sind für die Beschaffung der Materialien bereits 1861 die „Bergfaktorei Kohlwage" zu St. Johann a. d. Saar und für die Verwaltung der Kohlenniederlage am Saarbrücker Kanalhafen 1867 das „Königl. Hafenamt bei Saarbrücken" als besondere Verwaltungsstellen gebildet worden, während der Kohlenverkauf (ausschließlich des örtlichen Landabsatzes) für die sämtlichen Gruben in dem „Handelsbureau“ der Bergwerks-Direktion sich vereinigt*).

---

*) An der Spitze der Königl. Bergwerks-Direktion standen seit 1861 als Vorsitzende die Oberbergräte bezw. Geh. Bergräte Serlo (1861—65), Bluhme (1865 bis 66), Wagner (1866 -69), Achenbach (1869—78), Eilert (1878—88), Nasse (1888 bis 91), von Velsen (1891—96), Vogel (1896—1900) und Hilger (1900 bis heute).

Als Mitglieder gehörten ihr an: die Justitiare Fleckser (1861—65), v. Hinckeldey (1865—72 und 1880—91), Eskens (1872—80), Loerbroks (1891—95), Franz (1895 bis 98), Koch (1898 bis heute); die bergtechnischen Mitglieder (außer den nachstehend aufgeführten Leitern der Berginspektionen und der Bergfaktorei) Bluhme (1861—62), Follenius (1862—64 und 1867—74), Hauchecorne (1863—65), Freund (1866 bis 70), v. Ammon (1870—72), Haßlacher (1872—80), Jordan (1872—89), A. Nöggerath (1874-78), Böttger (1878—94), Wagner (1880—92), Grumbrecht (1885—99), Graßmann (1890—95), Prietze (1891 bis heute), Hilger (1892-94), Liebrecht (1894—99), Meißner (1895), Zörner (1895—1903) Müller (1899), Fuchs (1899), Schantz (1899 bis 1901), Gutdeutsch (1900 bis heute), Manke (1902—03); die bautechnischen Mitglieder Dieck (1861—69), v. Viebahn (1861-65), Neufang (1865—97), Dumreicher (1868 bis 97), Braun (1872--93), Latowsky (1894 bis heute), Giseke (1897 bis heute), Milow (1899—1901), Schlegel (1903).

Als Werks-Leiter standen den einzelnen Berginspektionen die nachbezeichneten Berginspektoren bezw. Bergwerks-Direktoren vor:

I. Erdmenger (1861 - 63), Eilert (1863—65), Bauer (1865—67), Maaß (1867 bis 72); Mencke (1872—74 und 1892—1900), Zix (1874—92), Dr. Schäfer (1900 bis heute).

II. E. Honigmann (1861—62), Bluhme (1862—64), Hilt (1865—70), Holste (1870), Freund (1870—73), Nasse (1873—85), Vogel (1885—91), Kreuser (1891—94), Hilger (1894-96), Hueck (1896—99), Althans (1899 bis heute).

III. M. Nöggerath (1861—65), A. Nöggerath (1865—68), Freudenberg (1868 bis 72), v. Ammon (1872—83), Dr. Klose (1883—95), Jahns (1895 bis heute).

IV. Leist (1861—65), Eilert (1865—74), Hoernecke (1874—80), Heyder (1880 bis 87), Fabian (1887—97), Kaltheuner (1897—1903), von Meer (1903).

V. Pfähler (1861—85), Leybold (1885—90), Krümmer (1890—99), Liebrecht (1899—1901), Stöcker (1902 bis heute).

VI. Bauer (1861—65), Follenius (1865), Blees (1866—68), A. Nöggerath (1868 bis 74), Mencke (1874—92), Frielinghaus (1892—98), Raiffeisen (1898 bis 1901), Liesenhoff (1901 bis heute).

VII. v. Rönne (1861—72), Freudenberg (1872—73), Voswinckel (1873—76), Täglichsbeck (1876—84), Graeff (1884—96), Müller (1896—99), Morsbach (1899—1900), Wiggert (1900—03), Fischer (1903).

VIII. Follenius (1866—67), Raiffeisen (1867—77), Prietze (1877—91), Lohmann (1892—1900), Diedrich (1900 bis heute).

IX. Temme (1866—72), Voswinckel (1872—73), Breuer (1873—87), Stapenhorst (1887—99), Cleff (1899 bis heute).

X. Kreuser (1887—91), Lindner (1891—92), Wiggert (1892—1900), Knops (1900 bis heute).

XI. Leybold (1890—96), Gante (1896—1901), Schantz (1901 bis heute).

Bergfaktorei Kohlwage: Blees (1865), Wesener (1866—69), Baentsch (1869 bis 72), Wenderoth (1872—1903), Manke (1903).

Bei den Berginspektionen sind seit neuerer Zeit dem Werksdirektor 2—3 Berginspektoren beigegeben.

Die einzelnen Berginspektionen zeigen inbezug auf Förderung und Arbeiterzahl innerhalb der Jahre 1865 bis 1880 die folgende Entwickelung.

| Berginspektionen | 1865 | | 1869 | | 1875 | | 1880 | |
|---|---|---|---|---|---|---|---|---|
| | Förderung Ztr. | Arbeiterzahl | Förderung Ztr. | Arbeiterzahl | Förderung Ztr. | Arbeiterzahl | Förderung Ztr. | Arbeiterzahl |
| I. Kronprinz . . | 4 456 290 | 1 045 | 4 210 720 | 1 095 | 5 299 792 | 1 382 | 6 700 030 | 1 638 |
| II. Gerhard . . . | 6 471 000 | 1 894 | 7 820 000 | 2 535 | 10 249 500 | 2 534 | 12 738 770 | 2 758 |
| III. Von der Heydt | 4 728 400 | 1 276 | 4 508 200 | 1 295 | 7 775 000 | 1 997 | 11 110 210 | 2 324 |
| IV. Dudweiler . . | 11 071 500 | 3 290 | 11 953 000 | 2 916 | 11 827 300 | 3 472 | 13 510 210 | 3 153 |
| V. Sulzbach-Altenwald . . . . . | 5 843 400 | 1 419 | 11 351 770 | 2 581 | 11 183 750 | 2 662 | 12 754 000 | 2 388 |
| VI. Reden . . . . | 7 822 600 | 2 149 | 10 526 000 | 2 870 | 14 146 000 | 3 304 | 12 367 100 | 2 885 |
| VII. Heinitz . . . . | 10 429 200 | 2 573 | 11 031 000 | 2 803 | 15 495 510 | 3 094 | 18 934 755 | 3 306 |
| VIII. König . . . . | (3 641 400) | (952) | 3 295 000 | 938 | 8 785 400 | 2 088 | 10 332 620 | 2 207 |
| IX. Friedrichsthal . | (2 996 190) | (760) | 4 202 200 | 1 059 | 4 874 520 | 1 563 | 5 780 090 | 1 355 |
| Summe | 57 459 980 | 15 358 | 68 897 890 | 18 092 | 89 636 772 | 22 096 | 104 227 785 | 22 014 |
| Hierzu die Arbeiter bei der staatlichen Kokerei, der Bergfaktorei und dem Hafenamte, sowie die Pferdeknechte der Gruben . . . | | 609 | | 708 | | 806 | | 904 |
| Gesamt-Arbeiterzahl | | 15 967 | | 18 800 | | 22 902 | | 22 918 |
| Außerdem: | | | | | | | | |
| die Privatgrube Hostenbach . . . . | 1 392 580 | 420 | 1 098 320 | 379 | 1 626 460 | 381 | 1 628 000 | 410 |

Gegenüber dem Aufschwunge der Förderung ist auch der technische Betrieb nicht zurückgeblieben. Die Gewinnungsarbeiten, die Abbauarten, die Einrichtungen zur Förderung, Wasserhaltung und Wetterführung haben auf allen Gruben fortschreitend wesentliche Verbesserungen erfahren, neue Vorrichtungen und Maschinen der mannigfachsten Art sind eingeführt, fast keine irgend bemerkenswerte Neuerung auf dem weiten Gebiete der Bergbautechnik ist unversucht geblieben. Die seit 1853 veröffentlichten amtlichen Berichte über „Versuche und Verbesserungen beim Bergwerksbetriebe Preußens“ lassen in dieser Beziehung die Saarbrücker Steinkohlenwerke recht eigentlich als die Pioniere erkennen, durch welche dem Fortschritte der bergbaulichen Technik für Preußen und Deutschland gewissermaßen die Bahn gebrochen wird. Tatsächlich ist denn auch bereits seit langen Jahren der Saarbrücker Bergbau eine der Hauptschulen geworden für die Ausbildung nicht nur der Staats-Bergbeamten Preußens, sondern auch zahlreicher betriebsleitender Beamten von Privat-Bergwerken des In- und Auslandes*).

Aus der großen Zahl wichtiger Verbesserungen des Grubenbetriebes in den Jahren 1850 bis 1880 mögen die hauptsächlichsten kurze Erwähnung finden.

Die Anwendung unterirdischer Maschinen zur Förderung aus flachen Schächten erfolgte bereits zu Anfang der 1850er Jahre auf den Gruben Geislautern und Gerhard. Maschinelle Seilförderung in söhligen Strecken begann — als die erste derartige Einrichtung auf dem Kontinente — mit dem Jahre 1862 auf Grube Von der Heydt, woselbst auch noch im näm-

*) In erster Linie muß hier des Oberberghauptmannes Krug von Nidda gedacht werden, dessen Anregung und unmittelbarem Eingreifen der Saarbrücker Bergbau wohl den hauptsächlichsten Teil seiner technischen Fortschritte während des in Rede stehenden Zeitabschnittes zu danken hat. Geboren den 16. Dezember 1810, begann Otto Ludwig Krug von Nidda die bergmännische Laufbahn im November 1828 auf den Kupferschiefergruben des Schafbreiter Revieres bei Eisleben, in welch letzterer Stadt er gleichzeitig auch bis zum Herbste 1830 die Bergschule besuchte, um sodann seine praktische Ausbildung noch auf den Mansfeldischen Hütten, sowie auf den Steinkohlengruben von Wettin und Löbejün fortzusetzen. Nach $1^1/_2$jährigem Besuch der Berliner Universität unternahm er im Jahre 1833 eine Reise nach Island und in den folgenden Jahren 1834 und 1835 längere Belehrungsreisen in die Bergreviere des sächsischen Erzgebirges und Schlesiens. Im Juni 1834 zum Berg-Eleven angenommen, wurde er gegen Ende 1835 dem Bergamte in Suhl, im Februar 1837 als Einfahrer und vom Mai 1839 ab als Ober-Einfahrer dem niederschlesischen Bergamte in Waldenburg überwiesen; zu Anfang 1841 erfolgte seine Versetzung an das oberschlesische Bergamt zu Tarnowitz, 1843 die Ernennung zum Bergmeister. Vom 1. Oktober 1850 ab treffen wir ihn als Bergamts-Direktor und Bergrat in Halberstadt, vom 1. Juni 1851 bis dahin 1853 als Bergamts-Direktor in Siegen, hierauf als Oberbergrat in Breslau. Die engeren Beziehungen v. Krugs zum Saarbrücker Bergbau beginnen mit seiner am 12. Juni 1854 erfolgten Berufung zum Geh. Bergrat und vortragenden Rat im Handelsministerium. Nachdem er zum erstenmal im Juni 1856 als Ministerial-Kommissar die Saarbrücker Gruben bereist hatte, werden nunmehr regelmäßig die Jahres-Befahrungen durch ihn abgehalten, und vereinigt sich nach und nach die ganze obere Leitung des Saarbrücker Bergbaubetriebes fast ausschließlich in seiner kräftigen Hand, namentlich seitdem ihm unterm 23. Mai 1860 mit der Beförderung zum Wirklichen Geh. Oberbergrat die Verwaltung der Ministerial-Abteilung für das Berg-, Hütten- und Salinenwesen übertragen worden war. Wiederholt vertrat er auch das Saarbrücker Land als Abgeordneter der Kreise Saarbrücken, Ottweiler und St. Wendel im preußischen Abgeordnetenhause. Am 25. Juni 1865 zum Oberberghauptmann ernannt, hat v. Krug in unermüdlicher Schaffenskraft bis zum 1. Juli 1878 an der Spitze der preußischen Bergverwaltung gestanden, um dann, nach fast 50jähriger bergmännischer Laufbahn, als Wirklicher Geh. Rat in den wohlverdienten Ruhestand zu treten. Wie der gesamte Bergbau Preußens in ihm einen seiner hervorragendsten und verdientesten Fachmänner erkannt hat, so verehrt der Saarbrücker Steinkohlenbergbau ihn ganz besonders noch als den eigentlichen Urheber seiner neueren großartigen Entwickelung. Das Brustbild v. Krugs ziert neben denjenigen von Böcking, Sello und v. Dechen die Vorderseite des Verwaltungsgebäudes der Saarbrücker Bergwerks-Direktion.

lichen Jahre die elektrische Signalvorrichtung eingeführt wurde; sie hat seitdem nach und nach fast auf allen Saarbrücker Gruben unter und über Tage Verbreitung gefunden. Im gleichen Jahre 1862 wurden über Tage schmalspurige Lokomotiven auf dem mehrgenannten Friederiken-Schienenwege der Gerhardgrube, 1873 auch auf der Privatgrube Hostenbach vom Schachte Union nach der Saarhalde in regelmäßigen Betrieb genommen; die versuchsweise Einführung von solchen Lokomotiven zur Stollenförderung (Burbach-Stollen der Grube Von der Heydt) im Jahre 1863 hatte keinen dauernden Erfolg. Schon 1859 kam auf mehreren Gruben die Sonderung der Kohle nach Stücken und Gries in Gebrauch, während die allgemeinere Errichtung von Rätteranlagen erst in die Mitte der 1860er Jahre fällt.

Mit 1865 beginnt beim Abbau neben dem die Regel bildenden Pfeilerbau die Anwendung des schon in den 1850er Jahren auf den schwachen Flözen der Privatgrube Hostenbach betriebenen Strebbaues und des Stoßbaues, beim Schachtabteufen und bei sonstigen Gesteinsarbeiten der Gebrauch von Nitroglyzerin und (1867) Dynamit als Sprengmittel, bei der Wetterführung die Verwendung von Guibalschen Ventilatoren (zuerst auf Gerhardgrube), nachdem bereits in der zweiten Hälfte der 1850er Jahre eine große Zahl von unterirdischen Wetteröfen errichtet worden war. In 1866 werden als erste Förderschächte des Saarbezirks mit kreisförmigem Querschnitt und eiserner Zimmerung (U-Eisenringe) — wie sie seitdem für Tiefbauschächte die herrschenden geworden sind — der Viktoria-Schacht bei Püttlingen (Grube Gerhard) und der Richard-Schacht (Grube Dudweiler) abgeteuft. Das nämliche Jahr 1866 brachte die Spiralkörbe bei der Schachtförderung, das Jahr 1867 die erste Benutzung von Druckluft für Bohr- und Schrämmaschinen, sowie zu unterirdischer Förderung und Wasserhebung (Grube Altenwald und Albert-Schacht der Gerhardgrube), welcher bald auch die Sonder-Bewetterung mit gepreßter Luft folgte.

Von 1868 ab gewinnt der eiserne Ausbau in Strecken und Schächten ausgedehntere Verbreitung; bei der Schachtförderung weichen die alten einzylindrigen Balancier-Maschinen mehr und mehr den liegenden Zwillings-Maschinen, bei der Wasserhaltung in gleicher Weise die Einzylinder- den Zweizylinder-Maschinen. Das Jahr 1872 hat die Inbetriebsetzung der ersten und einzigen Fahrkunst im Saarbrücker Bezirke (Union-Schacht der Privatgrube Hostenbach), sodann die Einführung maschineller Streckenförderung mit Kette ohne Ende (zuerst auf Grube Von der Heydt) bei gleichzeitiger Verbesserung der Förderwagen durch Anwendung von Temperguß-Rädern und Anbringung von Schmierbüchsen in den Wagenachsen, das Jahr 1872 bezw. 1874 die erste Aufstellung unterirdischer Wasserhaltungsmaschinen (Friedrichsthal und Altenwald, die letztere mit hydraulischem Gestänge) zu verzeichnen. Die folgenden Jahre zeigen eine immer weiter gehende Verwendung von Eisen, und zwar nicht nur beim Schacht- und Streckenausbau, sowie beim Oberbau der Schienenbahnen, sondern auch bei den Schachtleitungen, den Seilscheibengerüsten, Schachthallen und sonstigen Tagesanlagen aller Art. Seit 1878 erhalten die Rätter-Vorrichtungen größere Vervollkommnung durch den Einbau von Briartschen Rosten, Cornetschen Lese- und Verladebändern usw. Das nämliche Jahr 1878 hat sodann die Einführung von Unterseilen bei der Schachtförderung, das Jahr 1880 diejenige von hydraulischen Schachtfallen aufzuweisen*)

Mit der Entwickelung und weiteren Vervollständigung des Eisenbahnnetzes im Saargebiete, sowie der Herstellung des Saar-Kanals haben die Absatzverhältnisse der Saarkohle eine wesentlich andere Gestaltung gewonnen. Vor allem ist es der Eisenbahn-Absatz einerseits und der Absatz ins Ausland andererseits, welche einen von Jahr zu Jahr wachsenden Anteil am Gesamt-Absatz beanspruchen, während sich der Landabsatz immer mehr auf den Bedarf der nächsten Umgebung der Gruben beschränkt und der Schiffsabsatz saarabwärts fast alle Bedeutung verliert, dagegen mit dem Saar-Kanal ein jenen weit übertreffender Absatz saaraufwärts sich entwickelt. Daneben ist auch die stetig zunehmende Verwendung von Kohlen zur Darstellung von Koks besonders hervorzuheben. Die nachstehende Übersicht des Kohlenabsatzes der staatlichen Saarbrücker Gruben von 1850 bis 1880 möge diese Umgestaltung der Verhältnisse in Zahlen veranschaulichen.

| Jahr | Eisenbahn-Absatz | Absatz saar-abwärts | Absatz nach dem Saar-Kanal | Absatz an die Koks-anstalten | Land-Absatz | Gesamt-Absatz (ausschl. Selbst-verbrauch) | Von dem Gesamt-Absatze (einschl. Koks auf Kohle berechnet) sind: im preußischen Inlande verblieben | | nach außerpreußischen Staaten gegangen | |
|---|---|---|---|---|---|---|---|---|---|---|
| | t | t | t | t | t | t | t | v. H. | t | v. H. |
| 1850 | 18 730 | 128 952 | — | 124 720 | 312 106 | 584 508 | 226 640 | 38,8 | 357 868 | 61,2 |
| 1860 | 986 644 | 73 017 | — | 542 009 | 312 870 | 1 914 540 | ? | — | ? | — |
| 1869 | 1 723 935 | 20 796 | 553 681 | 727 851 | 334 937 | 3 361 200 | 950 500 | 28,3 | 2 410 700 | 71,7 |
| 1875 | 2 484 566 | 23 362 | 548 277 | 865 463 | 402 715 | 4 324 383 | 1 211 095 | 28,0 | 3 113 288 | 72,0 |
| 1880 | 3 107 694 | 18 032 | 531 041 | 949 804 | 413 934 | 5 020 505 | 1 263 755 | 25,2 | 3 756 750 | 74,8 |

Zu Anfang der 1880er Jahre fallen von dem Gesamt-Absatze durchschnittlich etwa 26 v. H. auf das preußische Inland (Regierungsbezirke Trier und Coblenz nebst dem südwestlichen Teil von Hessen-Nassau), so-

*) Den technischen Zustand des Saarbrücker Bergbaues zu Anfang der 1880er Jahre schildert die Abhandlung von R. Nasse „Der technische Betrieb der Kgl. Steinkohlengruben bei Saarbrücken“ in Band 33 (1885) der Zeitschr. f. d. Berg-, Hütten- und Salinen-Wesen.

dann 25 v. H. auf die süddeutschen Staaten und 22 v. H. auf Elsaß-Lothringen, im ganzen 73 v. H. auf Deutschland, während die verbleibenden 27 v. H. die Ausfuhr ins Ausland bilden und sich auf Frankreich (17,3 v. H.), die Schweiz (7,9 v. H.), Luxemburg (0,8 v. H.), Österreich (0,2 v. H.) und Italien (0,8 v. H.) verteilen. Als äußerste Grenzen des Absatzgebietes können für diese Zeit bezeichnet werden: gegen Norden Coblenz und Giessen, gegen Westen Paris, gegen Osten Nürnberg, München, Salzburg, gegen Süden Genf und (seit 1882) Mailand. Vereinzelt sind Saarkohlen-Sendungen westlich sogar bis nach Le Hâvre (1864), östlich bis Wien (1868) und südlich über den Brenner bis nach Verona und Mailand (1870 und 1873) gegangen*).

Auch die Arbeiterverhältnisse zeigen mit dem durch die Eisenbahn herbeigeführten Aufschwunge der Gruben gewaltige Veränderungen. Die bereits seit Jahren aus der einheimischen Bevölkerung nach Möglichkeit verstärkte Belegschaft der Gruben genügte nicht mehr, es mußten neue Arbeitskräfte aus größerer Ferne herangezogen werden. Anfangs waren es noch vorwiegend eigentliche Bergleute vom Harze, aus dem Mansfeldischen und aus sonstigen Erzrevieren, die dem Rufe der allerwärts gerührten Werbetrommel folgten; nach und nach ging man indessen dazu über, die weiter erforderlichen Verstärkungen aus dem ackerbautreibenden Hinterlande des Saargebietes selbst, namentlich aus dem nordwestlich vorliegenden Hochwalde und der östlich anschließenden bayerischen Pfalz, zu entnehmen. Vorübergehend sind daneben noch Zuzüge von Arbeitern aus Böhmen (1866) und aus den Provinzen Ost- und Westpreußen (1871) erfolgt.

Boten die mehr und mehr erhöhten Löhne ein ausreichendes Mittel, neue Arbeitskräfte zu gewinnen, so machte deren Unterbringung in der Nähe der Gruben desto größere Schwierigkeiten. Der in den 1840er Jahren begonnenen Errichtung von Arbeiter-Kasernen einerseits und der Ansessigmachung der Arbeiter durch Gewährung von Prämien und Darlehen zum eigenen Hausbau andererseits mußte immer weitere Ausdehnung gegeben werden. So entstand nach und nach eine Reihe großer „Schlafhäuser", deren Bewohnern durch die Einrichtung von „Bergmannszügen" auf der Eisenbahn die Möglichkeit gewährt ist, über Sonntag regelmäßig ihren häuslichen Herd aufzusuchen; andererseits wurden der Einzelbetrag, wie die Gesamtsumme der jährlich verteilten Bauprämien und Baudarlehen wiederholt erhöht, die Preise der Bauplätze durch Ankauf größerer Grund-

*) Bezüglich der Entwickelung der Absatzverhältnisse im einzelnen wird auf die besondere Darstellung von B. Jordan „Die Absatzverhältnisse der Saarbrücker Steinkohlengruben während der letzen 30 Jahre" in Band 32 (1884) der Zeitschr. f. d. Berg-, Hütten- und Salinen-Wesen verwiesen. S. auch Teil IV d. vorl. Werks.

stücke und Anlegung besonderer bergmännischer Kolonien (von 1855 ab) wesentlich ermäßigt.

Hand in Hand mit diesen Ansiedelungsbestrebungen ging sodann die Errichtung und weitere Ausbildung mannigfacher sonstiger Wohlfahrts-Einrichtungen zum Besten der Arbeiter. Es mögen hier nur kurz erwähnt sein: die erhebliche Ausdehnung der Leistungen des Saarbrücker Knappschaftsvereins, nicht nur in bezug auf die Krankenpflege, sondern auch auf die Invaliden-, Witwen- und Waisen-Versorgung; die Erhöhung des bereits seit den 1770er Jahren jedem ständigen Bergmann bewilligten „Kohlendeputats" vom Jahre 1874 ab auf je 50 Ztr. für den Verheirateten und 25. Ztr. für den Unverheirateten; die Errichtung von bergmännischen Spar- und Vorschuß-, sowie namentlich von Konsum-Vereinen, zum Teil in Verbindung mit Speiseanstalten in den Schlafhäusern (die erste vom 1. März 1870 ab auf Grube Heinitz); die Ausstattung der Schlafhäuser mit Erholungsräumen, Büchereien, Bade-Vorrichtungen und ähnlichen Verbesserungen in gesundheitlicher Beziehung; die Einrichtung täglicher Eisenbahn-Arbeiterzüge nach und von den größeren Gruben; die wesentliche Erweiterung des Schulwesens sowohl in bezug auf die fachliche Ausbildung (Haupt-Bergschule zu Saarbrücken und seit 1873 drei Bergvor- und Steigerschulen zu Louisenthal, Dudweiler und Neunkirchen), wie auch auf die Fortbildung der jugendlichen Arbeiter (Werksschulen), die Unterweisung der Bergmannstöchter in den weiblichen Handarbeiten (Industrieschulen) und die Kleinkinder-Erziehung (Kinder-Bewahranstalten); endlich eine Reihe sonstiger Bestrebungen zur geistigen und sittlichen Hebung des Bergarbeiterstandes.*)

Die neueste Zeit, von 1880 bis zum Schluß des Rechnungsjahres 1902. — Der Aufschwung, welchen das gesamte wirtschaftliche Leben zu Beginn der 1880er Jahre genommen hatte, endete für den Saarbrücker Steinkohlenbergbau schon sehr bald mit einem völligen Zurücksinken in die gedrückte Lage der vorausgegangenen Jahre 1875—79. Wenn

*) In die Jahre 1869 bis 1878 fällt die verdienstvolle Wirksamkeit des Oberbergrats und Geheimen Bergrats Adolf Achenbach als Vorsitzender der Königl. Bergwerksdirektion. Am 5. Januar 1825 in Saarbrücken geboren, wo damals sein Vater als Kassenkontrolleur dem Königl. Bergamte angehörte, hat Achenbach 1846 auf der Eisensteingrube Stahlberg bei Müsen im Siegerlande seine erste bergmännische Schicht verfahren. Im Jahre 1853 zum Oberbergamts-Referendar, 1859 zum Bergassessor ernannt und inzwischen in verschiedenen Bergrevieren des Rheinischen Oberbergamts, sowie als Hilfsarbeiter bei dieser Behörde beschäftigt, wurde Achenbach 1865 als Oberbergrat dem Königl. Oberbergamte zu Dortmund zugeteilt. Am 1. Dezember 1869 folgte er dem Rufe seines Königs an die Spitze des staatlichen Steinkohlenbergbaus bei Saarbrücken, welch letzterm er nunmehr fast 9 Jahre lang seine reichen Erfahrungen und seine ganze Kraft widmete. Mit sicherer Hand und in aufopfernder Treue hat er es verstanden, diesen Bergbau nicht nur ungeschwächt durch die schweren Zeiten des französischen Krieges

auch im weitern Verlaufe der 1880er und in der ersten Hälfte der 1890er Jahre wiederholt sich die Verhältnisse zu befestigen schienen, so traten doch stets wieder neue ungünstige Gestaltungen des Weltmarktes oder außergewöhnliche Betriebsereignisse dazwischen, welche eine entschiedene Besserung nicht aufkommen ließen. Immerhin hat aber auch dieser Abschnitt der Entwickelungsgeschichte des Saarbrücker Bergbaus im großen und ganzen noch ein stetiges Fortschreiten der Förderung aufzuweisen. Hatte letztere im Jahre 1880 auf den staatlichen Gruben 5 211 389 t bei einer Belegschaft von 22 918 Mann erreicht, so zeigte das Jahr 1885 bereits 6 049 031 t bei 26 435 Mann, 1890 weiter 6 212 540 t und 28 928 Mann, endlich 1895 unter dem Einfluß des wiederbeginnenden Aufschwunges 6 886 098 t und 31 567 Mann.

Um die steigenden Fördermengen beschaffen zu können, hatte man die Bestrebungen in erster Linie darauf richten müssen, die neuen Fettkohlen-Tiefbauanlagen des Fischbachtales zur vollen Entwickelung zu bringen. Schon waren die von ihnen am weitesten vorgerückten Camphausen-Schächte zu einer regelmäßigen Tagesförderung von 1200 t gelangt, als die unheilvolle Schlagwetterexplosion vom 17. März 1885 diese Grube auf Jahre hinaus vernichtete. Auch die beiden andern Anlagen wurden lange Zeit durch die Ungunst der Verhältnisse in ihrer Entwickelung zurückgehalten. Erst mit Beginn der 1890er Jahre sind alle 3 Anlagen in regelmäßigen und vollen Betrieb gelangt.

Als neue Tiefbauanlage zur Flammkohlenförderung wurde 1887 das Abteufen von 2 Hauptschächten bei Göttelborn begonnen; nach Fertigstellung der Zweigeisenbahn zur Haltestelle Merchweiler der Fischbachtal-Eisenbahn hat die Betriebseröffnung der neuen Anlage für den Eisenbahnabsatz am 1. Oktober 1891 stattgefunden. Von wichtigern Erweiterungen der ältern Gruben fallen in den vorliegenden Zeitabschnitt: Der Beginn des Viktoria-Schachtes II der Grube Gerhard im Jahre 1883, sowie der-

1870/71 und die in dessen Gefolge auftretenden, langdauernden Verkehrsschwierigkeiten hindurchzubringen, sondern ihn sogar einer blühenden Entwicklung entgegenzuführen. Seiner Anregung und eifrigen Mitwirkung verdanken die großen Tiefbauanlagen im Fischbachtale ihre Inangriffnahme, nicht minder sind eine Reihe anderer Erweiterungen und Verbesserungen des technischen Betriebes und der Verkehrsverhältnisse, ganz besonders aber zahlreiche Neu-Schaffungen oder Umwandlungen bestehender Einrichtungen auf dem Gebiete der Arbeiterfürsorge auf seine persönliche Anregung zurückzuführen. Im Herbst 1878 schied Achenbach infolge seiner Ernennung zum Berghauptmann und Oberbergamtsdirektor in Clausthal aus dem Saargebiete. Weitere 22 Jahre seiner Tätigkeit sind dann noch dem Erzbergbau des Harzes zugutegekommen, ehe er mit dem 1. Oktober 1900 als „Wirklicher Geheimer Rat“ in den Ruhestand trat. Am 13. Juni 1903 endete zu Clausthal der Tod sein arbeits- und erfolgreiches Leben.

jenige des Anna-Schachtes bei Wiebelskirchen zum weitern Aufschluß des Feldes der Grube Kohlwald 1893. Andererseits wurden die alte Stollengrube Merchweiler im Jahre 1881, der Mehlpfuhl-Schacht der Grube König 1889, die Stollengrube Quierschied 1890 und die Privatgrube Ernst-Louise 1894 endgültig eingestellt.*)

An der Gesamtförderung der Jahre 1880 bis 1900 sind die einzelnen Berginspektionen, wie folgt, beteiligt:

| Berginspektionen. | 1880 | | 1885 | | 1890 | | 1895 | |
|---|---|---|---|---|---|---|---|---|
| | Förderung t | Arbeiterzahl | Förderung t | Arbeiterzahl | Förderung t | Arbeiterzahl | Förderung t | Arbeiterzahl |
| I. Kronprinz . . . | 335 001 | 1 638 | 405 284 | 1 691 | 491 934 | 2 022 | 474 147 | 2 042 |
| II. Gerhard . . . . | 636 939 | 2 758 | 688 258 | 3 125 | 680 370 | 3 313 | 725 608 | 3 444 |
| III. Von der Heydt . | 555 510 | 2 324 | 706 112 | 2 762 | 702 723 | 3 014 | 566 123 | 2 711 |
| IV. Dudweiler . . . | 675 510 | 3 153 | 647 592 | 3 412 | 510 462 | 2 520 | 600 186 | 2 811 |
| V. Sulzbach-Altenwald | 637 700 | 2 388 | 712 075 | 2 624 | 588 646 | 2 613 | 635 872 | 2 677 |
| VI. Reden . . . . . | 618 355 | 2 855 | 767 492 | 3 448 | 741 385 | 3 672 | 692 908 | 3 417 |
| VII. Heinitz . . . . | 946 738 | 3 306 | 1 120 841 | 4 009 | 1 074 216 | 4 485 | 1 029 038 | 4 590 |
| VIII. König . . . . . | 516 631 | 2 207 | 707 938 | 2 617 | 715 870 | 2 929 | 781 964 | 3 355 |
| IX. Friedrichsthal . . | 289 005 | 1 355 | 293 439 | 1 689 | 459 112 | 2 018 | 596 008 | 2 954 |
| X. Göttelborn . . . | — | — | — | — | 25 595 | 281 | 217 273 | 827 |
| XI. Camphausen . . | — | — | — | — | 222 227 | 1 028 | 566 971 | 2 624 |
| Summe | 5 211 389 | 22 014 | 6 049 031 | 25 377 | 6 212 540 | 27 895 | 6 886 098 | 31 452 |
| Hierzu die Arbeiter bei der staatlichen Kokerei, der Bergfaktorei und dem Hafenamte, sowie die Pferdeknechte der Gruben . . . . . | | 904 | | 1 058 | | 1 033 | | 115 |
| Gesamt-Arbeiterzahl | | 22 918 | | 26 435 | | 28 928 | | 31 567 |
| Außerdem: Die Privatgrube Hostenbach | 81 400 | 410 | 159 653 | 758 | 173 585 | 934 | 136 152 | 902 |

*) Es mag an dieser Stelle erwähnt sein, daß die bergpolizeiliche Beaufsichtigung der staatlichen Gruben, welche bis dahin den Direktoren der einzelnen Berginspektionen obgelegen hatte, vom 1. Januar 1893 ab auf die Bergrevierbeamten übergegangen ist. Für den Saarbrücker Bezirk bestehen seitdem die 3 Bergreviere West-Saarbrücken, Ost-Saarbrücken und Neunkirchen.

Nach mehr als 20 jährigem, nur vorübergehend durch günstigere Gestaltung der Verhältnisse unterbrochenem, wirtschaftlichem Ringen begann mit dem Jahre 1895 für den Saarbrücker Steinkohlenbergbau ein Aufschwung, wie er ihn gewaltiger und nachhaltiger bisher nicht gesehen hat. War in den letzten Jahren der Absatz immer mehr hinter der wachsenden Leistungsfähigkeit der Gruben zurückgeblieben, so veränderte die im Jahre 1895 eingetretene Neubelebung der gewerblichen Verhältnisse fast plötzlich die Lage derart, daß die bestehenden Gruben bald vollauf in Anspruch genommen waren und zu ihrer Entlastung neue Tiefbauanlagen errichtet werden mußten. Diese aufsteigende Bewegung hat fast ungeschwächt über die Jahrhundertwende hinaus bis zur Gegenwart fortgedauert, selbst der seit Mitte 1900 eingetretene abermalige wirtschaftliche Rückgang hat ihr nur unbedeutenden Eintrag zu tun vermocht.

Während das Jahr 1895 für die staatlichen Gruben eine Förderung von 6 886 098 t bei einer mittleren Arbeiterzahl (des Rechnungsjahres 1895/96) von 31 815 Mann zeigt, erheben sich diese Zahlen schon in 1898 (bezw. 1898/99) auf 8 768 582 t und 37 595 Mann, in 1900 (bezw. 1900/01) auf 9 397 253 t und 41 853 Mann, um, nach unbedeutendem Rückgange der Förderung in 1901, mit dem Kalenderjahre 1902 eine Höhe von 9 493 667 t, sowie endlich mit dem Rechnungsjahre 1902/03 eine solche von 9 684 987 t und 43 484 Arbeitern zu erreichen.*)

Wie zu Anfang der 1880er Jahre, so galt es auch bei dem jetzigen Wiederaufschwunge des Betriebes vor allem, die Nachhaltigkeit einer verstärkten Förderung und insbesondere den Fettkohlenbedarf der gewaltig sich entwickelnden einheimischen Eisenindustrie beizeiten sicherzustellen. Mit dem Jahre 1896 beginnt daher zunächst eine planmäßige Untersuchung der noch unverritzten oder nicht ausreichend bekannten Teile des ganzen staatlichen Berechtigungsfeldes. Es werden in diesem und den folgenden Jahren Tiefbohrungen niedergebracht: beim Schiedenborn (Dudweiler), an der Rossel, bei Großrosseln und Ludweiler, im Alsbachtale bei Louisenthal (1212 m), bei Elversberg im Anschluß an die

---

*) Inzwischen hat das Kalenderjahr 1903 die 10. Million Tonnen (mit 10 067 377 t) überschritten und das Rechnungsjahr 1903/04 sogar 10 186 294 t gefördert.

Bohrlöcher der bayerischen Grube St. Ingbert, bei Stangenmühle (1060 m), Rastpfuhl, Malstatt, Jägersfreude (1377 m), beim Union-Schachte der Privatgrube Hostenbach (1142 m), bei Ensdorf, Liesdorf, Neuforweiler, Friedrichsweiler (am 6. Dezember 1902 mit 1478 m Tiefe eingestellt), im Steinbachtale (Grube Von der Heydt), bei Wiebelskirchen (1178 m), Hangard, Fürth und Ottweiler (am 21. Juni 1904 mit 1803 m eingestellt).

Die gewonnenen Aufschlüsse führen zur Inangriffnahme einer Reihe neuer Schachtanlagen behufs tieferer Lösung der Fettkohlengruben. In rascher Folge werden begonnen: 1897 der Minna-Schacht beim Rhein-Nahebahn- (jetzt Follenius-) Schachte zur Ausrichtung der Fettkohlenflöze im Felde der Grube Kohlwald; 1898 der Schiedenborn-Schacht im Felde der Grube Jägersfreude (seit 1902 mit der alten Grube Dudweiler durchschlägig) und der Rossel-Schacht im Felde der Grube Geislautern (bei 503 m Tiefe zu Anfang 1903 fertiggestellt); 1899 der Fettkohlenschacht beim Albert-Schachte der Grube Serlo (680 m tief und zu Anfang 1904 mit dem auf der linken Saarseite abgeteuften Wetterschachte durchschlägig geworden) und der Reden-Schacht III, welcher von der 3. Tiefbausohle der Grube Reden aus als Fettkohlenschacht weiter abgeteuft wurde und 1903 in der 448 m-Sohle den Durchschlag mit dem Bildstock-Wetterschachte erreicht hat; endlich 1901 ein Schacht bei Neuhaus im Felde der Grube Von der Heydt als Wetterschacht für den 1903 in Angriff genommenen Fettkohlenschacht im Steinbachtale.

Daneben entstehen als Erweiterungen der alten Gruben: 1897 der Frieda-Schacht der Grube Maybach (1901 in Förderung getreten), 1898 die Bauabteilung Knausholz der Grube Schwalbach (mit letzterer 1901 in der 5. Sohle zum Durchschlage gekommen), 1899 der neue Förderschacht zur Aufschließung der tiefern Sohlen der Abteilung Burbachstollen hinter der Rätteranlage im Burbachtale (Grube Von der Heydt), 1902 der Viktoria-Schacht III der Grube Gerhard bei Engelfangen (1903 durch einen 1248 m langen Stollen mit der alten Grubenanlage Viktoria-Schächte bei Püttlingen verbunden).

Wie die einzelnen Berginspektionen an dem Aufschwunge der letzten Jahre teilgenommen haben, zeigt die nachstehende Zusammenstellung.

| Berginspektionen | 1895 | | 1898 | | 1900 | | 1902 | |
|---|---|---|---|---|---|---|---|---|
| | Förderung t | Arbeiterzahl *) | Förderung t | Arbeiterzahl | Förderung t | Arbeiterzahl | Förderung t | Arbeiterzahl |
| I. Kronprinz . . . | 474 147 | 2 042 | 520 942 | 2 303 | 576 336 | 2 665 | 610 141 | 2 833 |
| II. Gerhard . . . . | 725 608 | 3 444 | 939 222 | 3 673 | 1 087 050 | 4 468 | 1 154 604 | 4 679 |
| III. Von der Heydt . | 566 123 | 2 711 | 643 600 | 2 543 | 629 490 | 2 601 | 628 497 | 2 678 |
| IV. Dudweiler . . . | 600 186 | 2 811 | 865 215 | 3 554 | 885 413 | 3 766 | 862 181 | 4 020 |
| V. Sulzbach-Altenwald . . . . . | 635 872 | 2 677 | 777 599 | 3 329 | 860 429 | 3 835 | 905 572 | 4 193 |
| VI. Reden. . . . . | 692 908 | 3 417 | 878 106 | 3 672 | 881 806 | 4 291 | 942 049 | 4 532 |
| VII. Heinitz . . . . | 1 029 038 | 4 590 | 1 201 794 | 5 230 | 1 270 520 | 5 396 | 1 281 349 | 5 436 |
| VIII. König . . . . . | 781 964 | 3 355 | 909 992 | 4 050 | 931 020 | 4 452 | 919 063 | 4 523 |
| IX. Friedrichsthal . . | 596 008 | 2 954 | 908 499 | 4 304 | 1 068 384 | 5 005 | 1 052 748 | 5 314 |
| X. Göttelborn . . . | 217 273 | 827 | 378 095 | 1 373 | 410 953 | 1 590 | 334 402 | 1 590 |
| XI. Camphausen . . | 566 971 | 2 624 | 745 518 | 2 936 | 795 852 | 3 141 | 803 061 | 3 200 |
| Summe | 6 886 098 | 31 452 | 8 768 582 | 36 967 | 9 397 253 | 41 210 | 9 493 667 | 42 998 |
| Hierzu die Arbeiter bei der Faktorei und dem Hafenamte . . . . | | 115 | | 114 | | 119 | | 164 |
| Gesamt-Arbeiterzahl | | 31 567 | | 37 081 | | 41 329 | | 43 162 |
| Außerdem: Die Privatgrube Hostenbach . . . . . | 136 152 | 902 | 113 407 | 613 | 93 352 | 570 | 77 285 | 624 |

*) Bei diesen und den folgenden Zahlen sind die Aufsichtsbeamten, die Koksarbeiter und die Pferdeknechte mit eingerechnet.

Gegenüber dem raschen Vorrücken in die Tiefe und den damit verbundenen erhöhten Gefahren hat auch der technische Betrieb des Saarbrücker Bergbaus in der Neuzeit ganz hervorragende Fortschritte aufzuweisen. Finden die letztern schon ihren zahlenmäßigen Ausdruck in der gewaltigen Steigerung der durchschnittlichen Tagesförderung von 17 823 t im Jahre 1880 bis zu 31 860 t in 1902, so ist ihre Bedeutung noch um so höher, als das letztere Ergebnis erreicht ist trotz eines gleichzeitigen Wachsens der mittleren Abbautiefen um mindestens 100 m und bei einem im großen und ganzen sogar festzustellenden Herabgehen der Verunglückungsziffer der Belegschaft (2,718 tödlich Verunglückte auf je 1000 Mann Belegschaft im Durchschnitt der Jahre 1880 bis 1892 gegenüber 1,725 im

Durchschnitt der Jahre 1893 bis 1902). Im einzelnen dürften die erzielten Fortschritte sich in gleichem Maße auf den eigentlich bergbaulichen Betrieb, wie auf die mit ihm verbundenen maschinellen Einrichtungen erstrecken.

Während noch bis zu Anfang der 1880 er Jahre auf den meisten Saarbrücker Gruben der gewöhnliche Pfeilerbau ohne Bergeversatz das herrschende Abbauverfahren bildete, vollzieht sich von Mitte der 1880 er Jahre ab mehr und mehr der Übergang zu Abbauarten mit vollständigem Bergeversatz. Waren als solche anfangs Stoßbau, dann (um die Mitte der 1880 er Jahre) Strebbau gewählt worden, so führten die in den Jahren 1899 und 1900 auf mächtigen (Blücherflöz der Grube Dudweiler) oder nahe beieinander liegenden Flözen (Thiele und Borstel der Grube König) gemachten günstigen Erfahrungen sehr bald zur allgemeinen Anwendung von sogenanntem „Scheibenbau" (streichender Strebbau in der unteren Bank, dann von der Abbaugrenze aus rückwärts gehender Verhieb der oberen Bank unter Benutzung der offengehaltenen Förderstrecken der unteren). Zurzeit ist jedenfalls Versatzbau fast ausnahmslos im Saarbecken der herrschende. Neuerdings haben auf einzelnen Gruben die Versuche begonnen, ihn durch das Wasserspülverfahren (Einschlämmen von Sand u. dergl.) noch zu vervollkommnen. — Bei der eigentlichen Kohlengewinnung ist von 1901 ab der „planmäßige Ausbau" mit günstigem Erfolge eingeführt worden. Beiläufig mag bemerkt sein, daß der gesamte Grubenholzverbrauch der staatlichen Gruben von 3 942 051 cbm (d. i. je 0,553 cbm die Tonne) im Rechnungsjahre 1895/96 auf 6 323 086 cbm (je 0,653 cbm oder 65 Pf. die Tonne) in 1902/03 gestiegen ist.

Mit der zunehmenden Ausdehnung der Grubenbaue hat die maschinelle Streckenförderung immer mehr Bedeutung gewonnen. Von den neu entstandenen größeren derartigen Anlagen mögen hervorgehoben sein: 1889 der Bau der Hauptkettenförderung der Grube Kohlwald von den Flözen Serlo und Kallenberg bis zum Gegenortschachte, 1891 die 1060 m lange Kettenförderungsanlage vom Ensdorfer Schachte der Grube Schwalbach nach dem Eisenbahnschachte bei Griesborn, 1895 die Kettenförderung mit elektrischem Antriebe auf Grube Gerhard in der einfallenden Strecke des Beustflözes von der 5. nach der 6. Tiefbausohle, 1901 die selbsttätige Ketten- und Seilförderung im neuen Feldesteile Knausholz der Grube Schwalbach (850 m einfallender Kettenbremsberg, verbunden mit 1934 m söhliger Seilförderung in der 10. Tiefbausohle nach dem Eisenbahnschachte bei Griesborn). — Zur maschinellen Kohlenförderung über Tage kamen in Betrieb die Drahtseilbahnen von den Gruben Heinitz und Dechen nach der Stummschen Eisenhütte zu Neunkirchen in 1886 und eine gleiche Bahn von dem Union-Schachte der Privatgrube Hostenbach über die Saar nach dem Eisenwerke Völklingen in 1888. — Die Pferdeförderung auf den staatlichen Gruben, deren Pferdebestand trotz der zunehmenden Verwendung mechanischer Kraft sich von 1880 bis 1902 mehr als verdoppelt hat (von 664 auf 1438) ist nach und nach in eigene Verwaltung der Gruben übernommen worden (1883 auf Grube Dudweiler, 1893 Von der Heydt, 1895 König, 1898 Gerhard und Heinitz usw.).

Bezüglich der Schachtförderung bleibt festzustellen, daß die tiefste Bau- und Fördersohle der Saarbrücker Gruben zu Anfang der 1880er Jahre die Grube Kreuzgräben (jetzt Brefeld) mit 509 m unter Tage und die größte überhaupt erreichte Schachttiefe der Trenkelbach-Schacht I (jetzt Grube Maybach) mit 601 m aufzuweisen hatte, daß aber diese gegenwärtig (1903) durch Fördertiefen von 619 m (Grube Brefeld) und sogar 846 m (bayerische Privatgrube Kons. Nordfeld) weit überholt sind. Die mittlere jetzige Abbautiefe kann zu 300—350 m unter Tage veranschlagt werden (gegen 200—250 m zu Anfang der 1880 er Jahre).

Mit dem Jahre 1885 beginnt für den Saarbrücker Bergbau ein jahrelanger schwerer Kampf gegen die Gefahren der Schlagwetter und des Kohlenstaubes. War das Saargebiet auch vorher schon mehrfach von größeren Schlagwetterexplosionen betroffen worden — am 2. Oktober 1860 auf Grube Dudweiler (10 Tote und 17 Verletzte), 20. Oktober 1864 auf Grube Reden (34 Tote) und 5. Juli 1876 auf der lothringischen Grube Spittel (49 Tote) —, so sollten doch das Massenunglück vom 17. März 1885 auf Grube Camphausen, welchem 181 Menschenleben zum Opfer fielen, und die sich in rascher Folge anschließenden weiteren Explosionen vom 26. Juni 1885 auf Grube Dudweiler (18 Tote), 15. Februar 1888 auf Grube Kreuzgräben (41 Tote) und 15. September 1890 auf Grube Maybach (25 Tote) in dem Kohlenstaub einen neuen Feind kennen lehren, dessen verheerende Explosionswirkungen diejenigen der Schlagwetter ins Ungemessene zu steigern vermochten.

An der Hand der umfassenden Arbeiten der Preußischen Schlagwetter-Kommission und insbesondere ihrer bahnbrechenden Versuche in der Versuchsstrecke zu Grube König bei Neunkirchen wird nunmehr von 1885 ab der Betrieb der Schlagwettergruben durchgreifenden Verbesserungen unterzogen. Zahlreiche neue Wetterschächte werden abgeteuft und mit leistungsfähigen Ventilatoren ausgestattet, die Wetterabteilungen durchgängig vermehrt und meist noch mit Sonderbewetterung versehen, die Wetterströme in den einzelnen Abteilungen regelmäßigen gasanalytischen Proben unterworfen; die seitherigen (Rüböl-) Sicherheitslampen weichen mehr und mehr der (zuerst 1883 eingeführten) Wolfschen Benzinlampe mit innerer Zündung; bei der Kohlengewinnung wird die Schießarbeit eingeschränkt und ihre Gefahr durch Gebrauch brisanter Sprengmittel und sog. Sicherheitssprengstoffe (an Stelle des Schwarzpulvers) wesentlich vermindert; vor allem aber wird auf den zur Staubbildung neigenden Flözen die Berieselung der Arbeitspunkte als dauernde Betriebseinrichtung durchgeführt (zuerst 1887 auf Grube Camphausen).

Wie weit in den letzten Jahren die Benzinlampe bereits die alten Rüböllampen zurückgedrängt hat, möge die Angabe zeigen, daß auf den staatlichen Saarbrücker Gruben der Verbrauch an Grubengeleuchte, welcher im Rechnungsjahre 1894/95 neben 450 000 kg Rüböl noch erst 293 000 kg Benzin betragen hatte, im Jahre 1902/03 bereits auf 100 000 kg Rüböl gesunken, dagegen auf 598 658 kg Benzin gestiegen war. In ähnlicher Weise ist bei den Sprengstoffen der Verbrauch an Schwarzpulver von 917 688 kg in 1895/96 auf 423 537 kg in 1902/03 zurückgegangen, bei gleichzeitigem Steigen des Verbrauchs an brisanten und Sicherheitssprengstoffen von 179 912 auf 742 706 kg.

Den gewaltigsten Fortschritt innerhalb des neuesten Betriebsabschnittes des Saarbrücker Bergbaues hat das Maschinenwesen zu verzeichnen. Waren im Rechnungsjahre 1880/81 auf den staatlichen Werken 301 Dampfmaschinen mit 18 611 PS und daneben 2 Wassersäulenmaschinen und 20 Preßluftmaschinen in Betrieb, so weist das Rechnungsjahr 1902/03 bereits 783 Dampfmaschinen (64 833,5 PS), 33 Wassertriebwerke (330,5 PS), 366 Druckluftmaschinen (2431,5 PS) und 63 elektrische Maschinen (1079,5 PS), im ganzen 1245 Maschinen mit 68 675 PS auf. Die Zahl und Stärke der Maschinen hat sich also in 22 Jahren nahezu vervierfacht, gegenüber nur einer Verdoppelung der Kohlenfördermengen. Unter den Maschinen des Jahres 1902/03 sind in erster Reihe anzuführen 149 feststehende Dampfmaschinen zur Förderung mit 36 362 PS, dann 99 Wasserhaltungsmaschinen mit 8395 PS und 186 Wettermaschinen mit 6216 PS.

Zur Schachtförderung finden nach wie vor die bewährten liegenden Zwillingsmaschinen in Verbindung mit freistehenden eisernen Seilscheibengerüsten Anwendung. Während indessen die älteren Maschinen nur Stärken von 200—300 PS besitzen und auch noch die in den 1880er Jahren erneuerten Maschinen nicht über 600 (meist sogar nur 400) PS hinausgehen, hat man für die neuen Tiefbauanlagen (zuerst Camphausen 1873, Brefeld 1877, Maybach 1883) durchgängig einheitliche Stärken von 1000 PS gewählt und diese Stärken dann auch später den Maschinen für die Haupt-Förderschächte der alten Gruben gegeben (Viktoria-Schacht II der Grube Gerhard 1884, Skalley-Schächte I und II der Grube Dudweiler 1891 und 1898 usw.). Zurzeit befinden sich bereits 13 solcher 1000pferdiger Förder-Dampfmaschinen auf den staatlichen Gruben in Betrieb.

Bei der Wasserhaltung weichen die Maschinenanlagen über Tage mehr und mehr dem seit 1872 und 1874 (Gruben Friedrichsthal und Altenwald) begonnenen Einbau unterirdischer Maschinen. Es entstehen die großen unterirdischen Wasserhaltungsanlagen in der 5. Tiefbausohle beim Josepha-

Schachte (Grube Gerhard) 1882 und in derselben Sohle der Krug-Schächte (von der Heydt) 1883, in der 2. und 3. Sohle der Wilhelm-Schächte (König) 1885 und 1888, sodann eine Reihe gleicher Anlagen im Laufe der 1890er Jahre, schließlich die elektrisch betriebenen Anlagen der Gruben Altenwald und Heinitz-Dechen auf der 5. Sohle in den Jahren 1902 und 1903. Das Rechnungsjahr 1902 hatte bereits neben 19 Wasserhaltungs-Dampfmaschinen mit 1678 PS über Tage deren 80 mit 6717 PS unter Tage aufzuweisen.

Waren im Jahre 1881 beim Saarbrücker Bergbau noch 19 Wetteröfen und erst 26 eigentliche Wettermaschinen (Ventilatoren) vorhanden, so verschwinden die ersteren bald vollständig, wogegen sowohl die Zahl, wie namentlich auch die Stärke der Wettermaschinen von Jahr zu Jahr zunimmt und ihrer im Jahre 1902 bereits 186 mit 6216 PS in Betrieb sich befinden. Unter den zur Haupt-Wetterführung dienenden 91 größeren Ventilatoren überwiegt zwar noch das Guibalsche System, indessen hat man sich in der neuesten Zeit vielfach auch anderen Arten, insbesondere den Systemen Pelzer (bis zu 80 und 100 PS und 3000 cbm Leistung), Kley, Capell, Geisler und Rateau zugewandt.

Im übrigen mag als bemerkenswert für das neuere Maschinenwesen der Saarbrücker Gruben hier noch der immer ausgedehnteren Verwendung von Druckluft und von elektrischer Kraft gedacht sein. Handelt es sich bei ersterer fast ausschließlich um den Betrieb kleiner unterirdischer Arbeitsmaschinen, so findet die letztere in neuester Zeit mehr und mehr auch Anwendung für große Betriebsmaschinen unter und über Tage.

Nachdem die Druckluft zuerst im Jahre 1867 auf den Gruben Altenwald und Albert-Schacht (jetzt Serlo) zum Betriebe von Gesteinsbohrmaschinen und von kleinen Lufthaspeln eingeführt, vorübergehend auch schon bei der Wasserhebung, Bewetterung und zum Betriebe von Schrämmaschinen versucht worden war, hat ihre Verwendung zu den genannten bergbaulichen Zwecken sich sehr bald allgemein eingebürgert. Seit Mitte der 1890 er Jahre dürfte im Saargebiete wohl kaum mehr eine Tiefbauanlage anzutreffen sein, die nicht mit einer größeren Anzahl von Luftpressern ausgerüstet wäre. Das Jahr 1897/98 hatte auf den staatlichen Gruben 204 Druckluftmaschinen mit 1020, das Jahr 1902 deren gegen 500 (davon durchschnittlich 366 in Betrieb) mit 2431,5 PS zu verzeichnen. Von den vorhandenen Luftmaschinen des letztgenannten Jahres dienten 217 zur Sonderbewetterung (kleine Ventilatoren von Dingler, Ser, Pinette usw.), 195 zur Förderung (überwiegend aus einfallenden Strecken), 66 zur Wasserhebung; außerdem wurden mit Druckluft durchschnittlich noch 21 Gesteinsbohrmaschinen und 17 Schrämmaschinen betrieben.

Die ersten elektrischen Maschinen auf den Saarbrücker Gruben hat das Jahr 1894 aufzuweisen, nämlich eine solche von 12 PS unter Tage zum söhligen Seilförderungsbetriebe in einem entlegenen Unterwerksbau auf Grube Altenwald und 3 Maschinen von je 7 PS über Tage zum Betriebe von Schiebebühnen auf Grube Göttelborn. Als zweite unterirdische elektrische Maschine folgte im Jahre 1895 diejenige bei der Kettenförderung im Beustflöze der Grube Gerhard mit 20 PS Leistung. Das Jahr 1897/98 zählte bereits 14 elektrische Maschinen mit 266 PS (davon 7 mit 185 PS unterirdisch), das Jahr 1902/03 deren 63 mit 1079,5 PS (9 mit 325 PS). Unter den letzteren befinden sich 6 unterirdische Seil- und Kettenförderungen, 1 unterirdischer Förderhaspel, 2 Wasserhaltungsanlagen (davon 1 unter Tage auf Grube Altenwald in der 5. Tiefbausohle seit 1902), 11 Ventilatoren (1 unter Tage) und 9 sonstige Maschinen, zusammen 25, beim eigentlichen Bergwerksbetriebe, sowie 68 bei Nebenbetrieben; außerdem wurden zeitweise 4 Gesteinsbohrmaschinen elektrisch betrieben. Die neueste Zeit (1904) hat auch die Aufstellung einer elektrischen Schachtfördermaschine (auf dem Kolonieschachte der Grube Altenwald) zu verzeichnen. Bei den meisten Schachtanlagen sind elektrische Zentralen zur Beleuchtung und Kraftabgabe erbaut.

Zur Beschaffung ausreichender Speisewasser für die auf den Gruben vorhandenen Dampfkessel (685 in 1902) hat man sich bereits zu Anfang der 1880 er Jahre genötigt gesehen, bei Malstatt eine umfangreiche Wasserversorgungsanlage zu errichten, welche seitdem den sämtlichen Tiefbauanlagen des Fischbach- und zum Teil auch des Sulzbachtales die erforderlichen Wasser von zurzeit etwa 6000 cbm täglich aus dem Saarflusse und neuerdings (seit 1903) auch noch aus einer Anzahl besonders niedergebrachter Quellwasser-Bohrlöcher zuführt. Eine zweite Wasserwerksanlage ist für die östlichen Gruben mit 2500 cbm Leistung seit 1901 im Spiesener Mühlentale eröffnet und werden deren Pumpmaschinen elektrisch von Grube Heinitz aus betrieben. —

Hatten schon im vorausgegangenen Zeitabschnitte die Absatzverhältnisse der Gruben sich wesentlich auf die Entwickelung des Absatzes zur Eisenbahn aufgebaut, so entfällt in der Neuzeit fast die gesamte Zunahme des Absatzes allein auf die Eisenbahnabfuhr, neben welcher der Wasserabsatz und der Landabsatz verhältnismäßig immer mehr zurücktreten. Andererseits bleibt jedoch als bemerkenswerte Tatsache festzustellen, daß es jetzt nicht mehr, wie früher, der Absatz ins Ausland, sondern der steigende Verbrauch im Inlande ist, welcher der Hauptsache nach die Zunahme des Gesamtabsatzes bewirkt. Nachstehende Ergebnisse des Absatzes der staatlichen Gruben in den Rechnungsjahren 1880/81 bis 1902/03 erläutern dies im einzelnen.

| Steinkohlen-Absatz (ausschl. Selbstverbrauch) | 1880/81 t | | 1885/86 t | | 1890/91 t | | 1895/96 t | | 1900/01 t | | 1902/03 t | |
|---|---|---|---|---|---|---|---|---|---|---|---|---|
| Zur Eisenbahn | 3 107 694 | | 3 630 085 | | 3 870 853 | | 4 312 622 | | 5 584 232 | | 5 836 900 | |
| Zu Wasser: | | | | | | | | | | | | |
| nach dem Saarkanal | 531 041 | | 601 653 | | 459 988 | | 527 656 | | 506 042 | | 546 720 | |
| saarabwärts | 18 032 | | 12 933 | | 5 494 | | 5 904 | | 10 116 | | 3 818 | |
| An die Koksanstalten | 949 804 | | 1 083 526 | | 1 096 357 | | 1 323 545 | | 1 733 139 | | 1 801 742 | |
| Sonstiger Landabsatz | 413 934 | | 413 986 | | 477 004 | | 409 445 | | 525 443 | | 432 662 | |
| Gesamt-Absatz | 5 020 505 | | 5 742 183 | | 5 909 696 | | 6 579 172 | | 8 358 972 | | 8 621 842 | |
| Von dem Gesamt-Absatze (einschl. Koks auf Kohle berechnet) entfallen auf: | t | v. H. | t | v. H. | t | v. H. | t | v. H. | t | v. H. | t | v. H. |
| preußisches Inland | 1 255 900 | 25,6 | 1 589 787 | 27,7 | 2 116 484 | 35,8 | 2 430 120 | 36,3 | 3 595 516 | 42,8 | 3 647 519 | 41,8 |
| süddeutsche Staaten | 1 185 850 | 24,2 | 1 524 217 | 26,5 | 1 691 142 | 28,6 | 1 972 511 | 29,5 | 2 298 508 | 27,3 | 2 450 310 | 28,0 |
| Elsaß-Lothringen | 1 157 830 | 23,6 | 1 235 268 | 21,5 | 1 269 805 | 21,5 | 1 296 030 | 19,4 | 1 476 833 | 17,6 | 1 534 628 | 17,6 |
| a) Deutschland | 3 599 580 | 73,4 | 4 349 272 | 75,7 | 5 077 431 | 85,9 | 5 698 661 | 85,2 | 7 370 857 | 87,7 | 7 632 457 | 87,4 |
| Frankreich | 874 010 | 17,8 | 828 349 | 14,4 | 329 935 | 5,6 | 392 581 | 5,8 | 396 113 | 4,7 | 489 777 | 5,6 |
| Schweiz | 401 100 | 8,2 | 492 623 | 8,6 | 444 984 | 7,5 | 542 140 | 8,1 | 582 507 | 6,9 | 531 897 | 6,1 |
| Luxemburg | 21 740 | 0,4 | 23 508 | 0,4 | 28 688 | 0,5 | 39 992 | 0,6 | 41 893 | 0,5 | 47 748 | 0,6 |
| Österreich | 10 540 | 0,2 | 15 723 | 0,3 | 8 502 | 0,2 | 14 050 | 0,2 | 17 180 | 0,2 | 17 683 | 0,2 |
| Italien | — | — | 32 189 | 0,6 | 19 908 | 0,3 | 4 750 | 0,1 | 1 480 | 0,0 | 10 925 | 0,1 |
| Belgien | — | — | — | — | — | — | — | — | — | — | 10 | 0,0 |
| b) Ausland | 1 307 390 | 26,6 | 1 392 392 | 24,3 | 832 017 | 14,1 | 993 513 | 14,8 | 1 039 183 | 12,3 | 1 098 040 | 12,6 |
| Gesamt-Absatz | 4 906 970 | 100,0 | 5 741 664 | 100,0 | 5 909 448 | 100,0 | 6 692 174 | 100,0 | 8 410 040 | 100,0 | 8 730 497 | 100,0 |

Während hiernach der Absatz auf dem Saarkanale und der gewöhnliche Landabsatz im großen und ganzen seit 1880 auf derselben Höhe verblieben sind und der Wasserabsatz saar- und moselabwärts allmählich seinem Erliegen entgegengeht, hat sich der Absatz zur Eisenbahn nahezu verdoppelt, gleichzeitig auch die Verwendung von Kohle zur Kokserzeugung fast die doppelte Höhe erreicht. Bezüglich des Kanalabsatzes ist der Fertigstellung des französischen Ostkanals im Jahre 1883 (stärkerer Wettbewerb der nordfranzösischen und belgischen Kohle), sowie der Vertiefung der elsaß-lothringischen Kanäle in 1895 (Steigerung der Ladefähigkeit der Kanalschiffe um 50 v. H.), bezüglich des Eisenbahnabsatzes der Vollendung der Gotthard-Bahn in 1882, sowie der Bahnlinie Wemmetsweiler—Lebach des engern Saargebietes in 1897 zu gedenken. Mit dem Jahre 1898 beginnt bei der Saarkanalschiffahrt eine Reihe von Versuchen mit Motorbetrieb (an Stelle des Ziehens der Schiffe durch Pferde), die zurzeit noch fortgesetzt werden.

Hinsichtlich der Verteilung des Absatzes auf die einzelnen Verbrauchsänder ergibt sich für die abgesetzte Rohkohle ein nur durch kurze Schwankungen unterbrochenes Anwachsen des inländischen (deutschen Absatzes von 73,4 v. H. des Gesamtabsatzes in 1880/81 bis zu 84,0 v. H. in 1902/03, für den Koksabsatz ein solches von 74,4 v. H. bis sogar 99,5 v. H., für beide zusammen (statt der Koks die zu ihrer Herstellung erforderlich gewesenen Kohlen eingesetzt) ein Anwachsen von 73,4 auf 87,4 v. H. In erster Linie beteiligt ist hierbei das preußische Inland, dessen Saarkohlenverbrauch bei der mächtigen Entwickelung der Industrie, und insbesondere der Eisenindustrie des Saargebietes, sich in dem genannten Zeitraume fast verdreifacht hat, und dessen Anteil an dem Gesamtabsatze der staatlichen Gruben von 25,6 auf 41,8 v. H. gestiegen ist, während die süddeutschen Staaten bei reichlicher Verdoppelung ihres Saarkohlenbezugs eine Erhöhung von 24,2 auf 28,0 v. H., Elsaß-Lothringen endlich zwar ebenfalls (neben dem Bezug von Kohlen aus den eigenen lothringischen Gruben) eine Steigerung von 1 157 830 auf 1 534 628 t, dagegen ein Zurückgehen des Anteilverhältnisses von 23,6 auf 17,6 v. H. aufweist.

Der Absatz ins Ausland, welcher seinen höchsten Stand mit 1 571 053 t (27,2 v. H. des Gesamtabsatzes) im Jahre 1883/84 erreichte, zeigt seitdem ein allmähliches Herabgehen bis zu 762 991 t (12,6 v. H.) in 1891/92, um erst dann wieder langsam bis zu 1 098 040 t (12,6 v. H.) in 1902/03 aufzusteigen. Der Rückgang des ausländischen Absatzes entfällt ausschließlich auf Frankreich. War dieses 1883/84 noch mit 1 008 732 t) (17,5 v. H. des Gesamtabsatzes) beteiligt, so betrug sein Anteil 1891/92 nur mehr 269 746 t (4,5 v. H.) und ist erst neuerdings wieder bis zu 489 777 t (5,6 v. H.) in 1902/03 gestiegen. Seit 1889/90 ist Frankreich in seinem Anteile am ausländischen Absatze der Saargruben (6,4 v. H.) durch die Schweiz (6,9 v. H.) überholt, die nunmehr beim ausländischen Absatz die erste Stelle behauptet. Die hochgespannten Erwartungen, welche sich bezüglich der Ausdehnung des Absatzes nach Italien an die Vollendung der Gotthard-Bahn geknüpft hatten, sind nicht in Erfüllung gegangen. Wenn auch unmittelbar nach Eröffnung der Bahn das Jahr 1882/83 einen Saarkohlenabsatz nach Italien von 34 311 t, 1883/84 von 43 316 t und 1884/85 von 47 062 t zu verzeichnen hatten, so ging derselbe doch schon bald bis zu verhältnismäßig geringfügigen Mengen (1480 t in 1900/01) zurück und beschränkt sich auch in 1902/03 auf 10 925 t (0,1 v. H. des Gesamtabsatzes).

Unter Verweisung auf die späteren zusammenhängenden Mitteilungen über den Geldwert der Förderung seit 1816 mögen hier die folgenden Zahlenangaben bezüglich der Entwickelung der Kohlenpreise innerhalb des neuesten Zeitabschnittes ihre Stelle finden. Es sind durchschnittlich auf den staatlichen Gruben für 1 t verkaufte Kohlen erlöst worden in den Rechnungsjahren:

| | |
|---|---|
| 1880/81 . . . . . | 7,54 M. |
| 1885/86 . . . . . | 7,41 „ |
| 1890/91 . . . . . | 10,97 „ |
| 1895/96 . . . . . | 8,90 „ |
| 1897/98 . . . . . | 9,28 „ |
| 1899/1900 . . . . . | 10,35 „ |
| 1900/01 . . . . . | 11,99 „ |
| 1901/02 . . . . . | 12,47 „ |
| 1902/03 . . . . . | 11,54 „. |

Schon zu Ende der 1870er Jahre hatten die Saarbrücker Gruben aus Absatzrücksichten zur Trennung der Stückkohle (1. Sorte) von der Grieskohle (3. Sorte) durch Rätteranlagen übergehen müssen.*) Im Anfang der 1880er Jahre sind die letztern sehr bald dahin ausgedehnt worden, daß aus dem Gries noch Würfel- und Nußkohlen ausgeschieden wurden. Der fortschreitende lebhafte Wettbewerb, namentlich auf dem französischen und dem oberrheinischen Absatzmarkte, nötigte endlich in der zweiten Hälfte der 1880er Jahre zur Errichtung von Kohlenwäschen, wie sie seither im Saargebiete nur zur Darstellung von Koks gebräuchlich gewesen waren, auch für den Rohkohlenabsatz.**) Es entstehen die Kohlenwäschen auf den Flammkohlengruben Von der Heydt 1888, Serlo (Louisenthal) 1889 usw., sodann im Laufe der spätern Jahre Grobkornwäschen (für Würfel- und

*) Die ungerätterte Förderkohle wird als „2. Sorte" bezeichnet.

**) Über die Rätteranlagen und Kohlenwäschen zu Ende der 1880er Jahre vgl. die Abhandlung von Rich. Remy „Die Kohlen-Aufbereitung und Verkokung im Saargebiete" in Band 38 (1890) der Zeitschrift für das Berg-, Hütten- und Salinen-Wesen.

Nußkohlen) mehr oder minder auch auf allen Fettkohlengruben. Neuerdings hat man auch mit der Darstellung von „Briketts“ aus Saarkohle begonnen. Die erste, beim Hafen zu Malstatt errichtete Brikettfabrik ist zu Anfang Mai 1904 in Betrieb gekommen.

Was die Verbrauchszwecke anlangt, denen die Saarkohle dient, so verteilt sich der Absatz der staatlichen Gruben nach Abzug des Selbstverbrauchs*) auf die einzelnen Gewerbe usw. in den nachbezeichneten Jahren, wie folgt:

| Verbraucher | 1878 v. H. | 1882 v. H. | 1892/93 v. H. | 1895/96 v. H. | 1900/01 v. H. | 1902/03 v. H. |
|---|---|---|---|---|---|---|
| Eisenindustrie | 31,2 | 30,7 | 31,0 | 29,6 | 29,2 | 30,5 |
| Eisenbahnen (und Dampfschiffe) | 10,1 | 7,6 | 6,3 | 10,4 | 11,1 | 10,3 |
| Gasanstalten | 7,0 | 5,4 | 6,9 | 6,8 | 9,2 | 10,5 |
| Textilindustrie | 6,0 | 4,5 | 5,4 | 3,5 | 3,8 | 4,2 |
| Glashütten | 4,0 | 3,2 | 3,4 | 3,0 | 2,6 | 2.6 |
| Chemische Fabriken | 3,1 | 3,7 | 2,8 | 2,2 | 2,7 | 2,2 |
| Salinen | 2,6 | 1,7 | 1,1 | 0,5 | 0,4 | 0,4 |
| Porzellan- und Steingutfabriken | | 1,0 | 0,9 | 0,8 | 0,9 | 0,9 |
| Tonwarenfabriken und Ziegeleien | 4,5 | 1,0 | 1,8 | 1,4 | 1,7 | 1,4 |
| Zementfabriken | | 0,9 | 1,0 | 0,4 | 1,7 | 1,4 |
| Maschinenfabriken | 1,1 | 0,9 | 1,1 | 1,3 | 1,7 | 1,7 |
| Papierfabriken | 1,0 | 0,7 | 1,2 | 0,8 | 0,9 | 0,9 |
| Zuckerfabriken | 1,0 | 0,4 | 0,6 | 0,6 | 0,7 | 0,5 |
| Bierbrauereien | 2,1 | | | | | |
| Sonstige Gewerbe, Handel und Hausbrand | 26,3 | 38,3 | 36,5 | 38,7 | 33,4 | 32,5 |
| Summe | 100,0 | 100,0 | 100,0 | 100,0 | 100,0 | 100,0 |

Auf dem Gebiete der Arbeiterverhältnisse ist es vor allem die Arbeiterversicherungs- und Arbeiterschutzgesetzgebung der 1880er und 1890er Jahre, deren Durchführung die Neuzeit des Saarbrücker Bergbaues kennzeichnet. Hatten einerseits die drei großen Reichsgesetze vom 15. Juni 1883 (Krankenversicherungsgesetz), vom 6. Juli 1884 (Unfallversicherungsgesetz) und vom 22. Juni 1889 (Reichsgesetz, betreffend die Invaliditäts- und Altersversicherung), sowie die demnächst noch zu ihrer

*) Dem Selbstverbrauche der Gruben werden die unentgeltlich abgegebenen Kohlen, das beim Absatze gewährte Übergewicht und die Waschverluste zugerechnet. Infolge des Hinzutretens der letztern hat sich derselbe von 3,8 v. H. der Förderung in 1878 und 3,2 v. H. in 1882 nach und nach auf 5,4 v. H. in 1892/93, 8,1 v. H. in 1895/96, 10,3 v. H. in 1900/01 und 11,2 v. H. in 1902/03 erhöht.

Erweiterung und Abänderung ergangenen Gesetze eine durchgreifende Umgestaltung der knappschaftlichen Einrichtungen zur Folge, so brachten andererseits die verschiedenen Novellen zur Reichs-Gewerbeordnung und das am 24. Juni 1892 erlassene Gesetz zur Abänderung des preußischen Allgemeinen Berggesetzes eine Reihe neuer Bestimmungen zum Schutze der Arbeiter und insbesondere über das Verhältnis zwischen letzteren und dem Bergwerksbesitzer.

Beim Saarbrücker Knappschaftsverein war zunächst aus Anlaß des Krankenversicherungsgesetzes mit dem 1. Juli 1886 durch einen Nachtrag zu dem bestehenden Statut vom 26. Juli 1872 die Trennung in eine Krankenkasse und eine Pensionskasse zur Durchführung gekommen. Das Invaliditäts- und Altersversicherungsgesetz nötigte im Laufe des Jahres 1890 zu einer völligen Neubildung der Satzungen, auf grund deren dann der Verein durch Bundesratsbeschluß als besondere Kasseneinrichtung im Sinne des gedachten Gesetzes anerkannt wurde und vom 1. Januar 1891 ab die reichsgesetzliche Versicherung selbständig übernahm. Die weitere Umgestaltung der letzteren durch das Invalidenversicherungsgesetz vom 13. Juli 1899 führte endlich zu dem am 1. Januar 1900 in Kraft getretenen jetzigen Knappschaftsstatute vom 1. Februar 1900. Die Gesamtleistungen des Saarbrücker Knappschaftsvereins haben im Jahre 1902 bereits die Summe von 8 880 400 M., sein Vermögen die Höhe von 13 713 455 M. erreicht.*)

In das Jahr 1885 fällt die Errichtung der auf Grund des Unfallversicherungsgesetzes gebildeten Knappschaftsberufsgenossenschaft, deren I. Sektion (mit dem Sitze Saarbrücken) die Saarbrücker Gruben zugeteilt wurden. Zugleich mit dem Inkrafttreten des genannten Gesetzes vom 1. Oktober 1885 ab in Tätigkeit getreten, hat diese Sektion bis zum Schlusse des Jahres 1902 an Unfallentschädigungen bereits die Summe von rund 18 Millionen M. zur Auszahlung gebracht, davon im Jahre 1902 allein an Entschädigungsberechtigte der staatlichen Saarbrücker Gruben 1 043 793 M. Anstelle des anfänglich für den ganzen Sektionsbereich errichteten einen Schiedsgerichts zu Bonn sind vom 1. Januar 1901 ab 12 „Schiedsgerichte für Arbeiterversicherung“ getreten, darunter eines in Saarbrücken lediglich für die Saarbrücker Steinkohlengruben.

Nachdem zu Anfang des Jahres 1889 die Schichtzeit der unterirdisch beschäftigten Arbeiter allgemein auf 10 Stunden, einschließlich der Ein- und Ausfahrt, sodann im Dezember des nämlichen Jahres auf 8 Stunden,

---

*) Es mag hier erwähnt sein, daß die früher gleich den Arbeitern dem Knappschaftsvereine angehörigen, nur vertragsmäßig angestellten technischen Grubenbeamten in den Jahren 1889 und 1891 in das Staatsdienerverhältnis übergeführt worden sind, und zwar die oberen Werksbeamten (Obersteiger usw.) einschließlich der Grubenmarkscheider vom 1. Oktober 1889 ab, die mittleren (Steiger) und unteren (Kohlenmesser, Grubenwächter usw.) vom 1. Juli 1891 ab.

aber ausschließlich Ein- und Ausfahrt, festgesetzt, außerdem auch statt der herkömmlichen vierteljährlichen Versteigerung der Gedinge, dem Wunsche der Arbeiter entsprechend, freie Vereinbarungen von Monat zu Monat (sog. „Handgedinge") eingeführt worden waren, fanden diese und eine Reihe anderer Arbeitsverhältnisse, entsprechend den Bestimmungen der Berggesetznovelle vom 24. Juni 1892, durch die neue Arbeitsordnung vom 15. December 1892 ihre endgültige Regelung. Die zur Erzwingung weitergehender Forderungen seit 1889 unter den Arbeitern des Saargebiets geschürte künstliche Erregung und ein infolge derselben am 29. Dezember 1892 ausgebrochener allgemeiner Arbeiterausstand endete am 17. Januar 1893 mit der bedingungslosen Unterwerfung der Ausständigen, wobei gegen 500 Hauptbeteiligte für immer und 2500 andere Arbeiter zeitweise von der Arbeit abgelegt wurden.

Die bereits 1890 (Bestimmungen vom 21. Februar 1890) als Vermittlungsglied zwischen den Werksverwaltungen und ihren Arbeitern ins Leben gerufene Einrichtung von „Vertrauensmännern" (Arbeiterausschüssen) hat seit dem 1. Januar 1903 eine Erweiterung dahin erfahren, daß „die Vertrauensmänner" auch als „Arbeiterdelegierte" zur Beaufsichtigung des bergbaulichen Betriebes (monatliche Befahrungen der Steigerabteilungen und Teilnahme an der Feststellung von Unglücksfällen) mit herangezogen werden. In das Jahr 1893 fällt die Errichtung eines besonderen Berggewerbegerichts zu Saarbrücken mit den 4 Kammern Saarbrücken, Völklingen, Sulzbach und Neunkirchen (Anordnung vom 30. Juni 1893). —

Die mit dem neuesten Aufschwunge des Saarbrücker Steinkohlenbergbaues erforderlich gewordenen bedeutenden Verstärkungen der Grubenbelegschaften haben — zum Unterschiede von den meisten übrigen Steinkohlenrevieren — durchgängig aus dem einheimischen Nachwuchs und dem ackerbautreibenden Hinterlande (Hochwald und bayerische Rheinpfalz) entnommen werden können, ein Arbeitermangel hat sich zu keiner Zeit geltend gemacht, und ist infolgedessen auch keinerlei Heranziehung fremder Arbeitskräfte erforderlich geworden. Andererseits hat die seit 1895 von Jahr zu Jahr in größerem Maße erfolgte Neueinstellung von Bergmannssöhnen in Verbindung mit der bei dem flotten Absatze ermöglichten vollen Ausnutzung der Arbeitskraft von seiten der verstärkten Belegschaften naturgemäß die allgemeine wirtschaftliche Lage der bergmännischen Bevölkerung wesentlich verbessert. Auch die im Jahre 1900 vorübergehend eingetretene rückläufige Bewegung der Geschäftsverhältnisse ist ohne Nachteil für die Arbeiter, insbesondere ohne Arbeiterentlassungen und ohne Feierschichten geblieben.

Wie sich die Arbeiterlöhne im Verlaufe der Neuzeit auf den staatlichen Gruben gestaltet haben, zeigt die folgende Übersicht:

| Rechnungsjahr | Anzahl der auf 1 Arbeiter entfallenden Schichten | Durchschnittliches reines Lohn auf eine verfahrene Schicht der Gesamtbelegschaft M. | Mittlerer Jahresverdienst eines Arbeiters der Gesamtbelegschaft M. |
|---|---|---|---|
| 1880/81 | 294 | 3,02 | 887 |
| 1885/86 | 288 | 3,14 | 905 |
| 1890/91 | 294 | 3,30 | 1205 |
| 1895/96 | 290 | 3,29 | 954 |
| 1897/98 | 297 | 3,37 | 999 |
| 1899/1900 | 295 | 3,49 | 1029 |
| 1900/01 | 293 | 3,56 | 1043 |
| 1901/02 | 293 | 3,54 | 1037 |
| 1902/03 | 296 | 3,57 | 1059 |

Von den vielgestaltigen Arbeiter-Wohlfahrtseinrichtungen der Saarbrücker Gruben*) hat innerhalb des hier in Rede stehenden Zeitabschnittes in erster Linie das Wohnungs- und Ansiedlungswesen einen umfassenden weiteren Ausbau erhalten. Neben dem bisherigen bewährten Verfahren der möglichsten Förderung der eigenen Bautätigkeit der Arbeiter durch die Gewährung von Hausbauvorschüssen und Bauprämien ist seit 1895 auch der Errichtung von Miethäusern durch die Werksverwaltungen größere Ausdehnung gegeben worden. Den Bau der Prämienhäuser hat man insofern wesentlich erleichtert, als mit Rücksicht auf die täglichen Arbeiterzüge der Eisenbahnen die zulässigen Entfernungen der Häuser von den Gruben weiter hinausgeschoben worden sind (seit 1890 bis zu den Ortschaften an der neuen Eisenbahnlinie Wemmetsweiler-Hermeskeil), andererseits außer den unverzinslichen Bauvorschüssen, deren Betrag seit 1904 auf 2100 M. erhöht ist, seit 1895 auch noch mit 3 $^1/_2$ v. H. verzinsliche staatliche Darlehen bis zu 4000 M. Höhe zum Hausbau gewährt werden.

Im ganzen sind in den Jahren 1842 bis 1903 an Bauprämien 4 853 280 M. und an Bauvorschüssen 9 099 052 M. gezahlt worden, von letzteren: 2 062 117 M. verzinslich in den Jahren 1842 bis 1870 aus der Saarbrücker Knappschaftskasse, 5 892 335 M. unverzinslich aus der Staatskasse in den Jahren 1865 bis 1903 und 1 144 600 M. verzinslich aus der Staatskasse in den Jahren 1895 bis 1903. Die Zahl der mit Hilfe dieser nahezu 14 Millionen Mark von Arbeitern erbauten Häuser beträgt zusammen 6825. Daneben standen im Jahre 1903 noch 373 Miethäuser mit zusammen

*) Zu vergleichen die amtlichen Druckschriften:
Die Arbeiterwohnungs-Fürsorge im Bezirke der Königlichen Bergwerksdirektion zu Saarbrücken, 1902. (Düsseldorfer Ausstellung).
Die Wohlfahrtseinrichtungen für die Arbeiter auf den Gruben der Königlichen Bergwerksdirektion zu Saarbrücken. (Weltausstellung zu St. Louis 1904).

667 Familienwohnungen zur Verfügung; der zu ihrem Bau (oder ihrer käuflichen Erwerbung) aus der Staatskasse aufgewendete Geldbetrag stellt sich auf 3 596 150 M. Endlich waren zur nämlichen Zeit noch 29 Gruben-Schlafhäuser mit 4755 Betten zur Aufnahme von außerhalb des engeren Grubengebietes ansässigen Arbeitern vorhanden. Nach der am 1. Dezember 1900 vorgenommenen Belegschaftszählung wohnten von der Gesamtarbeiterzahl innerhalb des Grubengebietes: 28,8 v. H. in eigenen Häusern, 28,7 v. H. bei ihren Eltern, 17,5 v. H. in Mietwohnungen, 15,9 v. H. bei Privaten als Einlieger und 9,1 v. H. in den Gruben-Schlafhäusern, während im ganzen die Zahl der Hausbesitzer (einschl. der außerhalb des Grubenbezirks Ortsansässigen) sich auf 37,1 v. H. belief. —

Anlangend die sonstigen Einrichtungen zum Besten der Arbeiter, so mögen hier noch hervorgehoben sein: einerseits die seit 1886 (zuerst auf den Gruben Heinitz und Dechen) errichteten Kaffeeküchen, deren zurzeit 27 bestehen, sowie die seit Anfang der 1890er Jahre nach und nach auf allen Gruben erbauten großen Mannschafts-Badeanstalten (zur Zeit bei 22 Schachtanlagen in Gebrauch); andererseits die wesentlichen Erweiterungen der Werksschulen (zurzeit 40 mit 70 Klassen), der Kleinkinderschulen und Industrieschulen, die seit 1884 sämtlich auf Werkskosten übernommen sind, und deren Zahl zurzeit 17 bezw. 13 beträgt (die letzteren neuerdings meist zu Koch- und Haushaltungsschulen erweitert), endlich der zur Heranbildung der technischen Grubenbeamten des Bezirks vorhandenen 3 Steigerschulen (Louisenthal, Sulzbach, Neunkirchen) und der Saarbrücker Haupt-Bergschule, die im Jahre 1898 einer durchgreifenden Neuordnung unterzogen wurden*).

*) Es dürfte hier die Stelle sein, der Verdienste des Berghauptmanns Dr. Hermann Brassert um den Saarbrücker Bergbau zu gedenken. Am 26. Mai 1820 zu Dortmund geboren, widmete sich Brassert der juristischen Laufbahn und wurde 1848 Gerichtsassessor beim Oberlandesgericht zu Hamm. Im August 1849 vertretungsweise mit den Geschäften des Justitiars beim Bergamte zu Siegen beauftragt, wurde er 1850 endgültig zum Justitiar dieser Behörde und zum Bergrat ernannt. Mit der Siegener Tätigkeit war für Brassert der entscheidende Wendepunkt seines Lebens eingetreten. Fortan gehörte er mit seinem umfassenden Geist und seiner unermüdlichen Arbeitskraft voll und ganz dem Bergrechte und der Bergverwaltung an, in deren Bereiche es ihm beschieden sein sollte, nicht nur der Schöpfer des Allgemeinen Preußischen Berggesetzes zu werden, sondern auch, fast ein Menschenalter hindurch an der Spitze des Bonner Oberbergamts stehend, den rheinisch-westfälischen Bergbau auf der von ihm neu geschaffenen bergrechtlichen Grundlage zu ungeahnter Blüte und Entwicklung zu führen.

Im Jahre 1855 von Siegen als Oberbergrat an das Oberbergamt zu Bonn versetzt, dann vorübergehend von 1861 bis 1865 im Handelsministerium zu Berlin beschäftigt, übernahm Brassert im Laufe des Sommers 1865 als Berghauptmann die Leitung des genannten Oberbergamts, um nunmehr ununterbrochen bis zum 1. Oktober 1892 dem rheinischen Bergbau seine segensreiche Tätigkeit zu widmen. Wenn auch nicht Bergmann von Beruf, hat Brassert in diesen langen Jahren stets

Die Kosten der Arbeiterfürsorge haben sich für die staatlichen Gruben in den letzten 10 Jahren, wie folgt, gestaltet:

| Art der Kosten | 1892 M. | 1896 M. | 1902 M. |
|---|---|---|---|
| 1. Kosten, welche auf gesetzlichen oder statutarischen Vorschriften beruhen (Versicherung gegen Krankheit, Unfall und Invalidität) . . | 5 047 124 | 5 791 765 | 8 304 628 |
| 2. Freiwillig übernommene Kosten (Bergmannskohlen, Hausbauprämien, Werks- und Industrieschulen) . . . . . . . . . . . . | 614 800 | 560 797 | 809 421 |
| zusammen | 5 661 924 | 6 352 562 | 9 114 049 |
| d. i. auf die Tonne der Kohlenförderung . . . | 0,94 | 0,93 | 0,94 |
| auf den Kopf der beschäftigten Arbeiter . . | 191 | 196 | 214 |

Hauptsächlichste Ergebnisse der preußischen Steinkohlengruben des Saargebietes seit 1816. Die nachfolgende Übersicht gibt die Förderung (in heutigen Tonnen) und die Arbeiterzahl der im preußischen Teile des Saargebietes belegenen Steinkohlengruben für die einzelnen Jahre von 1816 bis 1902, und zwar getrennt nach den staatlichen und den Privat-Gruben. Unter den letzteren war von jeher nur die Grube Hostenbach von Bedeutung, und wird zurzeit auch nur mehr sie allein betrieben. Im übrigen ist die Förderung der Privatgruben, welche im Jahre 1889 mit 192 324 t ihren Höhepunkt erreicht hat, wie die Übersicht zeigt, seitdem in starkem Rückgange begriffen und wird in absehbarer Zeit völlig zum Erliegen kommen.

An der Gesamt-Steinkohlenförderung Preußens sind die Saarbrücker Gruben beteiligt: in 1852 mit 15,57 v. H., in 1867 (einschl. der neu erworbenen Landesteile) mit 15,35 v. H., in 1880 mit 12,53 v. H. und in 1902 mit 9,56 v. H., während die entsprechenden Arbeiterzahlen 18,88 v. H., 18,93 v. H., 15,13 v. H. und 10,75 v. H. betragen. Der Steinkohlenbergbau an der Saar hat hiernach in neuerer Zeit nicht die gleich rasche Entwickelung genommen wie derjenige Westfalens, Oberschlesiens usw.

---

durch Rat und Tat aufs eifrigste an dem Gedeihen des Saarbrücker Steinkohlenbergbaus mitgewirkt. Insbesondere haben die Arbeiterverhältnisse der staatlichen Gruben seiner verständnisvollen Anregung und Mitarbeit vielfache Verbesserungen zu verdanken, wie denn auch er es verstand, bei der großen Arbeiterbewegung zu Anfang der 1890er Jahre zwischen den maßlosen Forderungen der Arbeiter und der berechtigten Stellung des Werksbesitzers erfolgreich zu vermitteln. Mit dem 1. Oktober 1892 in den Ruhestand getreten, beschloß Brassert am 16. März 1901 im Alter von fast 81 Jahren zu Bonn sein arbeitsreiches Leben, nachdem noch kurz vorher die Gnade des Königs in Anerkennung seiner hohen Verdienste um den Staat ihn durch die Ernennung zum „Wirklichen Geheimen Rat“ ausgezeichnet hatte.

| Jahr | Staatliche Gruben | | Privat-Gruben**) | | Staatliche und Privat-Gruben zusammen**) | |
|---|---|---|---|---|---|---|
| | Förderung t | Arbeiterzahl*) | Förderung t | Arbeiterzahl | Förderung t | Arbeiterzahl* |
| 1816 | 100 320 | 917 | — | — | — | — |
| 1817 | 94 963 | 729 | 5 650 | — | 100 613 | — |
| 1818 | 120 301 | 833 | 15 023 | — | 135 324 | — |
| 1819 | 107 053 | 827 | 15 402 | — | 122 455 | — |
| 1820 | 101 337 | 847 | 14 004 | — | 115 341 | — |
| 1821 | 114 655 | 1 003 | 14 959 | — | 129 614 | — |
| 1822 | 103 640 | 875 | 15 688 | — | 119 328 | — |
| 1823 | 94 607 | 777 | 11 981 | — | 106 588 | — |
| 1824 | 126 870 | 928 | 14 728 | — | 141 598 | — |
| 1825 | 142 904 | 1 038 | 14 622 | — | 157 526 | — |
| 1826 | 137 212 | 1 010 | 17 372 | — | 154 584 | — |
| 1827 | 166 995 | 1 177 | 21 758 | — | 188 753 | — |
| 1828 | 180 576 | 1 190 | 23 570 | — | 204 146 | — |
| 1829 | 179 531 | 1 165 | 23 469 | — | 203 000 | — |
| 1830 | 199 962 | 1 245 | 23 229 | — | 223 191 | — |
| 1831 | 174 433 | 1 181 | 18 910 | — | 193 343 | — |
| 1832 | 157 298 | 1 060 | 17 607 | — | 174 905 | — |
| 1833 | 187 853 | 1 272 | 18 135 | — | 205 988 | — |
| 1834 | 203 988 | 1 354 | 21 471 | — | 225 459 | — |
| 1835 | 207 260 | 1 383 | 24 791 | — | 232 051 | — |
| 1836 | 265 284 | 2 058 | 24 027 | — | 289 311 | — |
| 1837 | 323 294 | 2 063 | 21 453 | — | 344 747 | — |
| 1838 | 327 499 | 2 137 | 22 653 | — | 350 152 | — |
| 1839 | 397 264 | 2 427 | 30 787 | — | 428 051 | — |
| 1840 | 382 453 | 2 489 | 25 685 | — | 408 138 | — |
| 1841 | 442 038 | 2 661 | 28 196 | — | 470 234 | — |
| 1842 | 521 103 | 3 151 | 31 020 | — | 552 123 | — |
| 1843 | 423 142 | 2 953 | 33 926 | — | 457 068 | — |
| 1844 | 484 544 | 3 152 | 41 804 | — | 526 348 | — |
| 1845 | 528 051 | 3 348 | 43 884 | — | 571 935 | — |
| 1846 | 582 753 | 3 988 | 43 791 | — | 626 544 | — |
| 1847 | 576 512 | 3 961 | 42 787 | — | 619 299 | — |
| 1848 | 436 337 | 3 375 | 46 889 | — | 483 226 | — |
| 1849 | 496 717 | 3 865 | 39 944 | — | 536 661 | — |
| 1850 | 593 856 | 4 580 | 42 389 | — | 636 245 | — |
| 1851 | 679 268 | 5 782 | 46 079 | — | 725 347 | — |
| 1852 | 722 861 | 6 186 | 47 508 | 618 | 770 369 | 6 804 |
| 1853 | 938 202 | 7 829 | 59 879 | 600 | 998 081 | 8 429 |
| 1854 | 1 171 359 | 8 663 | 58 507 | 611 | 1 229 866 | 9 274 |
| 1855 | 1 484 183 | 10 095 | 65 985 | 599 | 1 550 168 | 10 694 |
| 1856 | 1 521 121 | 10 890 | 68 784 | 594 | 1 589 905 | 11 484 |
| 1857 | 1 729 423 | 10 726 | 72 008 | 607 | 1 801 431 | 11 333 |
| 1858 | 1 850 598 | 10 879 | 72 810 | 632 | 1 923 408 | 11 511 |
| 1859 | 1 674 412 | 10 998 | 60 843 | 615 | 1 735 255 | 11 613 |
| 1860 | 1 955 961 | 12 159 | 64 304 | 598 | 2 020 265 | 12 757 |

*) Einschließlich der Aufsichtsbeamten, sowie der Arbeiter bei der staatlichen Koksdarstellung, der Bergfaktorei Kohlwage, dem Hafenamte Saarbrücken und einschließlich der Pferdeknechte auf den Gruben.

**) Bis 1884 ohne die St. Wendelschen Gruben, dagegen sind von da ab auch die nicht zum engeren Saarbecken gehörigen kleinen Gruben bei Offenbach am Glan und bei Kirn einbegriffen, solange sie überhaupt noch betrieben wurden.

| Jahr | Staatliche Gruben | | Privat-Gruben | | Staatliche und Privat-Gruben zusammen | |
|---|---|---|---|---|---|---|
| | Förderung t | Arbeiterzahl | Förderung t | Arbeiterzahl | Förderung t | Arbeiterzahl |
| 1861 | 2 090 744 | 12 650 | 63 339 | 569 | 2 154 083 | 13 219 |
| 1862 | 2 086 718 | 13 228 | 51 028 | 489 | 2 137 746 | 13 717 |
| 1863 | 2 197 115 | 13 295 | 55 443 | 536 | 2 252 558 | 13 831 |
| 1864 | 2 597 514 | 14 290 | 63 235 | 493 | 2 660 749 | 14 783 |
| 1865 | 2 872 999 | 15 967 | 75 813 | 545 | 2 948 812 | 16 512 |
| 1866 | 3 004 691 | 16 651 | 60 786 | 457 | 3 065 477 | 17 108 |
| 1867 | 3 171 125 | 19 089 | 67 695 | 466 | 3 238 820 | 19 555 |
| 1868 | 3 273 293 | 19 124 | 65 112 | 460 | 3 338 405 | 19 584 |
| 1869 | 3 444 895 | 18 800 | 59 109 | 470 | 3 504 004 | 19 270 |
| 1870 | 2 734 019 | 15 662 | 51 530 | 546 | 2 785 549 | 16 208 |
| 1871 | 3 203 968 | 17 079 | 59 090 | 480 | 3 263 058 | 17 559 |
| 1872 | 4 137 800 | 20 305 | 84 434 | 514 | 4 222 234 | 20 819 |
| 1873 | 4 268 620 | 21 403 | 91 926 | 779 | 4 360 546 | 22 182 |
| 1874 | 4 229 786 | 22 240 | 91 480 | 680 | 4 321 266 | 22 920 |
| 1875 | 4 481 839 | 22 902 | 88 172 | 512 | 4 570 011 | 23 414 |
| 1876 | 4 467 777 | 23 351 | 81 348 | 482 | 4 549 125 | 23 833 |
| 1877 | 4 395 232 | 22 690*) | 77 800 | 473 | 4 473 032 | 23 163 |
| 1878 | 4 361 268 | 21 874 | 83 244 | 469 | 4 444 512 | 22 343 |
| 1879 | 4 474 961 | 21 611 | 85 287 | 506 | 4 560 248 | 22 117 |
| 1880 | 5 211 389 | 23 140 | 86 165 | 488 | 5 297 554 | 23 628 |
| 1881 | 5 119 468 | 23 279 | 86 412 | 491 | 5 205 880 | 23 770 |
| 1882 | 5 480 181 | 24 040 | 90 996 | 485 | 5 571 177 | 24 525 |
| 1883 | 5 892 821 | 25 509 | 107 124 | 538 | 5 999 945 | 26 047 |
| 1884 | 6 087 126 | 26 638 | 138 841 | 638 | 6 225 967 | 27 276 |
| 1885 | 6 049 031 | 26 281 | 164 010 | 812 | 6 213 041 | 27 093 |
| 1886 | 5 822 010 | 25 739 | 180 639 | 940 | 6 002 649 | 26 679 |
| 1887 | 5 973 068 | 25 269 | 181 199 | 953 | 6 154 267 | 26 222 |
| 1888 | 6 238 191 | 26 028 | 181 257 | 966 | 6 419 448 | 26 994 |
| 1889 | 6 083 514 | 27 565 | 192 324 | 977 | 6 275 838 | 28 542 |
| 1890 | 6 212 540 | 29 340 | 176 865 | 984 | 6 389 405 | 30 324 |
| 1891 | 6 389 960 | 30 490 | 162 064 | 997 | 6 552 024 | 31 487 |
| 1892 | 6 258 890 | 30 363 | 134 290 | 937 | 6 393 180 | 31 300 |
| 1893 | 5 883 177 | 29 121 | 138 185 | 874 | 6 021 362 | 29 995 |
| 1894 | 6 591 862 | 31 486 | 129 924 | 873 | 6 721 786 | 32 359 |
| 1895 | 6 886 098 | 31 815 | 136 152 | 902 | 7 022 250 | 32 717 |
| 1896 | 7 705 671 | 34 144 | 113 894 | 819 | 7 819 565 | 34 963 |
| 1897 | 8 258 404 | 35 796 | 98 815 | 640 | 8 357 219 | 36 436 |
| 1898 | 8 768 582 | 37 595 | 113 407 | 613 | 8 881 989 | 38 208 |
| 1899 | 9 025 072 | 39 864 | 100 789 | 558 | 9 125 861 | 40 422 |
| 1900 | 9 397 253 | 41 853 | 93 352 | 570 | 9 490 605 | 42 423 |
| 1901 | 9 376 023 | 43 120 | 83 445 | 604 | 9 459 468 | 43 724 |
| 1902 | 9 493 667 | 43 484 | 77 285 | 624 | 9 570 952 | 44 108 |

*) Bei den staatlichen Gruben sind von 1877 ab die Arbeiterzahlen der betreffenden Rechnungsjahre (1. April bis 31. März) eingesetzt.

Von den staatlichen Gruben allein sind die jährlichen Fördermengen, die Arbeiterzahlen (mit Pferdeknechten) und die erzielten baren Jahres-Überschüsse von 1816 bis 1902 (seit 1877 nach den Etatsjahren) auf der Tafel 2 graphisch dargestellt.

Einen Überblick über die Fortschritte der Förderung auf den staatlichen Gruben und der dabei sich ergebenden Durchschnitts-Arbeiterleistung in Zeitabschnitten von 5 zu 5 Jahren bietet die nachstehende Zusammenstellung.

| Zeitabschnitt (Kalenderjahre) | Durchschnittliche Jahres-Förderung | Durchschnittliche Jahresleistung | |
|---|---|---|---|
| | | auf 1 Arbeiter der Gesamt-Belegschaft*) (einschl. Aufsichtspersonal, Verkokung, Faktorei, Hafen und Pferdeknechte) | auf 1 Arbeiter der unterirdisch beschäftigten Gruben-Belegschaft*) (ausschl. Aufsichts- und Maschinenpersonal) |
| | t | t | t |
| 1816–1819 | 105 659 | 127,8 | — |
| 1820—1824 | 108 222 | 122,1 | — |
| 1825—1829 | 161 444 | 144,6 | 156,4 |
| 1830—1834 | 184 707 | 151,1 | 171,6 |
| 1835–1839 | 304 120 | 151,1 | 178,1 |
| 1840–1844 | 450 656 | 156,4 | 186,1 |
| 1845–1849 | 534 074 | 141,3 | 172,1 |
| 1850—1854 | 821 109 | 124,2 | 152,9 |
| 1855—1859 | 1 651 947 | 154,1 | 191,3 |
| 1860–1864 | 2 185 610 | 166,5 | 209,7 |
| 1865—1869 | 3 153 400 | 175,9 | 223,5 |
| 1870–1874 | 3 714 839 | 192,1 | 244,4 |
| 1875—1879 | 4 436 215 | 197,2 | 249,8 |
| 1880–1884 | 5 558 197 | 226,7 | 292,7 |
| 1885—1889 | 6 033 163 | 230,5 | 301,7 |
| 1890–1894 | 6 267 286 | 207,8 | 275,7 |
| 1895—1899 | 8 128 765 | 226,8 | 306,9 |
| 1900—1902 | 9 422 314 | 220,0 | 302,2 |

*) Auch hier sind seit 1877 die Belegschaften der Rechnungsjahre zugrunde gelegt.

Es mag hervorgehoben werden, daß die Förderung von Fettkohle (liegende Flözgruppe) sich im Laufe der Zeit stärker entwickelt hat, als diejenige von magerer bezw. halbfetter Kohle (hangende und mittlere Flözgruppe). Während nämlich die Fettkohle noch bis in die Mitte der 1830er Jahre auf den staatlichen Gruben nur etwa ein Viertel der Gesamt-Förderung ausmachte, erreichte sie 1840 ein Drittel, 1868 die Hälfte, welche sie seitdem mehr und mehr überschritten hat und voraussichtlich schon in allernächster Zeit noch erheblich weiter überschreiten wird. In der Hauptsache ist diese Verschiebung zugunsten der Fettkohle wohl durch den verhältnismäßig am stärksten gewachsenen Bedarf an Kokskohle für die Eisen-Industrie, daneben auch teilweise durch die zunehmende Verwendung der Saarkohle zur Gaserzeugung herbeigeführt worden.

Der Geldwert der Förderung zeigt von 1816 bis zu den 1850er Jahren eine im allgemeinen mit der Fördermenge in nahezu gleichem Verhältnis fortschreitende Erhöhung. Vom Ende der 1850er Jahre ab treten jedoch in diesem Verhältnis, veranlaßt durch die Schwankungen der Kohlenpreise, vielfache und zum Teil sehr schroffe Wechsel ein. Hatte nach den mittleren Verkaufspreisen die Kohlenförderung der staatlichen Gruben im Jahre 1850 einen Wert von 3 080 448 M. ergeben, so stieg der letztere bis zum Jahre 1858 auf 16 875 990 M., um dann sofort erheblich zurückzugehen und erst im Jahre 1864 mit 19 198 539 M. den Wert von 1858 wieder zu erreichen. Ganz außerordentliche Steigerungen brachten die Jahre 1872 bis 1874. Während die Förderung von 1869 einen Geldwert von 27 064 857 M. zeigt, hat 1872 bereits 46 547 679 M., 1873 sogar 71 886 645 M. und 1874 noch 63 606 858 M. aufzuweisen. Die schwere Handelskrisis der folgenden Jahre veranlaßte ein fast ebenso rasches Wieder-Herabgehen bis zu 32 760 165 M. in 1879, von welchem Tiefstande dann eine allmähliche Wieder-Erhebung auf $45^1/_2$ Millionen im Rechnungs-Jahre 1884/85, $67^1/_2$ Millionen in 1890/91, nahezu 70 Millionen in 1896/97 und dann ein immer lebhafterer Aufschwung bis zu $116^1/_4$ Millionen M. im Rechnungsjahre 1901 zu verzeichnen ist; das letzte Rechnungsjahr 1902 zeigt wieder ein Zurückgehen auf 112 136 299 M.

Entsprechend dem Geldwerte der Förderung haben auch die wirtschaftlichen Erträge des Saarbrücker Steinkohlenbergbaues in der Neuzeit eine gewaltige Steigerung erfahren. Wie die graphische Darstellung auf Tafel 2 veranschaulicht, erhebt sich der an die General-Staatskasse jährlich abgeführte bare Überschuß*) der staatlichen Gruben nach und nach von 175 000 M. in 1816 auf 1 Million M. in 1838, um dann mit geringen Schwankungen bis 1853 auf durchschnittlich etwa $1^1/_4$ Million stehen zu bleiben, im Jahre 1854 aber, unter dem Einflusse der neu eröffneten Eisenbahn, plötzlich auf $3^1/_4$ und bis 1858 auf 5 Mill. M. zu steigen. Das Jahr 1866 (Eröffnung des Saar-Kanales) zeigt einen Überschuß von nahe $7^1/_2$ Millionen. Wahrhaft großartig gestalteten sich die Erträge mit dem Aufschwunge der 1870 er Jahre. Hatte schon 1871 trotz der im Gefolge

---

*) Es muß hier ausdrücklich bemerkt werden, daß nach den Grundsätzen der preußischen Staats-Bergverwaltung sämtliche Neu-Anlagen der Saarbrücker Werke immer aus den laufenden Einnahmen der betreffenden Jahre bestritten worden sind. Hiernach stellt sich der „Überschuß“ stets niedriger als der eigentliche „Ertrag“. Letzterer betrug beispielsweise schon 1837 über 1 Million Mark 1853 gegen 2 160 000 M., 1866 rund 7 550 000 M.

des französischen Krieges eingetretenen Absatz-Störungen einen Überschuß von $8^1/_2$ Mill. M. ergeben, so hob sich dieser in 1872 auf $20^1/_2$, in 1873 sogar bis zu $38^1/_2$ Millionen; mit 1874 beginnt dann allerdings ein ununterbrochener rascher Rückgang bis zu $5^1/_4$ Millionen im Rechnungsjahre 1878/79. Von 1880/81 ab zeigt sich wieder ein langsames Ansteigen, das nur unterbrochen wird durch ein vorübergehendes Emporschnellen bis zu fast 13 Millionen in 1890/91 und ein ebenso schroffes Wiederherabgehen auf 7 Millionen in 1892/93, um aber mit 1895/96 in kräftigem Aufschwunge sich bis zu 25 358 839 M. in 1900 zu erheben und im Rechnungsjahre 1902 mit 18 957 845 M. abzuschließen. — Der überhaupt seit 1816 von den staatlichen Saarbrücker Gruben an die preußische Staatskasse abgelieferte Baar-Überschuß stellt sich bis zum 31. März 1903 auf beinahe 500 Mill. M.

## 2. Auf bayerischem Gebiete.

Im allgemeinen. — Mit dem 1815 an Bayern gefallenen Teile des Saargebietes erwarb das bayerische Ärar zunächst nur die Steinkohlengrube St. Ingbert. Bereits im Juli 1816 hatte jedoch die „Landes-Administration am linken Ufer des Rheines“ zu Speier auch in der Umgebung von Bexbach Versuchsarbeiten auf Steinkohle vornehmen lassen, infolge deren dann die zweite Grube Mittelbexbach für Rechnung des bayerischen Staates eröffnet wurde. Beide Gruben erhielten 1825 durch königl. Erlaß ihre bestimmten Feldesgrenzen zugewiesen (vgl. Abschnitt II. c.); mit ihrer Leitung war das „Bergamt in der Pfalz“, anfangs zu Kusel, dann zu Kaiserslautern und seit 1838 zu St. Ingbert, betraut. Die noch von den Besitzern der Mariannenthaler Glashütte betriebene Grube im Ruhbachtale wurde 1821 staatlicherseits eingezogen. Seitdem hat innerhalb des zum engeren Saarbecken gehörigen Teiles der bayerischen Rheinpfalz eine Kohlengewinnung durch Private erst wieder in neuerer Zeit (von 1881 ab) begonnen, die sich aber dann so kräftig entwickelte, daß sie seit 1895 die Förderung der beiden staatlichen Gruben überflügelt hat.

Betrieb der staatlichen Gruben St. Ingbert und Mittelbexbach. — Wie bei den unmittelbar benachbarten Gruben Sulzbach und Dudweiler, beschränkte sich auch auf der Grube St. Ingbert der Betrieb lange Zeit lediglich auf eine Anzahl von Tageröschen und Stollen, durch welche einzelne größere Flözstücke, später gleichzeitig mehrere Flöze in verschiedenen Höhen des Berggehänges aufgeschlossen und ausgewonnen wurden. Im Jahre 1821 waren nicht weniger als 17 derartige Stollen vorhanden. Als tiefster hatte der bei Schnappbach angesetzte Sulzbach-Stollen von der nördlichen Landesgrenze her die Flöze querschlägig bereits bis zum 18. Flöze gelöst. Um diesen Stollen für den zum Zwecke des Absatzes anzulegenden großen Kohlenlagerplatz bei St. Ingbert nutzbar zu machen, wurde 1842—48 mittels mehrerer Gegenörter seine Durchtreibung ins südliche Feld bewirkt; der von beiden Seiten schwach ansteigende und für Pferde-Förderung eingerichtete Stollen hat von der nördlichen bis zur südlichen Ausmündung 2635 m Gesamt-Länge. Auch auf der Grube Mittelbexbach war eine Reihe von Stollen angelegt worden, von welchen der bedeutendste 840 m Länge erreichte. Bei der geringen Pfeilerhöhe dieser Stollen sah man sich indessen hier schon 1838 genötigt, zum Tiefbau überzugehen, welchem Beispiele St. Ingbert 1839 folgte.

Der Abbau der Flöze bestand bei den Stollenbetrieben teils in streichendem Pfeilerbau, indem von einer Haupt-Diagonale aus in flachen Abständen von 12 bis 18 m schmale Abbaustrecken getrieben und die Pfeiler rückwärts gewonnen wurden, teils in diagonalem Pfeilerbau mit 8 bis 10 m breiten Strecken und Pfeilern. Erst von 1846 ab, und dann allgemein mit dem Beginne des Abbaues auf den eigentlichen Tiefbausohlen im Jahre 1850, ging man zur Vorrichtung der Flöze durch Bremsberge über, unter gleichzeitiger Einführung der Wagenförderung an Stelle der früheren Benutzung von Karren und Schlitten; auf der Grube Mittelbexbach fand vereinzelt auch Strebbau statt. — Für die Schachtförderung wurden zu Anfang der 1840er Jahre, für die Wasserhaltung 1851 die ersten Dampfmaschinen aufgestellt. Von den jetzigen 4 Schächten der Grube St. Ingbert haben die Schächte I, II und III Tiefen von 245—315 m, der neue Schacht Rothhell eine solche von 441 m erreicht, während der Förderschacht von Mittelbexbach nur 132 m tief ist.

Den allmählichen Fortschritt des Betriebsumfanges beider Gruben zeigt die folgende Nachweisung von Förderung und Arbeiterzahl in den Jahren 1821 bis 1902.

| Jahre | Grube St. Ingbert | | Grube Mittelbexbach | | Zusammen | |
|---|---|---|---|---|---|---|
| | Durchschnittliche | | Durchschnittliche | | Durchschnittliche | |
| | Jahres-Förderung t | jährliche Belegschaft | Jahres-Förderung t | jährliche Belegschaft | Jahres-Förderung t | jährliche Belegschaft |
| 1821—30 | 14 687 | 139 | 5 480 | 61 | 20 167 | 200 |
| 1831—40 | 24 819 | 259 | 8 965 | 108 | 33 784 | 367 |
| 1841—50 | 48 773 | 407 | 16 671 | 176 | 65 444 | 583 |
| 1851—60 | 91 854 | 462 | 21 121 | 201 | 112 975 | 663 |
| 1861—70 | 123 857 | 587 | 22 996 | 205 | 146 853 | 792 |
| 1871—80 | 137 124 | 644 | 17 487 | 156 | 154 611 | 800 |
| 1881—90 | 160 515 | 707 | 22 548 | 135 | 183 063 | 842 |
| 1891—1900 | 151 299 | 749 | 32 371 | 178 | 183 670 | 922 |
| 1901 | 175 259 | 962 | 47 189 | 282 | 222 448 | 1244 |
| 1902 | 175 562 | 984 | 50 020 | 273 | 225 582 | 1257 |

Der Kohlenabsatz, welcher sich früher bis nach Baden und Württemberg, seit 1840 sogar bis zur Schweiz erstreckte — in den 1830 er Jahren wurde auch St. Ingberter Kohle von Saarbrücken aus saarabwärts verschifft —, beschränkt sich in neuerer Zeit fast lediglich auf das engere pfälzische Inland.

Die Privatgruben Frankenholz und Kons. Nordfeld. — Auf grund einer Reihe, seit 1825 durch Private innerhalb der Bänne von Oberbexbach und Höchen ausgeführter Schürfe war am 25. Juli 1845 die Privat-Steinkohlenkonzession Frankenholz erteilt worden. Die anfänglichen Aufschlußarbeiten in ihr hatten indessen keinen Erfolg. Auch die nach Erweiterung des Konzessionsfeldes im Jahre 1870 begonnenen beiden Schächte, sowie ein 800 m langer Stollen führten nicht zum Ziele. Erst ein 1879 angesetztes Bohrloch traf in 200 m Teufe die Redener Flözgruppe. Der infolgedessen auf der Frankenholzer Höhe abgeteufte neue Schacht hat 1881 in der gedachten Teufe das oberste Flöz mit 1 m Stärke aufgeschlossen. Die Kohlenförderung begann 1883 mit 826 t, erreichte 1885 bei 200 Mann Belegschaft 10 859 t, 1890 bei 435 Mann 55 524 t und 1895 bei 1188 Mann 223 675 t. Nach mehrjähriger Minderförderung wurde diese Höhe erst im Jahre 1900 mit einer Förderung von 247 884 t und einer Belegschaft von 1584 Mann wieder überholt, um sodann in den nächsten Jahren noch weiter bis zu 263 460 t und 1700 Mann in 1901, sowie 267 775 Tonnen und 1753 Mann in 1902 zu steigen. Die Grube baut zurzeit auf 14 Flözen einer großen Sattelwendung der hangenden Flammkohlengruppe des Saarbeckens. Ihre 3 Schächte haben Tiefen von 378 bezw. 450 und 520 m erreicht.

Die auf der nordöstlichen Fortsetzung des Frankenholzer Sattels bauende Grube Kons. Nordfeld bei Waldmohr hat ihre Wettersohle (Fortuna-Schacht) erst bei 616 m und die Fördersohle (Wilhelmine-Schacht) erst bei 846 m Teufe unter der Hängebank ansetzen können, hat mithin die tiefsten Schächte und auch bei weitem die größten Abbautiefen im Saarbecken aufzuweisen. Ihre Kohlenförderung begann mit 1370 t im Jahre 1890, erreichte 1896 bei 85 Mann Belegschaft 5524 t und 1900 bei 213 Mann 14 748 t; das Jahr 1901 ergab bei 235 Mann 12 234 t und 1902 bei 272 Mann 20 037 t. Die ungünstigen Aufschlüsse (gestörte Gebirgsverhältnisse) lassen jedoch eine Aufrechterhaltung dieser Förderhöhe auf längere Zeit nicht erwarten.

Der Kohlenabsatz der beiden bayerischen Privatgruben entspricht demjenigen der die gleiche Kohle fördernden preußischen Staatsgruben Reden und Kohlwald. Insbesondere erfreut sich die Grube Frankenholz eines ausgedehnten Eisenbahnabsatzes.

### 3. In Lothringen.*)

Aufschlußarbeiten. — Nach der Abtretung des Saarbrücker Landes an Preußen begannen französischer Seits sehr bald die eifrigsten Bemühungen, das Steinkohlengebirge auch in Lothringen aufzuschließen. Bereits 1816 hatten Versuchsarbeiten beim Dorfe Schönecken das erste bauwürdige Steinkohlenflöz aufgefunden, und es wurde auf dasselbe unterm 20. September 1820 die Steinkohlen-Konzession Schönecken erteilt. Der im Orte Schönecken selbst angesetzte Förderschacht fand indessen zunächst beim Durchteufen der das Kohlengebirge überlagernden Buntsandstein-Schichten große Schwierigkeiten durch die bedeutenden Wasserzuflüsse, und als er endlich mit Hilfe einer 100 pferdigen Wasserhaltungs-Dampfmaschine 1829 die Kohlenflöze in 115 m Teufe erreicht hatte, erwiesen sich diese derart gestört, daß schließlich im Jahre 1835, nach Aufwendung von etwa 1 000 000 Frcs. Kosten, das ganze Unternehmen aufgegeben werden mußte**).

Nachdem die Konzession Schönecken 1841 an die *Compagnie anonyme des houillères de Stiring* übergegangen war, wurden durch diese von 1847 ab unter Leitung des Bohr-Ingenieurs Kind bei Kleinrosseln und bei Stiringen (in unmittelbarer Nähe der im Bau begriffenen Eisenbahnlinie Metz—Saarbrücken) mehrere bauwürdige Flöze erbohrt. Eine Reihe anderer Gesellschaften folgte mit dem Niederbringen von Bohrlöchern, sodaß im Jahre 1853 deren 28 in Betrieb standen. Die zum Teil günstigen Ergebnisse — 1854 wurde die Kohle bei Carlingen und Kreuzwald erbohrt, 1855 bei Spittel und im Hochwald — führten in den Jahren 1854 bis 1863 zur Erteilung von 10 weiteren Konzessionen. Von den hiernach im ganzen zu französischer Zeit vorhandenen 11 Konzessionen haben sich später 2 im Besitze der Gesellschaft *Compagnie anonyme des houillères de Stiring* (seit 1889 Firma *Les Petits Fils de François de Wendel & Cie.)* und 8 in demjenigen der „Saar- und Mosel-Bergwerksgesellschaft" vereinigt (vergl. Abschnitt II c). Vor 1870 sind nur 3 von ihnen, nämlich Schönecken, Carlingen und Spittel, zur Kohlenförderung gelangt. Unter deutscher Herrschaft kamen in neuester Zeit noch die Konzessionen La Houve und Hochwald in Förderung.

Durch Tiefbohrungen, welche seit Anfang 1900 an verschiedenen Stellen der Kreise Forbach und Bolchen im Bergfreien unternommen

---

*) Vergl. Liebheim, Beiträge zur Kenntnis des lothringischen Kohlengebirges. Straßburg 1900. (Abhandlungen zur geologischen Spezialkarte von Elsaß-Lothringen. Neue Folge, Heft 4.)

**) Der mit Holz-Küvelage versehene Schacht war 1818 begonnen worden, traf 1828 bei 87 m das Kohlengebirge, 1829 bei 115 m das erste Flöz und bald darauf noch ein zweites Flöz. Auf beiden Flözen wurde streichend aufgefahren, auch durch Querschläge und weiteres Abteufen des Schachtes das Gebirge untersucht, letzteres war jedoch nach allen Richtungen von Verwerfungen durchsetzt.

worden sind, ist festgestellt, daß das Steinkohlenvorkommen unter der Buntsandstein- und Muschelkalk-Bedeckung sich in Lothringen in weit größerer Ausdehnung vorfindet, als bisher angenommen war. Nach den durch die Bohrungen gewonnenen Aufschlüssen werden die Grenzen des Kohlengebietes nach Westen durch das Tal der deutschen Nied und nach Süden etwa durch die Eisenbahnlinie Falkenberg—St. Avold—Saarbrücken gebildet. Innerhalb des bezeichneten Gebietes waren bis Schluß des Jahres 1902 im ganzen 27 Bohrlöcher auf Steinkohle fündig geworden.

Betrieb der Gruben. — Im Felde des heutigen Steinkohlenbergwerks Schönecken hatte Kind in den Jahren 1849—51 bei Stiringen 3 Bohrschächte niederzubringen versucht, mußte sie jedoch wegen der starken Wasserzugänge aus dem Buntsandstein nach und nach sämtlich wieder einstellen, ohne das Kohlengebirge erreicht zu haben. Besseren Erfolg hatten die 1854 bei dem Dorfe Kleinrosseln und 1856 bei der benachbarten „alten Glashütte" angesetzten Schächte *St. Charles* und *St. Joseph*, in welchen der wasserdichte Abschluß der oberen, hier nur 74 bis 83 m mächtigen Schichten durch „Pikotage" glücklich gelang und das Kohlengebirge mit mehreren Flözen aufgeschlossen wurde, sodaß 1858 die erste Kohlenförderung erfolgen konnte. Seitdem sind noch die Doppelschächte *Wendel* (1862—68), *Vuillemin* (1867—74) sowie *Gargan* (1883—91) niedergebracht worden und in Förderung getreten. Die älteren Schächte wurden 1860, die neueren mit Eintritt der regelmäßigen Kohlenförderung durch die Zweigbahn Kleinrosseln—Stiringen an die Eisenbahnlinie Forbach—Saarbrücken angeschlossen.

Innerhalb des jetzigen konsolidierten Bergwerks Saar und Mosel begann die Konzession Carlingen das Schachtabteufen (Schacht Max bei Carlingen) zu Ende 1855 und trat 1861 in Kohlenförderung, hat sich indessen genötigt gesehen, wegen sehr gestörter Lagerungsverhältnisse und starken Wasserandranges den Betrieb im Jahre 1878 gänzlich einzustellen. Der Schacht hatte eine Gesamttiefe von 486 m, wovon 200 m im wasserreichen Deckgebirge. Ein 1888 begonnener neuer Schacht (VI) hat bei 175 m das erste Kohlenflöz angetroffen und steht seit 1898 in Förderung. — Im Felde der Konzession Spittel *(l'Hôpital)* wurde der erste Schacht 1862—65, der zweite 1864—67, ein dritter 1874—76 abgeteuft, sämtlich nach dem Kind-Chaudronschen Verfahren mit eiserner Küvelage; das Kohlengebirge erreichte man hier erst bei 272 m Teufe. Ein 1874 nach dem gleichen Verfahren in Angriff genommener vierter, sowie ein fünfter Schacht bei Merlenbach mußten unvollendet verlassen werden. In Förderung steht zurzeit nur Schacht II, dessen Baue mit denen des Schachtes VI von Carlingen durchschlägig sind. — Die Konzession Hochwald hatte 1855 bei Merlenbach einen Schacht angesetzt, mußte ihn aber bei 179 m Teufe wegen der aus dem Buntsandstein zusitzenden starken

Wasser 1861 einstellen. Nachdem die Arbeiten seit Anfang des Jahres 1900 wieder aufgenommen worden waren, ist der Schacht nunmehr bis zu einer Teufe von 350 m niedergebracht und hat im Jahre 1903 die Kohlenförderung von 2 Sohlen (271 m und 335 m) begonnen. — Mit dem 1. April 1900 sind die Hauptanteile der Saar- und Mosel-Bergwerksgesellschaft in deutsche Hände übergegangen und hat infolgedessen auch der Betrieb eine durchgreifende Erweiterung und Verbesserung erfahren.

Das Steinkohlenbergwerk La Houve bei Kreuzwald, dessen Konzession bereits 1858 erteilt war, hat das Schachtabteufen erst 1895 begonnen. Der nach dem Kind-Chaudronschen Verfahren niedergebrachte erste Schacht (Marie) erreichte bei 120 m Teufe das Kohlengebirge und ist 1898 in Kohlenförderung getreten; seine Gesamtteufe beträgt 272 m. Bei einem zweiten, 1899 angesetzten und in gleicher Weise wie der erste abgebohrten Schachte (Julius) ist der Wasserabschluß nicht gelungen. —

Der Kohlen-Abbau bestand auf den lothringischen Gruben anfangs in gewöhnlichem streichendem Pfeilerbau mit Bremsbergen. Die Neigung der meisten Flöze zur Selbstentzündung, sowie die wegen der wasserreichen oberen Gebirgsschichten gebotene Rücksicht auf möglichste Vermeidung von Bodensenkungen haben jedoch sehr bald zur Einführung von streichendem oder schwebendem Strebbau mit vollständigem Bergeversatz genötigt; bei dem bis zu 8 m mächtigen Flöze *Henri* der Grube Schönecken geht dieser Strebbau in einen vereinigten Firsten- und Querbau über. Wo die in der Grube selbst fallenden Berge nicht zum Verfüllen der abgebauten Räume ausreichen, werden Sandmassen, die man in großen Brüchen über Tage gewinnt, in die Baue eingefördert; auf der Grube Schönecken wurden beispielsweise im Jahre 1902 zu diesem Zwecke 297 466 t Sand in die Schächte eingelassen.

Nachdem 1858 die regelmäßige Kohlenförderung mit 26 003 t (bei Kleinrosseln) begonnen hatte, ist die Förderung auf lothringischem Gebiete rasch weiter fortgeschritten. Es wurden durchschnittlich an Steinkohlen gewonnen:

| | | | |
|---|---|---|---|
| 1858—60 | jährlich | 39 078 | t, |
| 1861—65 | „ | 114 638 | „ |
| 1866—70 | „ | 198 430 | „ |
| 1871—76 | „ | 304 886 | „ |
| 1876—80 | „ | 422 304 | „ |
| 1881—85 | „ | 586 860 | „ |
| 1886—90 | „ | 699 392 | „ |
| 1891—95 | „ | 903 306 | „ |
| 1896—1900 | „ | 1 073 424 | „ |
| 1901 . . . . | | 1 143 162 | „ |
| 1902 . . . . | | 1 304 818 | „. |

Die Arbeiterzahl hat sich von 2283 Mann in 1874 bis zu 3056 in 1880, 3683 in 1890, 4638 in 1895, 5747 in 1900 und 7201 in 1902 gehoben.

Auf die einzelnen Bergwerke verteilen sich Förderung und Belegschaft für die Jahre 1898 bis 1902, wie folgt:

| | 1898 | | 1899 | | 1900 | | 1901 | | 1902 | |
|---|---|---|---|---|---|---|---|---|---|---|
| | Förderung t | Belegschaft | Förderung t | Belegschaft | Förderung t | Belegschaft | Förderung t | Belegschaft | Förderung t | Belegschaft |
| Schönecken . | 937 700 | 4 056 | 901 000 | 4 057 | 957 000 | 4 268 | 980 402 | 4 521 | 1 021 715 | 4 529 |
| Saar und Mosel | 134 476 | 828 | 141 415 | 804 | 122 110 | 979 | 126 235 | 1 663 | 162 507 | 1 739 |
| La Houve . . | 1 974 | 145 | 28 688 | 350 | 57 516 | 500 | 86 525 | 695 | 125 596 | 933 |
| Zusammen | 1 074 150 | 5 029 | 1 071 103 | 5 211 | 1 136 626 | 5 747 | 1 193 162 | 6 879 | 1 309 818 | 7 201 |

Die geförderte Kohle findet überwiegend ihren Absatz in Elsaß-Lothringen und zwar hauptsächlich zum Betriebe der dortigen Eisenhütten und der Reichs-Eisenbahnen. Ansehnliche Kohlenmengen gehen indessen daneben auch nach Süddeutschland, sowie nach Frankreich und der Schweiz. Für die letzten drei Jahre zeigt nachstehende Übersicht die Verteilung des Absatzes im einzelnen.

| Absatzgebiet | 1900 Absatz | | 1901 Absatz | | 1902 Absatz | |
|---|---|---|---|---|---|---|
| | überhaupt t | v. H. | überhaupt t | v. H. | überhaupt t | v. H. |
| Selbstverbrauch . . . | 58 521 | — | 76 647 | — | 91 071 | — |
| Elsaß-Lothringen . . . | 703 719 | 65,27 | 696 296 | 62,36 | 731 417 | 60,01 |
| Süddeutschland und Rheinprovinz . . . | 194 626 | 18,05 | 176 206 | 15,78 | 216 124 | 17,73 |
| Frankreich . . . . . | 126 242 | 11,70 | 163 086 | 14,62 | 172 928 | 14,19 |
| Belgien . . . . . . | — | — | — | — | 1 527 | 0,12 |
| Italien . . . . . . . . | — | — | 3 461 | 0,31 | 3 542 | 0,29 |
| Schweiz . . . . . . | 48 498 | 4,51 | 71 844 | 6,43 | 87 915 | 7,21 |
| Luxemburg . . . . . | 4 800 | 0,45 | 3 834 | 0,34 | 3 023 | 0,25 |
| Österreich . . . . . | 220 | 0,02 | 1 788 | 0,16 | 2 271 | 0,20 |
| Summe . . | 1 136 626 | 100 | 1 193 162 | 100 | 1 309 818 | 100 |

## 4. Gesamt-Förderung und Arbeiterzahl beim Steinkohlenbergbau des Saargebietes.

Förderung 1893—1902. — Eine Zusammenstellung der innerhalb der einzelnen Teile des Saargebietes in den letzten 10 (Kalender-)Jahren geförderten Steinkohlenmengen ergibt die folgenden Zahlen.

| Gebietsteile und Gruben | 1893 t | 1894 t | 1895 t | 1896 t | 1897 t | 1898 t | 1899 t | 1900 t | 1901 t | 1902 t |
|---|---|---|---|---|---|---|---|---|---|---|
| 1. Preußen: | | | | | | | | | | |
| a) Staatliche Gruben | 5 883 177 | 6 591 862 | 6 886 098 | 7 705 671 | 8 258 404 | 8 768 582 | 9 025 072 | 9 397 253 | 9 376 023 | 9 493 667 |
| b) Privat-Gruben . . | 138 185 | 129 924 | 136 152 | 113 894 | 98 815 | 113 407 | 100 789 | 93 352 | 83 445 | 77 285 |
| 2. Bayern . . . . . . | 309 906 | 342 464 | 402 222 | 386 068 | 402 155 | 421 740 | 462 848 | 503 730 | 511 542 | 528 050 |
| 3. Lothringen . . . . | 919 400 | 969 880 | 990 081 | 1 027 699 | 1 057 544 | 1 074 150 | 1 071 103 | 1 136 626 | 1 193 162 | 1 309 818 |
| Saargebiet . . | 7 250 668 | 8 034 130 | 8 414 553 | 9 233 332 | 9 816 918 | 10 377 879 | 10 659 812 | 11 130 961 | 11 164 172 | 11 408 820 |

Arbeiterzahl 1893—1902. — Die beim Steinkohlenbergbau des Saargebietes in den letzten 10 Jahren beschäftigt gewesenen Arbeiter sind in nachstehender Übersicht zusammengestellt, wobei bemerkt sein mag, daß die unmittelbar durch den gedachten Bergbau sich ernährende bergmännische Bevölkerung etwa der $3^1/_2$fachen Kopfzahl der eigentlichen Arbeiter entspricht.

| Gebietsteile und Gruben | 1893 | 1894 | 1895 | 1896 | 1897 | 1898 | 1899 | 1900 | 1901 | 1902 |
|---|---|---|---|---|---|---|---|---|---|---|
| 1. Preußen: | | | | | | | | | | |
| a) Staatliche Gruben . | 29 121 | 31 486 | 31 815 | 34 144 | 35 796 | 37 595 | 39 864 | 41 853 | 43 120 | 43 484 |
| b) Privat-Gruben . . . | 874 | 873 | 902 | 819 | 640 | 613 | 558 | 570 | 604 | 624 |
| 2. Bayern . . . . . . . . | 1 949 | 2 060 | 2 251 | 2 317 | 2 480 | 2 729 | 2 862 | 3 162 | 3 369 | 3 479 |
| 3. Lothringen . . . . . . | 4 271 | 4 509 | 4 718 | 4 769 | 4 783 | 5 029 | 5 211 | 5 747 | 6 879 | 7 201 |
| Saargebiet . . | 36 215 | 38 928 | 39 686 | 42 049 | 43 699 | 45 966 | 48 495 | 51 332 | 53 972 | 54 788 |

Bisherige Gesamt-Steinkohlenförderung des Saargebietes. — Nach überschläglichen Ermittelungen sind im Saargebiete seither überhaupt an Steinkohlen gewonnen worden:

| | | | |
|---|---|---|---|
| 1. | Von Beginn des 15. bis zur Mitte des 18. Jahrhunderts (alte Gräbereien) etwa . . . . . . . . . . . | | 350 000 t, |
| 2. | Von der Mitte des 18. Jahrhunderts bis zur Besetzung des Landes durch die Franzosen (1793) . | | 1 300 000 „ |
| 3. | Während der französischen Herrschaft (1793 bis 1815) . . . . . . . . . . . . . . . . . . | | 1 500 000 „ |
| 4. | In neuerer Zeit, und zwar | | |
| | a) von 1816 bis 1850: auf preußischem Gebiete . . | 10 540 000 t | |
| | „ bayerischem Gebiete . . | 1 270 000 „ | |
| | | | 11 810 000 „ |
| | b) von 1851 bis 1883: auf preußischem Gebiete . . | 103 268 786 „ | |
| | „ bayerischem Gebiete . . | 4 652 115 „ | |
| | „ lothringischem Gebiete . . | 7 067 477 „ | |
| | | | 114 988 378 „ |
| | c) von 1884 bis 1902: auf preußischem Gebiete . . | 139 096 876 „ | |
| | „ bayerischem Gebiete . . | 6 402 120 „ | |
| | „ lothringischem Gebiete . . | 17 068 921 „ | |
| | | | 162 567 917 „ |
| | Gesamtsumme rund . . | | 292 500 000 t. |

Annähernd hat demnach das Saargebiet bis zum Schluß des Jahres 1902 etwa 292½ Mill. t Steinkohlen gefördert. Legt man den Durchschnitts-Verkaufspreis des genannten Jahres (11,50 M. für 1 t) zugrunde, so entspricht dieser Förderung ein ungefährer Wert von 3364 Mill. M.*).

*) Beim endgültigen Abschluß der vorliegenden Schrift (1. Mai 1904) dürfte die Gesamt-Förderung wohl fast 310 Mill. t erreicht, ihr Wert 3500 Mill. M. überschritten haben.

## 5. Die weitere Entwickelung der Koksbereitung*).

Die Koksdarstellung, bei der seit 1788 gemauerte Meiler eingeführt worden waren, beschränkte sich in den folgenden Jahren ausschließlich auf die Grube Dudweiler-Sulzbach. Die Verkokung selbst blieb Privaten überlassen, welche die gewonnenen Koks an die rheinischen Eisen- und Bleihütten absetzten.

Bei Übernahme der Saarbrücker Gruben durch die preußische Verwaltung entschloß sich diese, die Verkokung künftighin auf landesherrliche Rechnung zu betreiben. Die im Besitze der Kaufleute Reuther und Schäfer zu Coblenz befindlichen 9 Koks-Meileröfen beim Ludwig-Stollen der Grube Dudweiler wurden demgemäß im Juni 1816 durch Kauf erworben und außerdem 12 gleiche Öfen neu erbaut, so daß noch in der zweiten Hälfte des gedachten Jahres 200 Fuder Koks dargestellt werden konnten**).

Zu der Meiler-Verkokung wurden der Hauptsache nach nur Stückkohlen verwendet, und es waren beispielsweise im Jahre 1816 auf 1 Fuder Koks durchschnittlich etwas über $2^1/_4$ Fuder Stückkohlen erforderlich. Da es vorteilhafter schien, statt dessen die geringwertigen Grieskohlen zu verkoken, so wurde im August 1816 durch den Oberberghauptmann Gerhard angeordnet, zu diesem Zwecke geschlossene Öfen nach „Burgundischer" Art, wie sie zu Eschweiler bereits in Gebrauch standen, zu versuchen. Der auf der neuen Grubenhalde von Dudweiler erbaute, 30 Ztr. Grieskohlen fassende, erste derartige burgundische Ofen kam im Oktober 1819 in Betrieb; er zeigte zwar anfangs schlechte Ergebnisse, durch Verlängerung der Brennzeit bis zu 60 Stunden gelang es jedoch ziemlich bald, in ihm bei 50 v. H. Ausbringen aus den Grieskohlen gute Koks, allerdings mit bedeutend höheren Arbeitslöhnen wie beim Meilerbetriebe, zu erzielen.

Hatte sich seither die Verkokung stets auf Kohlen der Grube Dudweiler-Sulzbach beschränkt, so gab die staatliche Eisenhütte zu Geislautern, bei deren Hochöfen früher schon die französische Verwaltung den Koks-

*) Siehe auch die Abschnitte III a, 6 und IIIb.

**) Es mag zum Vergleiche mit heutigen Verhältnissen von Wert sein, aus den betreffenden Jahresrechnungen einige Preisangaben über die damalige Koksdarstellung einzuschalten. Die Herstellung der 12 neuen Koksöfen erforderte an Arbeitslohn je $10^1/_2$ fr., an Bruchsteinen und Lehm je 21 fr., so daß jeder fertige Ofen $31^1/_2$ fr. kostete. Für das Einbringen der Kohlen in die Öfen wurden den Arbeitern $^1/_4$ fr., für das Verkoken selbst 1 fr. 5 cts. auf je 1 Fuder Kohlen, an Fuhrlohn für 1 Fuder Koks von der Grube bis zur Niederlage Kohlwage 4 fr. 60 cts. bezahlt; die Arbeitsschicht eines Maurers oder Kokers galt $1^1/_2$ fr., die eines Tagelöhners oder sonstigen Arbeiters 1 fr. Die verbrauchten Stückkohlen wurden mit 15 fr. das Fuder (4 Sgr. der Ztr.) vergütet und die Koks auf der Niederlage Kohlwage mit $42^1/_4$ fr. das Fuder ($11^1/_4$ Sgr. der Ztr.), später auf der Grube selbst mit 8 Tlr. 18 Sgr. das Fuder ($8^6/_{10}$ Sgr. der Ztr.) verkauft. An Gestehungskosten kam 1 Fuder Koks (im Jahre 1818) auf 8 Tlr. 10 Sgr. 4 Pf., wovon 18 Sgr. $3^1/_2$ Pf. auf die eigentlichen Darstellungskosten fielen.

betrieb einzuführen beabsichtigt hatte, den Anlaß, auch mit Kohlen aus den dieser Hütte näher gelegenen Gruben Verkokungsversuche anzustellen. Die im Sommer 1817 auf der gedachten Hütte in offenen Meilern begonnenen Versuche erstreckten sich auf größere Mengen Stückkohlen von den Gruben Geislautern, Bauernwald, Rittenhofen, Gersweiler und vergleichsweise auch auf solche von Dudweiler, lieferten aber trotz mehrfacher Wiederholung nur bei den Kohlen von Gersweiler und Dudweiler brauchbare Koks*). Umfassendere Versuche kamen sodann in den Jahren 1826 und 1827 mit sämtlichen Kohlen der damals auf den Saarbrücker Gruben gebauten Flöze zur Ausführung. Zu diesem Zweck waren teils neue Koksöfen auf einigen Gruben, wie Gersweiler, Wellesweiler und Königsgrube, erbaut, teils die Kohlen nach Dudweiler gebracht worden. Sämtliche Versuche fanden in gewöhnlichen runden Meileröfen mit je 5 Fuder Kohlen statt, abweichend von früher wurden aber nicht bloß Stückkohlen, sondern dazwischen auch Grieskohlen benutzt. Als Gesamt-Ergebnis zeigte sich, daß außer den Dudweiler und Sulzbacher Kohlen hauptsächlich nur diejenigen von Wellesweiler und von der erst seit kurzem angelegten Königsgrube, daneben allenfalls noch diejenigen von Friedrichsthal, Quierschied, Jägersfreude und Gersweiler zur Koksdarstellung sich eigneten, alle übrigen aber als zu mager mehr oder weniger nicht dazu zu verwerten waren. —

Ein lebhafterer Aufschwung der Koksdarstellung begann erst mit dem Jahre 1825, nachdem es gelungen war, das Eisenhüttenwerk Hayingen in Lothringen als Abnehmer zu gewinnen. Während noch 1824 die ganze Kokserzeugung zu Dudweiler nur 217 Fuder betragen hatte, erforderte die genannte Eisenhütte für sich allein jetzt eine jährliche Lieferung von 1500 Fudern, die sich in den folgenden Jahren noch stetig steigerte und 1829 bereits auf 400 Fuder monatlich angewachsen war. Dazu trat noch für elsässische Eisenhütten (Niederbronn, Mülhausen usw.) ein weiterer

*) Kurz nach den Versuchen auf der Geislauterner Hütte hatten im Jahre 1821 Probeschmelzen mit Dudweiler Koks auf der königl. Eisenhütte zu Sayn im Kupolofen stattgefunden. Auch hier fand man an dem „Saarkoks“ einerseits die zu geringe Festigkeit, andererseits eine zu große Unreinheit zu tadeln, namentlich im Vergleich mit dem daneben versuchten Ruhrkoks. Um nun nicht den Ruf der Saarbrücker Koks am Rheine völlig sinken zu lassen und um zugleich auch den Wettbewerb mit den Ruhrkoks daselbst ferner bestehen zu können, wurden bei den Koksöfen zu Dudweiler alle Anstrengungen gemacht, ein besseres Erzeugnis als bisher zu erzielen. In der Tat errangen denn auch bei einem neuen Probeschmelzen zu Saynerhütte im Jahre 1824 Dudweiler Koks den Sieg über Hanielsche Ruhrkoks, indem festgestellt wurde, daß beim Schmelzen mit ersteren unter sonst gleichen Verhältnissen die Schmelzkosten wesentlich geringer waren, als bei Anwendung von Ruhrkoks. Merkwürdigerweise zeigten sich die damaligen Saarkoks bedeutend schwerer als Ruhrkoks; ein Berliner Scheffel von ersteren wog 51 Pfd., von letzteren dagegen nur 38 Pfd.

monatlicher Bedarf von 60 bis 80 Fudern. Da die Kohlenförderung von Dudweiler allein zur Beschaffung dieser bedeutenden Koksmenge nicht ausreichte, so wurde ein Teil von der Königsgrube bei Neunkirchen geliefert, auf welcher zunächst probeweise 1824 die Verkokung mit 2 Öfen begonnen hatte und dann allmählich in größerem Umfange fortgesetzt worden war.

Obwohl der 1819 errichtete burgundische Koksofen zu Dudweiler nicht ungünstig arbeitete, so verblieb man doch für den großen Betrieb nach wie vor bei den bessere Koks liefernden alten Meileröfen, von denen auf der Halde am Carolinen-Stollen bei Dudweiler eine größere Anzahl erbaut wurde. Man hatte es nach und nach dahin gebracht, in ihnen bis zu $^7/_8$ des ganzen Einsatzes Grieskohlen benutzen zu können; dabei faßte 1 Meiler 5 Fuder Rohkohlen, aus denen man nach 10tägigem Brande 45 bis 47 v. H. Koks erhielt.

Wesentliche Fortschritte in der Koksbereitung veranlaßte die Einführung eines neuen englischen Koksofens im Jahre 1832. Er war zuerst auf der bayerischen Grube St. Ingbert durch einen Unternehmer Gerdolle angewandt worden, welcher ihn auf den französischen Steinkohlengruben bei St. Etienne gesehen hatte. Von den burgundischen geschlossenen Öfen unterschied sich dieser englische hauptsächlich durch einen im Gemäuer rings um den Herd laufenden Luftkanal; der Ofen faßte 20 Ztr. Kohlen, welche, durch eine Öffnung im Gewölbe eingebracht, nach 20 bis 22 Stunden bei geschlossener Ofentür vollständig verkokten und ein Ausbringen von 55 bis 60 v. H. lieferten.

Nachdem ein gegen Ende des Jahres 1832 zu Dudweiler erbauter derartiger Ofen sehr günstige Ergebnisse geliefert hatte, wurde von 1833 ab nach und nach daselbst eine größere Anzahl solcher Öfen errichtet. Ihr beträchtlich höheres Ausbringen an Koks, sowie die geringeren Verkokungskosten gestatteten eine nicht unbedeutende Ermäßigung der Koks-Verkaufspreise, wodurch es allein gelang, in den folgenden Jahren den nicht unbedeutend gesunkenen Koks-Absatz wieder zu heben und namentlich auch den Haupt-Koksabnehmer, die Eisenhütte zu Hayingen, wieder zu gewinnen. Im Jahre 1837 waren zu Dudweiler neben 28 Meilern schon 55 geschlossene Öfen in Tätigkeit.*)

---

*) Beiläufig mag hier auch der ersten Versuche gedacht sein, die 1834 zu Dudweiler gemacht wurden, die Kohlen vor dem Verkoken einer Reinigung durch Waschen zu unterziehen. Diese Versuche fanden vor dem Carolinen-Stollen statt. Nachdem aus den Kohlen die groben Stücke entfernt und auch die kleineren Würfel ausgerättert waren, wurde der feine Gries in Setzsieben gesetzt. Es schieden sich zwar dabei die Berge ganz gut ab, allein der gereinigte feine Staub erwies sich zum Verkoken als unbrauchbar, da er nicht zusammenbacken wollte und im Ofen meist rasch zu Asche verbrannte. Da zudem auch die Waschkosten sich als ganz unverhältnismäßig hoch herausstellten, so ließ man die Versuche bald wieder fallen.

Um dieselbe Zeit ging man auch auf der Königsgrube, woselbst die Koksdarstellung zwar schon 1824 begonnen hatte, aber neben Dudweiler verhältnismäßig stets unbedeutend geblieben war, zur Erbauung von 5 geschlossenen Öfen über, wie denn überhaupt mit dem Jahre 1839 die Verkokung mittels offener Meiler im Saargebiete ihr völliges Ende erreichte. —

Hatte die Erzeugung von Koks im Jahre 1830 auf der Grube Dudweiler 2067 und auf Königsgrube 543 Fuder, im ganzen also auf den preußischen Gruben 2610 Fuder betragen, so stellte sie sich für das Jahr 1840 auf 6213 bezw. 2113, zusammen 8326 Fuder. Haupt-Abnehmer waren um diese Zeit noch in erster Linie die Eisenhütte von Hayingen und neben ihr einzelne Hütten des Elsasses und der Schweiz. Von den einheimischen Eisenhütten betrieb im Jahre 1840 nur diejenige von Geislautern einen Hochofen ausschließlich mit Koks, während die Hütten des Hoch- und Soonwaldes, sowie die von Neunkirchen, Quint (bei Trier) und Sayn seit Mitte der 1830er Jahre angefangen hatten, Saarkoks beim Hochofenbetriebe in nach und nach steigendem Verhältnisse der Holzkohle zuzusetzen. Neben den Eisenhütten treten aber allmählich auch schon die Eisenbahnen zur Lokomotiv-Heizung als Abnehmer für Saarbrücker Koks auf, zuerst von ihnen 1836 die Fürther Bahn, dann 1840 die Bahnen Mannheim—Heidelberg und Mainz—Frankfurt, 1841 die französische Ostbahn (Straßburg—Basel).

Um den von diesen verschiedenen Seiten her gewaltig sich steigernden Koks-Anforderungen genügen zu können, mußten die Verkokungsanlagen zu Dudweiler und Königsgrube erheblich vergrößert werden. Gleichzeitig sah man sich genötigt, daneben noch auf anderen Gruben die Verkokung einzuführen. So entschloß man sich namentlich zur Erbauung von Koksöfen bei den Gruben Wellesweiler und Sulzbach, sowie bei der zu diesem Zwecke im Jahre 1840 wieder aufgenommenen Grube Altenwald.

Am Schlusse des Jahres 1842 waren im ganzen bereits 142 geschlossene Öfen und 9 Meiler, zusammen also 151 Koksöfen vorhanden, nämlich 63 zu Dudweiler (beim Carolinen-Stollen), 1 Teer-Koksofen zu Sulzbach (beim Venitz-Stollen), 27 zu Altenwald (beim Flottwell-Stollen), 50 auf Königsgrube und 10 zu Wellesweiler. Die gesamte Kokserzeugung aus diesen Öfen betrug im genannten Jahre 15 537 Fuder, wovon 8107 Fuder zu Dudweiler, 5097 auf Königsgrube und 1363 zu Altenwald gewonnen waren.

Von den geschlossenen Koksöfen faßten die älteren je 18 bis 20 Ztr. Kohlen, die neueren 30 Ztr., bei 24stündigem Betriebe und 58 bis 60 v. H.

Koksausbringen. Größere Öfen (für 60 Ztr. Kohlen), wie sie zu Altenwald probeweise versucht wurden, erwiesen sich nicht als brauchbar, da sie mindestens 48 Stunden zum Ausbrennen erforderten und dabei doch nur sehr ungleichmäßige, schlechte Koks gaben; auch der auf Teergewinnung eingerichtete Koksofen zu Sulzbach bewährte sich nicht.

Mit dem Jahre 1845 beginnt die Einführung von Kohlenwäschen für die zur Verkokung bestimmten Kohlen. Während nämlich die vorherige Reinigung der letzteren bisher (abgesehen von dem 1834 zu Dudweiler gemachten Waschversuche) sich auf Ausklauben der Schieferstücke beschränkt hatte, ließ 1845 das Hayinger Hüttenwerk zu Altenwald eine besondere Kohlenwäsche errichten. Anfangs nur für diejenigen Kohlen bestimmt, welche zur Koksbereitung für das gedachte Hüttenwerk selbst dienen sollten, wurde die Wäsche bald auch für den größten Teil der sonst in Altenwald verkokten Kohlen mitbenutzt. Übrigens geschah das Waschen hierbei noch ohne jegliche Anwendung von Maschinen; erst im Laufe der 1850er Jahre kamen für die Gruben Dudweiler, König und Heinitz vollkommenere Einrichtungen mit Maschinen in Betrieb.

Außer den geschlossenen Koksöfen wurden seit 1849 auch sogenannte Schaumburger offene Öfen angewandt. Sie faßten die höchst bedeutende Menge von 10 bis 12 Fuder Kohlen als Einsatz, brannten aber allerdings 5 bis 6 Tage mit offener Flamme und mußten dann noch 2 bis 3 Tage gedämpft werden, sodaß, unter Hinzurechnung der für das Einsetzen der Kohlen, das Ziehen der Koks und das Wiederabkühlen des Ofens erforderlichen Zeit, ein Ofen nur alle 10 bis 12 Tage frisch gesetzt werden konnte; die erhaltenen Koks zeichneten sich durch große Dichte und Festigkeit aus, auch überstieg das Ausbringen angeblich dasjenige in geschlossenen Öfen. Gleichwohl haben diese Öfen sich auf die Dauer nicht behaupten können und später wieder vollkommeneren geschlossenen Öfen Platz machen müssen. —

Die Eröffnung der Saarbrücker Eisenbahn und das dadurch beträchtlich erweiterte Absatzgebiet brachte mit Anfang der 1850er Jahre abermals eine gewaltige Steigerung der Nachfrage nach Saarkoks. Zu ihrer Befriedigung entstanden jetzt neben den seitherigen Koksanlagen der alten Gruben neue Koksofenreihen dicht bei der Eisenbahnlinie, so 1850 auf der zuerst mit der Eisenbahn verbundenen Grube Heinitz, 1852 bei den Eisenbahnschächten zu Dudweiler und Altenwald.

Während 1842 im ganzen noch erst 151 Koksöfen auf sämtlichen Gruben vorhanden gewesen waren, zählte man deren am Schlusse des Jahres 1853 bereits 547, und zwar 394 geschlossene und 153 offene Öfen. Von diesen befanden sich auf den einzelnen Gruben:

| | Geschlossene Öfen | Schaumburger Öfen | Zusammen |
|---|---|---|---|
| Dudweiler . . . . . | 168 | 27 | 195 |
| Sulzbach . . . . . . . | 4 | — | 4 |
| Altenwald . . . . . . | 108 | 1 | 109 |
| Heinitz . . . . . . . | — | 121 | 121 |
| Königsgrube . . . . . | 94 | 4 | 98 |
| Wellesweiler . . . . . | 20 | — | 20 |

Die gesamte Kokserzeugung hatte sich inzwischen gehoben von 15 537 Fudern im Jahre 1842 bis auf 44 771 Fuder in 1850 und 83 337 Fuder (2 500 076 alte Ztr.) in 1853. An letzterer Erzeugung waren beteiligt:

| | | |
|---|---|---|
| Dudweiler . . . . . . . . . | mit 1 094 428 | Ztr. |
| Heinitz . . . . . . . . . . . | „ 683 040 | „ |
| Sulzbach-Altenwald . . . . . | „ 401 164 | „ |
| König-Wellesweiler . . . . . | „ 321 444 | „ |
| zusammen | 2 500 076 | Ztr. |

Von dieser Erzeugung wurden auf der Eisenbahn versandt 960 944 Ztr. oder 38 v. H.; andererseits gingen davon ins Ausland 1 895 471 Ztr. oder fast 76 v. H.

Bis zum Jahre 1852 hatte die Koksbereitung aus Saarkohlen ausschließlich auf Rechnung der Gruben selbst stattgefunden. Zwar war wiederholt versucht worden, die Verkokung an Private zu überlassen, indessen standen der Durchführung dieses Vorschlages einerseits der Mangel geeigneter und geneigter Unternehmer entgegen, andererseits die von den Koksabnehmern erhobenen weitgehenden Ansprüche auf Herabsetzung der Kohlenpreise für den Fall, daß sie die Koksdarstellung selbst in die Hand nehmen würden.

Erst die zu Anfang der 1850er Jahre in ganz außerordentlichem Maße sich steigernden Anforderungen von Koks ließen nunmehr die Einführung einer Koksbereitung durch Private neben derjenigen durch die königl. Gruben als ein dringendes Bedürfnis erscheinen. So entstanden zunächst in den Jahren 1852 und 1853 die Privat-Koksanstalten von de Wendel (Besitzer der Eisenhütte zu Hayingen und der neu errichteten Eisenhütte zu Stiringen bei Forbach), von der französischen Ostbahn-Gesellschaft und von Gebr. Haldy, erstere beiden Anlagen unmittelbar bei den Skalley-Schächten der Grube Dudweiler, letztere bei den Eisenbahnschächten der Grube Altenwald.

Die auf diesen Privat-Anlagen nach französischen und belgischen Mustern erbauten neuen geschlossenen Koksöfen fanden auch bald auf den Koksanstalten der königl. Gruben Nachahmung, indem von 1854 ab die Schaumburger Öfen nach und nach hauptsächlich durch Haldysche Öfen ersetzt wurden, die bei größerer Leistungsfähigkeit sich dauerhafter und weniger kostspielig im Betriebe als jene erwiesen. Nur auf den alten Koksanstalten beim Gegenortschachte (Carolinen-Stollen) der Grube Dudweiler, beim Flottwell-Stollen zu Altenwald, beim Venitz-Stollen zu Sulzbach und auf Grube Wellesweiler blieben die früheren Öfen noch im Betriebe, bis diese Anstalten im Jahre 1858 überhaupt gänzlich eingestellt wurden.

Zu den drei großen Privat-Anlagen traten in den Jahren 1862 bis 1863 noch diejenigen von Lamarche & Schwarz bei den Dechen-Schächten und von Schmidborn & Gebr. Röchling zu Heinitz, sowie 1867 die Kokerei von Dupont & Dreifuß bei Malstatt, während die französische Ostbahn-Gesellschaft 1864 ihre eigene Koksdarstellung zu Dudweiler aufgab. Außerdem haben endlich noch die Eisenhütten zu Burbach (1857), Dillingen (1869), Neunkirchen (1872) und Halberg (1874) unmittelbar bei ihren Werken selbst größere Koksanstalten errichtet. Dagegen wurde die staatliche Verkokung auf der Königsgrube im Jahre 1867, auf Grube Dudweiler 1874 aufgegeben, und seitdem besteht als einzige staatliche Koksanstalt der Saarbrücker Gruben nur mehr diejenige zu Grube Heinitz. Neuerdings sind dann noch die Privat-Koksanlage zu Grube Heinitz (1903) und diejenige bei den Dechen-Schächten (1904) durch Kauf in den Besitz des Staates übergegangen.

Bemerkenswert aus diesem neuern Abschnitte der Koksgewinnung sind in technischer Beziehung einerseits die vorübergehende Einführung von Öfen mit senkrechten Verkokungskammern (Gebr. Appolt zu Sulzbach), andererseits die Einrichtungen zur Gewinnung der Nebenerzeugnisse bei der Koksbereitung. Die Appoltschen Öfen, versuchsweise zuerst 1855—56 zu St. Avold und Sulzbach benutzt, dann vielfach zum regelmäßigen Betriebe auf den Koksanstalten des Saargebietes (Dudweiler, Altenwald, Malstatt) eingeführt, haben allerdings sehr bald wieder den verbesserten liegenden Öfen (François-Rexroth, Coppée usw.) weichen müssen und sind seit Ende der 1880er Jahre dauernd aufgegeben. Behufs Gewinnung der Nebenerzeugnisse bei der Koksbereitung fanden auf der staatlichen Koksanstalt zu Grube Heinitz in den Jahren 1882—86 eingehende und auch erfolgreiche Versuche statt, von der Einführung einer besondern Teer- und Ammoniakgewinnung wurde indessen Abstand genommen, weil bei den örtlichen Verhältnissen die Ausnutzung der Koksofengase zur Dampfkesselheizung einen größern Vorteil gewährte. Übrigens hat die Teer- und Ammoniakgewinnung seit 1888 auf der Privat-Koksanlage zu Altenwald beim großen Betriebe Eingang gefunden.

Einen Überblick über die Gesamt-Entwickelung der Koksdarstellung im preußischen Teile des Saargebietes bieten die nachfolgenden Zahlen. Es sind daselbst an Koks überhaupt dargestellt worden:

| | | | |
|---|---|---|---|
| 1816 | rund | 300 t | (nur auf den staatlichen Gruben), |
| 1830 | „ | 4 000 „ | (desgl.), |
| 1840 | „ | 12 500 „ | (desgl.), |
| 1850 | „ | 69 000 „ | (desgl.), |
| 1860 | „ | 313 000 „ | (davon 86 600 t auf staatlichen und 226 400 t auf Privat-Koksanstalten), |
| 1869 | „ | 377 400 „ | (desgl. 95 300 und 282 100 t), |
| 1880 | „ | 510 100 „ | (desgl. 41 100 und 469 000 t), |
| 1883 | „ | 598 500 „ | (desgl. 64 700 und 533 800 t), |
| 1890 | „ | 567 000 „ | (desgl. 55 200 und 511 800 t), |
| 1895 | „ | 713 000 „ | (desgl. 57 800 und 655 200 t), |
| 1900 | „ | 894 300 „ | (desgl. 55 100 und 839 200 t), |
| 1902 | „ | 928 500 „ | (desgl. 47 200 und 881 300 t). |

Daneben hat auf bayerischem Gebiete schon früh versuchsweise bei der St. Ingberter Grube und dann von 1856 ab in regelmäßigem Betriebe bei der dortigen Eisenhütte, in Lothringen vorübergehend von 1856 bis 1859 bei Forbach eine, allerdings nicht bedeutende, Kokserzeugung stattgefunden.*)

## IV. Gegenwärtiger Betriebsumfang des Steinkohlenbergbaues im Saargebiete.

Nach fast 500jährigem Bestehen erfreut sich der Saarbrücker Steinkohlenbergbau gegenwärtig einer Bedeutung, wie wenige andere Großbetriebe im Deutschen Reiche. Die meisten seiner Gruben haben sich in bergbaulicher, wie maschineller Hinsicht zu Werken ersten Ranges entwickelt. Die Einrichtungen zum Besten seiner Arbeiter werden mit Recht als mustergültige Vorbilder bezeichnet. Sein Betrieb gibt nicht nur unmittelbar einer Arbeiter-Bevölkerung von fast 200 000 Köpfen Nahrung und Verdienst, sondern ist daneben noch eine reiche Einnahmequelle geworden für Private, Gemeinden und Staat. Fast unerschöpfliche Steinkohlenschätze sichern ihm noch auf Jahrhunderte hinaus eine blühende Zukunft.

Die nachstehende Zusammenstellung mag zum Schluß ein ungefähres Bild von dem Betriebsumfange der um die Mitte des Jahres 1903 vorhandenen einzelnen Werke geben.

---

*) Zu vergleichen die besondern Darstellungen von:

B. Jordan, Die Absatzverhältnisse der Königlichen Saarbrücker Steinkohlengruben in den letzten 30 Jahren, Band 32 (1884) der Zeitschrift für das Berg-, Hütten- und Salinen-Wesen.

Rich. Remy, Die Kohlen-Aufbereitung und Verkokung im Saargebiete, Band 38 (1890) derselben Zeitschrift.

| Gruben und Grubenabteilungen | Förderung in 1902 (Kalenderjahr) t | Mittlere Belegschaft (mit Werksbeamten und Pferdeknechten) in 1902 | Gebaute Flöze | Abbautiefe (unter der Schachthängebank bezw. (†) Hauptstollensohle) Haupt-Abbausohle m | Tiefste Fördersohle m |
|---|---|---|---|---|---|
| **A. Auf preußischem Gebiete.** | | | | | |
| a) Staatliche Gruben. | | | | | |
| **I. Kronprinz:** | | | | | |
| a) Schwalbach . . . . | 538 109 | 2 400 | 2 | † 237 | † 306 |
| b) Geislautern . . . . | 72 032 | 433 | 3 | † 67 | † 172 |
| Summe I | *610 141* | *2 833* | — | — | — |
| **II. Gerhard:** | | | | | |
| a) Victoria-Schächte. . | 646 364 | 2 411 | 3 | 322 | 355 |
| b) Gerhard . . . . . | 331 197 | 1 172 | 4 | 240 | 279 |
| c) Serlo. . . . . . . | 177 043 | 1 096 | 3 | 311 | 311 |
| Summe II | *1 154 604* | *4 679* | — | — | — |
| **III. Von der Heydt** . . . . . | *628 497* | *2 678* | *14* | *† 162 † 136 † 246* | *† 379* |
| **IV. Dudweiler:** | | | | | |
| a) Dudweiler . . . . | 827 423 | 3 790 | 20 | 410 | 410 |
| b) Jägersfreude mit Schiedenbornschacht | 34 758 | 230 | 12 | † 69 | † 122 |
| Summe IV | *862 181* | *4 020* | — | — | — |
| **V. Sulzbach:** | | | | | |
| a) Sulzbach . . . . . | 330 145 | 1 621 | 18 | 362 | 362 |
| b) Altenwald. . . . . | 575 427 | 2 572 | 17 | 371 | 434 |
| Summe V | *905 572* | *4 193* | — | — | — |
| **VI. Reden:** | | | | | |
| a) Reden . . . . . . | 606 942 | 3 009 | 15 | 369 | 488 |
| b) Itzenplitz . . . . . | 335 107 | 1 523 | 17 | 168 | 228 |
| Summe VI | *942 049* | *4 532* | — | — | — |
| **VII. Heinitz:** | | | | | |
| a) Heinitz . . . . . . | 852 007 | 3 690 | 10 | 324 | 383 |
| b) Dechen . . . . . | 429 342 | 1 746 | 12 | 318 | 376 |
| Summe VII | *1 281 349* | *5 436* | — | — | — |
| **VIII. König:** | | | | | |
| a) König . . . . . . | 445 719 | 2 346 | 16 | 306 | 450 |
| b) Kohlwald . . . . . | 435 460 | 2 041 | 13 | 73 | 451 |
| c) Wellesweiler . . . | 37 884 | 136 | 6 | † 123 | † 123 |
| Summe VIII | *919 063* | *4 523* | — | — | — |
| **IX. Friedrichsthal:** | | | | | |
| a) Friedrichsthal . . . | 473 116 | 2 281 | 11 | 267 | 448 |
| b) Maybach . . . . . . | 579 632 | 3 033 | 10 | 460 | 525 |
| Summe IX | *1 052 748* | *5 314* | — | — | — |

| Hauptschächte | | | | | | Noch benutzte Haupt-Förder-stollen | Betriebene Dampfmaschinen | | Ver-wendete Pferde |
|---|---|---|---|---|---|---|---|---|---|
| a) in laufendem Betrieb | | | | | b) neu im Ab-teufen | | | | |
| zur Förde-rung | zur Wasser-haltung | zur Förde-rung und Wasser-haltung | zur Wetter-führung (aus-schließ-lich) | über-haupt | | | Zahl | Pferde-stärken | |
| 1 | — | 2 | 5 | 8 | — | 1 | — | — | 88 |
| 2 | 1 | — | 2 | 5 | 2 | 1 | — | — | 15 |
| *3* | *1* | *2* | *7* | *13* | *2* | *2* | *54* | *3 565* | *103* |
| 1 | — | 1 | 3 | 5 | 1 | — | — | — | 105 |
| — | — | 1 | 3 | 4 | — | 1 | — | — | 82 |
| 2 | — | 1 | 2 | 5 | 1 | — | — | — | 16 |
| *3* | — | *3* | *8* | *14* | *2* | *1* | *105* | *8 361* | *203* |
| *6* | — | *2* | *1* | *9* | *2* | *3* | *78* | *4 431* | *116* |
| 3 | 2 | — | 6 | 11 | — | — | — | — | 150 |
| 2 | — | — | 1 | 3 | — | 1 | — | — | 2 |
| *5* | *2* | — | *7* | *14* | — | *1* | *46* | *4 952* | *152* |
| 1 | — | 2 | 2 | 5 | 1 | — | — | — | 47 |
| 3 | — | 2 | 2 | 7 | — | — | — | — | 108 |
| *4* | — | *4* | *4* | *12* | *1* | — | *58* | *7 104* | *155* |
| 4 | 2 | 1 | 4 | 11 | 1 | — | — | — | 103 |
| 2 | 1 | 1 | 2 | 6 | 1 | — | — | — | 49 |
| *6* | *3* | *2* | *6* | *17* | *2* | — | *102* | *6 234* | *152* |
| 4 | — | — | 4 | 8 | — | — | — | — | 162 |
| 2 | 1 | — | 3 | 6 | — | — | — | — | 43 |
| *6* | *1* | — | *7* | *14* | — | — | *65* | *6 382,5* | *205* |
| 2 | — | 1 | 3 | 6 | 1 | — | — | — | 75 |
| 2 | — | 2 | 3 | 7 | 1 | 1 | — | — | 60 |
| — | — | 1 | 1 | 2 | — | — | — | — | — |
| *4* | — | *4* | *7* | *15* | *2* | *1* | *91* | *5 314* | *135* |
| 2 | — | 2 | 1 | 5 | — | — | — | — | 45 |
| 2 | — | 1 | 2 | 5 | — | — | — | — | 63 |
| *4* | — | *3* | *3* | *10* | — | — | *81* | *9 274* | *108* |

| Gruben und Grubenabteilungen | Förderung in 1902 (Kalenderjahr) | Mittlere Belegschaft (mit Werksbeamten und Pferdeknechten) in 1902 | Gebaute Flöze | Abbautiefe (unter der Schachthängebank bezw. (†) Hauptstollensohle) | |
|---|---|---|---|---|---|
| | | | | Haupt-Abbausohle | Tiefste Fördersohle |
| | t | | | m | m |
| **X. Göttelborn:** | | | | | |
| a) Göttelborn . . . . | 307 994 | 1 491 | 7 | 159 | 242 |
| b) Dilsburg . . . . . | 26 408 | 99 | 1 | † 100 | † 100 |
| Summe X | *334 402* | *1 590* | — | — | — |
| **XI. Camphausen:** | | | | | |
| a) Camphausen . . . | 447 603 | 1 740 | 8 | 567 | 567 |
| b) Brefeld . . . . . . | 355 458 | 1 460 | 7 | 509 | 619 |
| Summe XI | *803 061* | *3 200* | — | — | — |
| im ganzen | **9 493 667** | **42 998** | — | — | — |
| Hierzu treten noch: | | | | | |
| **XII. Bergfaktorei Kohlwage** . . | — | 19 | — | — | — |
| **XIII. Hafenamt Malstatt** . . . . | — | 145 | — | — | — |
| Summe a | *9 493 667* | *43 162* | — | — | — |
| b) Privat-Gruben. | | | | | |
| 1. Hostenbach * . . . | 79 590 | 610 | 6 | 260 | 320 |
| 2. Auguste . . . . . | 695 | 14 | 1 | — | — |
| Summe b | *77 285* | *624* | — | — | — |
| Summe A | **9 570 952** | **43 786** | — | — | — |
| **B. Auf bayerischem Gebiete.** | | | | | |
| 1. St. Ingbert . . . . | 175 562 | 984 | 15 | † 150 | † 210 |
| 2. Mittelbexbach . . . | 50 020 | 273 | 11 | 93 | 132 |
| 3. Frankenholz . . . . | 267 775 | 1 753 | 14 | 450 | 520 |
| 4. Kons. Nordfeld . . . | 20 037 | 272 | 3 | 846 | 846 |
| 5. Sonstige (3 Gruben) | 14 656 | 197 | — | — | — |
| Summe B | **528 050** | **3 479** | — | — | — |
| **C. In Lothringen.** | | | | | |
| 1. Schoenecken. . . . | 1 021 715 | 4 529 | 15 | 347 | 480 |
| 2. Saar und Mosel . . | 162 507 | 1 739 | 12 | 388 | 497 |
| 3. La Houve . . . . . | 125 596 | 933 | 4 | 210 | 272 |
| Summe C | **1 309 818** | **7 201** | — | — | — |
| Gesamtsumme A bis C | **11 408 820** | **54 466** | — | — | — |

*) Einschließlich der Wasserversorgungsanlage zu Malstatt.

| Hauptschächte | | | | | | Noch benutzte Haupt-Förderstollen | Betriebene Dampfmaschinen | | Verwendete Pferde |
|---|---|---|---|---|---|---|---|---|---|
| a) in laufendem Betrieb | | | | | b) neu im Abteufen | | | | |
| zur Förderung | zur Wasserhaltung | zur Förderung und Wasserhaltung | zur Wetterführung (ausschließlich) | überhaupt | | | Zahl | Pferdestärken | |
| — | — | 2 | 2 | 4 | — | — | — | — | 39 |
| — | — | 1 | — | 1 | — | 1 | — | — | 4 |
| — | — | *3* | *2* | *5* | — | *1* | *31* | *1 750* | *43* |
| 2 | 1 | — | 3 | 6 | — | — | — | — | 30 |
| 1 | — | 1 | 2 | 4 | — | — | — | — | 36 |
| *3* | *1* | *1* | *5* | *10* | — | — | *61* | *6 278* | *66* |
| **44** | **8** | **24** | **57** | **133** | **11** | **9** | **772** | **63 645,5** | **1 438** |
| — | — | — | — | — | — | — | — | — | — |
| — | — | — | — | — | — | — | 15*) | 644 | — |
| *44* | *8* | *24* | *57* | *133* | *11* | *9* | *787* | *64 289,5* | *1 438* |
| 1 | 1 | — | 1 | 3 | 1 | — | 26 | 713 | 8 |
| — | — | — | 1 | 1 | — | 1 | — | — | — |
| *1* | *1* | — | *2* | *4* | *1* | *1* | *26* | *713* | *8* |
| **45** | **9** | **24** | **59** | **137** | **12** | **10** | **813** | **65 002,5** | **1 446** |
| 2 | 1 | — | 1 | 4 | 1 | 1 | 33 | 1 637 | 60 |
| 1 | 1 | — | 2 | 4 | — | — | 8 | 465 | 1 |
| 1 | — | 1 | 1 | 3 | — | — | 33 | 3 613 | 24 |
| — | — | 1 | 1 | 2 | — | — | 7 | 3 390 | 4 |
| — | — | — | — | — | — | — | — | — | — |
| **4** | **2** | **2** | **5** | **13** | **1** | **1** | **81** | **9 105** | **89** |
| — | — | 5 | 5 | 10 | — | — | 36 | 9 584 | 168 |
| — | — | 3 | 1 | 4 | — | — | 23 | 9 305 | 40 |
| — | — | 1 | — | 1 | 1 | — | 11 | 682 | 19 |
| — | — | **9** | **6** | **15** | **1** | — | **70** | **19 571** | **227** |
| **49** | **11** | **35** | **70** | **165** | **14** | **11** | **964** | **93 678,5** | **1 762** |

Additional material from *Der Steinkohlenbergbau des Preussischen Staates in der Umgebung von Saarbrücken,*
ISBN 987-3-662-32505-6, is available at http://extras.springer.com